华章圖書

一本打开的书，一扇开启的门，

通向科学殿堂的阶梯，托起一流人才的基石。

智能系统与技术丛书

Applied Deep Learning
A Case-Based Approach to Understanding
Deep Neural Networks

深度学习

基于案例理解深度神经网络

[瑞士] 翁贝托·米凯卢奇（Umberto Michelucci）著
陶阳 邓红平 译

机械工业出版社
China Machine Press

图书在版编目（CIP）数据

深度学习：基于案例理解深度神经网络 /（瑞士）翁贝托·米凯卢奇（Umberto Michelucci）著；陶阳，邓红平译．—北京：机械工业出版社，2019.9

（智能系统与技术丛书）

书名原文：Applied Deep Learning: A Case-Based Approach to Understanding Deep Neural Networks

ISBN 978-7-111-63710-3

I. 深… II. ① 翁… ② 陶… III. 机器学习 IV. TP181

中国版本图书馆 CIP 数据核字（2019）第 207407 号

本书版权登记号：图字 01-2019-0943

深度学习：基于案例理解深度神经网络

出版发行：机械工业出版社（北京市西城区百万庄大街 22 号 邮政编码：100037）

责任编辑：杨宴蕾　　责任校对：李秋荣

印　刷：北京市荣盛彩色印刷有限公司　　版　次：2019 年 10 月第 1 版第 1 次印刷

开　本：186mm × 240mm 1/16　　印　张：17.5

书　号：ISBN 978-7-111-63710-3　　定　价：89.00 元

客服电话：（010）88361066 88379833 68326294　　投稿热线：（010）88379604

华章网站：www.hzbook.com　　读者信箱：hzit@hzbook.com

THE TRANSLATOR'S WORDS

译 者 序

现在深度学习在人工智能领域很热门，大多数研究人员支持它，也有一些专家学者持反对意见，他们认为深度学习不是万能的，所以他们寻找新的机器学习方法，寻求人工智能技术的新突破。尽管如此，深度学习热度没有降低，而且获得了广泛的应用。深度学习是机器学习的一个扩展领域，它已经在文本、图像和语音等领域发挥了巨大作用。在深度学习下实现的算法与人脑中的刺激和神经元之间的关系具有相似性。深度学习在计算机视觉、语言翻译、语音识别、图像生成等方面具有广泛的应用。大多数深度学习算法都基于人工神经网络，如今，大量可用的数据和丰富的计算资源使得这种算法的训练变得简单。随着数据量的增长，深度学习模型的性能会不断提高。在深度学习理论方面，我们团队有基础，而且也展开了相应的应用研究，包括机器视觉、人脸识别、自然语言处理等方向。正当我们团队开始展开深度学习应用研究的时候，接到了这本书的翻译任务，这真是太巧了。

拿到这本书之后，我首先就被书名吸引住了，从书名看，这是一本实践性很强的书，比许多理论高深的书籍更受读者的欢迎，尤其是在当前大环境下，急需一些实践好书，让更多的工程技术人员可以拿来就用，而不必去关注深奥难懂的理论。接着，我仔细阅读了书中的内容，作者由浅入深、从理论到实践的创作思路验证了我的想法。第 1 章从应用实践所需的工具 TensorFlow 讲起，让读者熟悉工具，为后续章节应用 TensorFlow 打下基础。后面内容对深度学习的方方面面逐步进行讲解，理论与实践并举，介绍十分深入，而且强调实用性，并给出实现代码。通过本书，读者即使对深度学习理论掌握不够，也可以通过 TensorFlow 工具应用深度学习来解决实际问题，而且还可以比较各种不同的学习方法。这确实是一本很优秀的应用深度学习的入门教材。于是，我欣然接受了本书的翻译任务。

我认真通读本书两遍，对于本书有一定的理解后试着翻译起来，然而翻译远不像想象中那样容易。说实在的，即使理解了英文意思，要把它表达为确切的中文，包括正确表达大量术语，也是很令人头疼的。另外，为了能够及早让中文版与读者见面，具有较好 TensorFlow 实践应用基础的北大硕士邓红平老师也加入进来，我们共同完成本书翻译任务。

接到翻译任务的时候，正是寒假期间，所以我们几乎将全部假期时间都放在翻译上。寒假之后，我们又把所有业余时间都用上了，遇到疑难问题时我们共同切磋，反复推敲，以确定最好的译文。每翻译一章，就交给我审校，及时统一意见。为了保证翻译效果，我们还逐行在 TensorFlow 中实现其中的代码。

这么一本优秀的著作在给我们带来无穷的工作动力的同时，无疑也给翻译带来了无形的压力。为了尽量保证每章译稿的质量并保持译文的前后一致性，整本书的审校工作全部由我本人独立完成，同时我及时反馈并提供了统一的术语翻译。在翻译过程中我们也阅读了大量相关的教材和论文，包括网上的常用译法以及公认的英文术语，并前后进行了五次自我校对。在校对过程中，有很多同仁也提出了很多宝贵的意见和建议，包括我们团队中的一些学生，他们应用其中的代码进行了有效的实践。对于他们的无私帮助我表示由衷的感谢，感谢他们对我们的翻译工作给予的支持。另外还要感谢我的妻子，在前后两个多月里，我几乎所有的时间都用在翻译和校对上，而她则默默地承担起全部家务以及抚育孩子的责任。

虽然得到了大家的帮助，我们也认真努力，但限于我们的专业水平和理解能力，加上时间仓促，最后的译稿中难免存在理解上的偏差，译文也会有许多生硬之处，希望读者不吝赐教，提出宝贵的意见和建议，以便我们能够不断改进。

谢谢！

陶阳

PREFACE

前　　言

为什么要写一本关于应用深度学习的书？这是我在开始撰写之前问过自己的问题。毕竟，只要在互联网上搜索一下这个主题，你就会被大量的结果所震撼。然而，我遇到的问题是，我发现这些资料只是在非常简单的数据集上实现非常基本的模型，它们只是在一遍又一遍地提供相同的问题、相同的提示和相同的技巧。如果你想学习如何对 10 个手写数字的 MNIST 数据集（修正版国家标准与技术研究所数据集）进行分类，那么你很幸运（几乎所有拥有博客的人都在这样做，主要是复制 TensorFlow 网站上提供的代码）。搜索其他内容以了解逻辑回归的工作原理？没那么容易。如何准备数据集以进行有趣的二值分类？更难。我觉得有必要填补这个空白。我花了好几个小时试图调试模型，以找到原因，如标签错了那样低级的错误。例如，我有 1 和 2，而不是 0 和 1，但没有博客提醒我这一点。在开发模型时进行适当的指标分析很重要，但没有人教你如何做（至少那些易于访问的资料不能），这个差距需要填补。我发现学习更复杂的例子，从数据准备到误差分析，是学习正确技术的一种非常有效和有趣的方法。在本书中，我一直试图涵盖完整而复杂的例子来解释那些以其他方式不易理解的概念。如果你没有看到选择错误值时会发生什么，那就无法理解为什么选择正确的学习率非常重要。因此，我总是用真实的例子和完全成熟且经过测试的 Python 代码来解释概念，你可以重用它们。请注意，本书的目标不是让你成为 Python 或 TensorFlow 专家，也不是让你成为能够开发新的复杂算法的人。Python 和 TensorFlow 只是非常适合开发模型并快速获得结果的工具，因此，我使用它们。我可以使用其他工具，但上述工具是从业者最常使用的，因此选择它们是有意义的。如果你必须学习，那么最好选择在自己的项目和职业生涯中要使用的工具。

本书的目标是让你以新的眼光看待更高级的资料。我尽可能多地涵盖数学知识，因为我认为有必要完全理解许多概念背后的来龙去脉和深层原因。如果你不知道梯度下降算法的数学原理，就无法理解为什么大的学习率会使你的模型（严格来说，代价函数）发散。在所有的真实项目中，你都不必计算偏导数或复数和，但你必须了解它们才能评估哪些方案可行，哪些不可行（尤其是为什么不可行）。只有在你从头开发只有一个神经元的简单模型之后，你才能欣赏为什么像 TensorFlow 这样的库会让你的生活更轻松。这是一个非常有益的事情，我将在第 10 章向你展示。一旦完成，你将永远记住它，并且你将非常欣赏诸如 TensorFlow 这样的库。

我建议你真正尝试理解数学基础（尽管这并不是阅读本书的必要条件），因为这将使你能够完全理解许多本来无法完全理解的概念。机器学习是一个非常复杂的主题，如果没有很好地掌握数学知识或 Python，想彻底理解它是不可能的。在每一章中，我都会重点介绍在 Python 中进行有效开发的重要技巧。本书的所有内容都有具体的例子和可重现的代码作为后盾，所有内容都以相关实际示例展开。通过这种方式，一切都会立即变得有意义，你会记住它。

请花些时间研究本书中的代码并亲自试用。正如每位好老师都知道的那样，当学生尝试自己解决问题时，学习效果最好。尝试去做，去犯错，然后从中学习。请在阅读每一章时输入代码，然后尝试修改它。例如，在第 2 章中，我将向你展示如何在两个手写数字 1 和 2 之间执行二值分类识别。请获取代码并尝试两个不同的数字。请多写代码吧！

按照设计，本书中的代码尽可能编写得很简单，它没有经过优化。我知道可以编写效果更好的代码，但这样做会牺牲清晰度和可读性。本书的目的不是教你编写高度优化的 Python 代码，只是想让你了解算法的基本概念及其局限性，并为你在此领域继续学习奠定坚实的基础。无论如何，我当然会指出重要的 Python 实现细节，例如，如何尽可能避免使用标准 Python 循环。

本书中的所有代码都是为了支持我为每一章设定的学习目标而编写的。建议使用 NumPy 和 TensorFlow 等库，因为它们允许将数学公式直接转换为 Python。我也知道其他软件库（如 TensorFlow Lite、Keras 等）可能更易于使用，但它们只是工具。重要的是你能理解方法背后的概念。如果你做到了，你可以选择任何工具，并且将能够得到良好的实现。如果你不理解算法的工作原理，那么无论使用哪种工具，你都无法进行正确的实施或正确的误差分析。我强烈反对每个人都理解数据科学概念，数据科学和机器学习是困难和复杂的学科，需要深入理解其背后的数学知识和子科目。

我希望你阅读这本书时会有收获（我在写作时也有很多收获），你会发现这些例子和代码很有用。我也希望你会有很多获得重大发现的顿悟时刻，这时候，你终于明白为什么某些东西会按照你期望的方式工作（或者为什么不工作）。我希望你能找到既有趣又有用的完整例子。如果我能帮助你理解一个以前不清楚的概念，我会很高兴。

本书的一些章节对数学知识的要求还是很高的。例如，在第 2 章中，我计算了偏导数。但不要担心，如果你不理解它们，可以简单地跳过方程式。我确保在忽略大多数数学细节的情况下，主要概念还是可以理解的。但是，你应该真正知道矩阵是什么，如何做矩阵乘法，矩阵的转置是什么，等等。基本上，你需要很好地掌握线性代数。如果你没有，建议你在阅读本书之前先阅读一本基本的线性代数图书。如果你有很好的线性代数和微积分背景，强烈建议你不要跳过数学部分，它们真的可以帮助你理解本书。例如，它将很好地帮助你理解学习率或梯度下降算法的工作原理。不要被更复杂的数学符号吓到，而应对像下面这样的复杂方程感到自信（这是我们将用于线性回归算法的均方误差，稍后将详细解释，所以，如果你现在不知道这些符号的含义，也不要担心）：

$$J(w_0, w_1) = \frac{1}{m}\sum_{i=1}(y_i - f(w_0, w_1, x^{(i)}))^2$$

你应该理解并对诸如求和或数学级数等概念充满信心。如果你对这些概念没把握，请在开始学习本书之前对其进行回顾，否则，你会错过一些重要的概念，你必须牢牢掌握这些概念才能继续从事你的深度学习工作。本书的目标不是为你提供数学基础，我假定你是有数学基础的。深度学习和神经网络（一般来说，统称机器学习）是复杂的，任何试图说服你相信这很简单的人都是在撒谎，或者说他们根本就不了解深度学习和神经网络。

我不会花时间来证明或推导算法或方程式，你必须相信我提供的算法或方程式的正确性。另外，我不会讨论具体方程的适用性。例如，对于那些对微积分有很好理解的人，我不会讨论计算导数的函数的可微性问题。我只是简单地假设你可以应用我给你的公式。多年的项目实践表明，在深度学习社区内部，这些方法和方程式都能按预期工作，可以在实践中使用。关于那种高级主题的内容需要一本单独的书来讲解。

在第 1 章中，你将学习如何设置 Python 环境以及计算图。我将讨论使用 TensorFlow 执行数学计算的一些基本示例。在第 2 章中，将介绍使用单一神经元可以做些什么。我将介绍激活函数是什么以及最常用的类型，例如 sigmoid、ReLU 或 tanh。我将展示梯度下降的工作原理以及如何使用单一神经元和 TensorFlow 实现逻辑和线性回归。在第 3 章中，将介绍全连接网络。我将讨论矩阵维度、过拟合，并向你介绍 Zalando 数据集。然后，将使用 TensorFlow 构建本书第一个真实网络，并开始研究梯度下降算法的更复杂变化，例如，小批量梯度下降。此外，还将研究不同的权重初始化方法以及如何比较不同的网络架构。在第 4 章中，将研究动态学习率衰减算法，例如阶梯、阶跃或指数衰减，然后将讨论高级优化器，例如 Momentum、RMSProp 和 Adam。此外，还将提供有关如何使用 TensorFlow 开发自定义优化器的一些提示。在第 5 章中，将讨论正则化，包括 ℓ_1、ℓ_2、Dropout 和 Early Stop Ping 等众所周知的方法，将研究这些方法背后的数学理论以及如何在 TensorFlow 中实现它们。在第 6 章中，将讨论人工水平性能和贝叶斯误差等概念。接下来，将介绍一个指标分析工作流，使你可以识别与数据集有关的问题。此外，将 k 折交叉验证作为验证结果的工具。在第 7 章中，将讨论黑盒类问题和超参数调优、网格和随机搜索等算法，以及在哪里更有效和为什么。然后将介绍一些技巧，例如粗到细优化。本章的大部分内容专门用于讨论贝叶斯优化，即如何使用它以及采集函数是什么。此外，还将提供一些技巧，例如，如何在对数尺度上调整超参数，然后将对 Zalando 数据集执行超参数调优，以展示它是如何工作的。在第 8 章中，将研究卷积和循环神经网络。我将向你展示执行卷积和池化的含义，还将展示两种架构的基本 TensorFlow 实现。在第 9 章中，将介绍我正在与苏黎世应用科学大学（Zurich University of Applied Sciences，位于 Winterthur）合作开展的实际研究项目，以及如何以不太标准的方式使用深度学习。最后，在第 10 章中，将向你展示如何完全从头开始使用 Python 中的单个神经元（不使用 TensorFlow）执行逻辑回归。

我希望你喜欢这本书，祝你学有所获！

ABOUT THE REVIEWER

审校者简介

Jojo Moolayil　是一名人工智能、深度学习、机器学习和决策科学专业人士，拥有超过5年的行业经验，并且是已出版的《Smarter Decisions-The Intersection of IoT and Decision Science》的作者。他曾在多个垂直领域的高影响力和关键数据科学以及机器学习项目中与多个行业领导者合作。他目前在通用电气公司工作，该公司是工业物联网数据科学的先驱和领导者。他现在居住在印度硅谷班加罗尔。

他出生于印度浦那（Pune）并在那里长大，毕业于浦那大学，主修信息技术工程。他的职业生涯始于世界上最大的专业分析提供商Mu Sigma Inc.，并与许多财富50强客户的领导者合作。作为早期物联网分析的参与者之一，他将他的决策科学学习成果汇集到一起，从而将问题解决框架与他在数据和决策科学的学习成果应用于物联网分析。

为巩固在工业物联网数据科学方面的基础并提高解决实际问题的能力，他加入了一家快速发展的物联网分析创业公司Flutura，位于班加罗尔。在与Flutura短暂合作后，Jojo转到位于班加罗尔的工业物联网领导者通用电气公司工作，并专注于解决工业物联网用例的决策科学问题。作为在通用电气公司工作的一部分，Jojo还专注于为工业物联网开发数据科学和决策科学产品与平台。

除了撰写关于决策科学和物联网的书籍外，Jojo还是关于机器学习、深度学习和商业分析等各种书籍（包括Apress和Packt出版社）的技术评论员。他是一名活跃的数据科学导师，并在http://www.jojomoolayil.com/web/blog/上维护一个博客。

他的个人介绍：

- http://www.jojomoolayil.com/
- https://www.linkedin.com/in/jojo62000

我要感谢我的家人、朋友和导师。

——Jojo Moolayil

ACKNOWLEDGEMENTS

致　　谢

如果不感谢帮助我完成这本书的所有人，那将是不公平的。在写作的时候，我发现我对图书出版一无所知，而且我也发现，即使是你认为自己很了解的东西，把它写在纸上也是一件完全不同的事情。令人难以置信的是，当把想法写在纸上时，我自认为清醒的头脑会变得混乱。这是我做过的最困难的事情之一，但也是我生命中最有价值的体验之一。

首先，我要感谢我心爱的妻子 Francesca Venturini，她花了很多时间阅读文本。没有她，这本书就不会那么条理清晰。我还要感谢 Celestin Suresh John，他相信我的想法并给了我写这本书的机会。Aditee Mirashi 是我见过的最有耐心的编辑，她总是时刻准备回答我的所有问题，而我有很多却并非很好的问题。我要特别感谢 Matthew Moodie，他耐心地阅读每一章内容，我从来没有见过能够提供这么多好建议的人。Jojo Moolayil 很有耐心地测试每一行代码并检查每条解释是否正确，感谢 Jojo 的反馈和鼓励，这对我来说真的很重要。

最后，非常感谢我亲爱的女儿 Caterina，感谢她在我写作时的耐心，感谢她每天提醒我追随梦想是多么重要。当然，我要感谢我的父母，他们一直支持我的任何决定。

我要把这本书献给我的女儿 Caterina 和我的妻子 Francesca。谢谢你们给我灵感，给我的生活带来动力和快乐。没有你们，我不可能完成这本书。

CONTENTS

目　录

CHAPTER 1

第 1 章

计算图和 TensorFlow

在深入研究本书后面的扩展示例之前，首先需要构建一个 Python 环境并了解 TensorFlow 的基础知识。因此，本章将介绍如何安装准备用于运行本书代码的 Python 环境。一旦搭好环境，将介绍 TensorFlow 机器学习库的基础知识。

1.1 如何构建 Python 环境

本书中的所有代码都是使用 Python 发行版 Anaconda 和 Jupyter 记事本开发的。要构建 Anaconda 环境，请先下载并在你的操作系统上安装它。(我使用的操作系统是 Windows 10，但代码不依赖于此系统。如果你愿意，可以随意使用针对 Mac 的版本。) 你可以通过访问 https://anaconda.org/ 来获取 Anaconda。

在该网页的右侧，你会看到“Download Anaconda”链接，如图 1-1（右上角）所示。

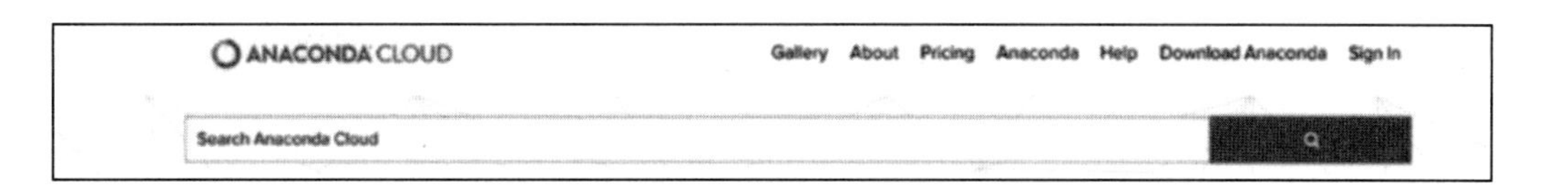

图 1-1 在 Anaconda 网站主页的右上角，可以找到下载所需软件的链接

只需按照说明进行安装即可。在安装后启动它时，将显示如图 1-2 所示的屏幕。如果没有看到此屏幕，只需单击左侧导航窗格中的“Home”链接即可。

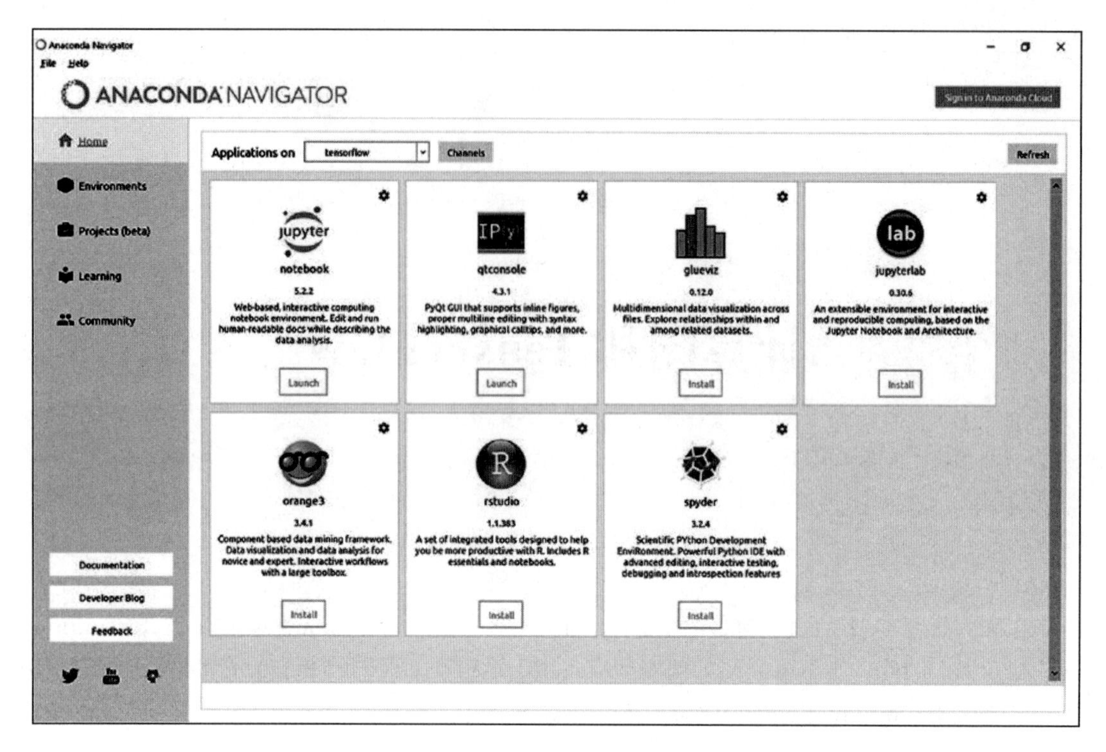

图 1-2　启动 Anaconda 时看到的屏幕

Python 包（如 NumPy）会定期更新，新版本的软件包可能会使你的代码无法运行，因为有些函数被弃用或删除掉，或者添加了新函数。要解决这个问题，在 Anaconda 中，你可以创建所谓的环境。该环境基本上是一个容器，它包含特定的 Python 版本以及你决定安装的软件包的特定版本。有了这个办法，就可以创建一个包含（比如）Python 2.7 和 NumPy 1.10 的容器，或者包含 Python 3.6 和 NumPy 1.13 的容器。你可能必须使用基于 Python 2.7 开发的现有代码，因此，你必须拥有一个具有正确 Python 版本的容器。但是，与此同时，你的项目可能需要 Python 3.6。使用容器，你可以确保同时具备所有这些环境。有时不同的包彼此冲突，因此你必须小心，并避免在环境中安装所有感兴趣的包，特别是你正在紧急开发软件的情况下。没有什么比发现你的代码不再能运行更糟糕了，因为届时你不知道这是为什么。

注释　在定义环境时，请尝试仅安装你真正需要的软件包，并在更新它们时注意，确保任何升级都不会破坏你的代码。（请记住，函数被弃用、删除、添加或升级是很常见的。）请在升级之前检查更新文档，并且仅在你确实需要更新时才进行更新。

你可以通过 conda 命令从命令行创建环境，但要启动环境并运行代码，可以从图形界面完成所有操作。这是本书将介绍的方法，因为它最简单。建议你阅读 Anaconda 文档中的以下页面，以详细了解环境的工作原理：

https://conda.io/docs/user-guide/tasks/manage-environments.html。

1.1.1 创建环境

首先，单击左侧导航窗格中的“Environments”链接（带黑色方框）(图 1-3)。

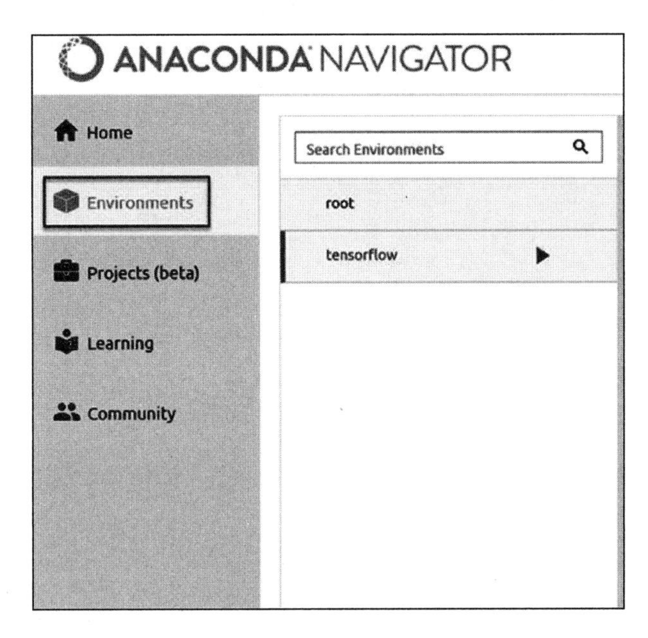

图 1-3 要创建新环境，首先必须进入应用程序的“Environments”部分，方法是单击左侧导航窗格中的相关链接（在图中带黑色方框）

然后，单击中间导航窗格中的“Create”按钮（图 1-4）。

单击“Create”按钮时，将弹出一个小窗口（图 1-5）。

你可以随便输入一个名称。在本书中，我使用名称“tensorflow”。键入名称后，“Create”按钮将变为活动状态（绿色）。单击它并等待几分钟，直到安装完所有必需的软件包。有时，可能会弹出一个窗口，告诉你可以使用新版本的 Anaconda 并询问你是否要升级，请放心单击“Yes”按钮。如果你收到此消息并单击了“Yes”，可按照屏幕上的说明操作，直到 Anaconda 导航器再次出现。

下面继续。请再次单击左侧导航窗格中的“Environments”链接（图 1-3），然后单击新创建的环境名称。如果你一直按照指导进行操作，那么应该会看到名为“tensorflow”的环境。几秒钟后，将在右侧面板上看到所有已安装的 Python 软件包的列表，你可以在环境中使用这些软件包。现在必须安装一些额外的包：NumPy、matplotlib、TensorFlow 和 Jupyter。为此，首先从下拉菜单中选择“Not installed”，如图 1-6 所示。

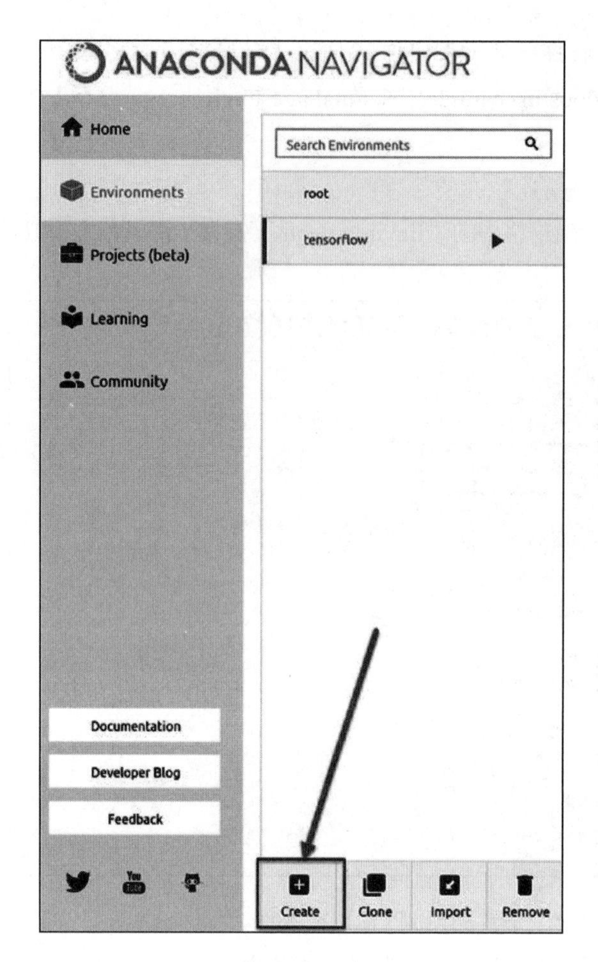

图 1-4　要创建新环境，必须单击中间导航窗格中的“Create”按钮（带加号），即图中箭头指向的按钮

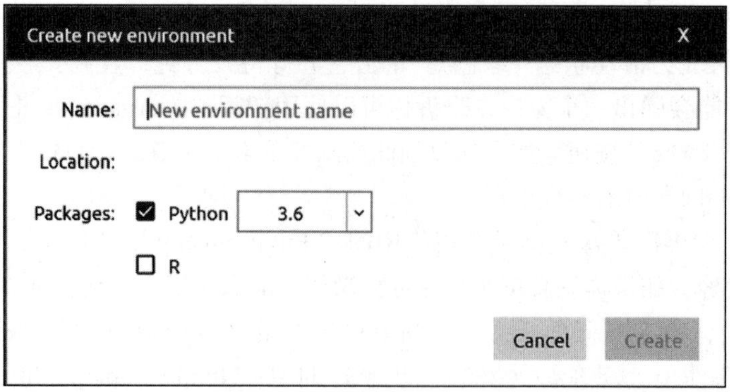

图 1-5　单击图 1-4 中的“Create”按钮时将看到的窗口

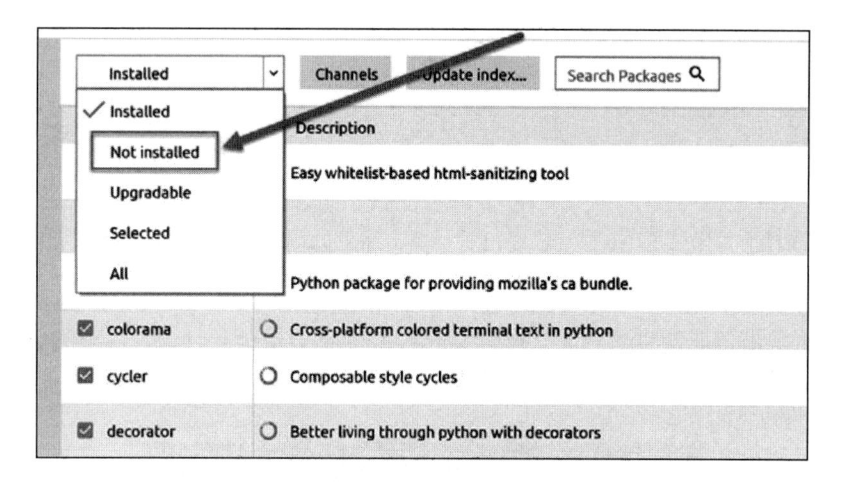

图 1-6 从下拉菜单中选择“Not installed”

接下来，在“Search Packages”框中，键入要安装的包名称（图 1-7 显示已选择 numpy）。

All | Channels | Update index... | numpy ✕

Name	T	Description	Version
☐ blaze	○	Numpy and pandas interface to big data	0.10.1
☐ bottlechest	○	Fast numpy array functions specialized for use in orange	0.7.1
☐ bottleneck	○	Fast numpy array functions written in cython.	1.2.1
☐ msgpack-numpy	○		0.4.1
☐ netcdf4	○	Python/numpy interface to netcdf library	1.2.4
☐ numba	○	Numpy aware dynamic python compiler using llvm	0.34.0
☐ numexpr	○	Fast numerical expression evaluator for numpy	2.6.2
☐ numpy	○	Array processing for numbers, strings, records, and objects	1.11.3
☐ numpydoc	○	Sphinx extension to support docstrings in numpy format	0.7.0
☐ snuggs	○	S-expressions for numpy	1.4.0

图 1-7 在搜索框中键入“numpy”，将其引入包存储库中

Anaconda 导航器将自动显示所有标题或说明中包含 numpy 字样的包。单击名称为“numpy”的包左侧的小方块，它将变成一个向下的小箭头（表示已标记为要安装）。然后，可以单击界面右下角的绿色“Apply”按钮（图 1-8）。

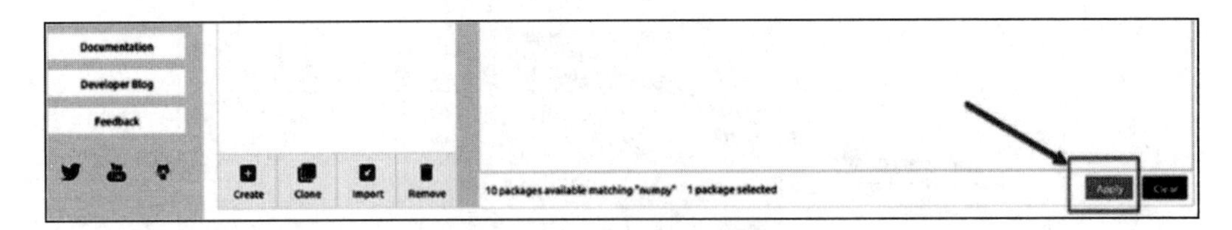

图 1-8 选择准备安装的 NumPy 软件包后，单击绿色的“Apply”按钮，该按钮位于界面的右下角

Anaconda 导航器非常智能，可以确定 NumPy 是否需要其他软件包。你可能会遇到另外一个窗口，询问是否可以安装其他软件包，此时，只需单击“Apply”。图 1-9 显示此窗口的样子。

Install Packages X

52 packages will be installed

	Name	Unlink	Link	Channel
1	jupyter	-	1.0.0	defaults
2	numpy	-	1.13.3	defaults
3	*bleach	-	2.1.1	defaults
4	*ca-certificates	-	2017.08.26	defaults
5	*colorama	-	0.3.9	defaults
6	*decorator	-	4.1.2	defaults
7	*entrypoints	-	0.2.3	defaults

* indicates the package is a dependency of a selected packages

Cancel Apply

图 1-9 安装软件包时，Anaconda 导航器将检查你要安装的软件包是否依赖其他未安装的软件包。在这种情况下，它会建议你从其他窗口安装缺少（但必要）的软件包。在我们的例子中，NumPy 库在新安装的系统上需要 52 个额外的包。只需单击“Apply”即可安装所有这些包

你必须安装以下软件包才能运行本书中的代码。（我在括号中添加了用于测试本书代码的版本，后续版本没问题。）

- numpy（1.13.3）：用于进行数值计算。
- matplotlib（2.1.1）：制作漂亮的图，就像你将在本书中看到的那样。
- scikit-learn（0.19.1）：该软件包包含与机器学习相关的所有库，以及用于加载数据集的库。
- jupyter（1.0.0）：能够使用 Jupyter 的记事本。

1.1.2 安装 TensorFlow

安装 TensorFlow 稍微复杂一些。最好的方法是遵循 TensorFlow 团队提供的安装指导：www.tensorflow.org/install/。

在此页面上，单击你的操作系统，你将收到所需的所有信息。我将在这里提供用于 Windows 的安装指导，使用 macOS 或 Ubuntu（Linux）系统的安装操作过程是一样的。Anaconda 的安装没有官方提供支持，但安装过程还是很容易的（受学习社区支持），启动、运行和测试本书中代码也很简单。对于更高级的应用来说，可能需要考虑其他安装选项。（为此，你必须访问 TensorFlow 网站。）首先，转到 Windows 的“Start”菜单，然后键入“anaconda”。在“Apps”菜单中，应该看到“Anaconda Prompt”项目，如图 1-10 所示。

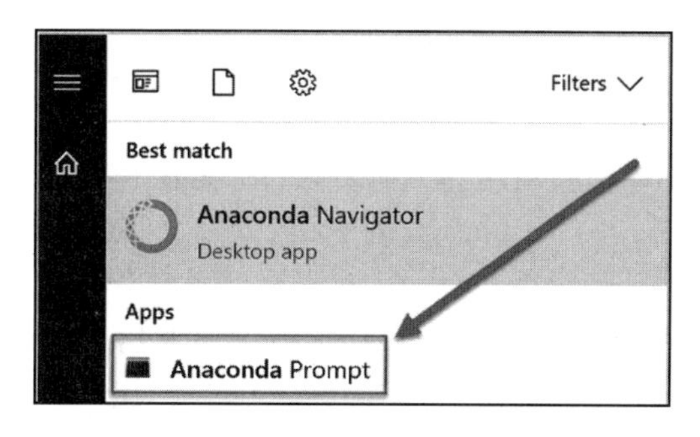

图 1-10 如果在 Windows 10 的“Start”菜单搜索框中键入“anaconda”，则应至少看到两个条目：“Anaconda Navigator”（创建 TensorFlow 环境的地方）和“Anaconda Prompt”

启动 Anaconda Prompt，会出现命令行界面（参见图 1-11），它与简单的 cmd.exe 命令提示符不同，在此处可以识别所有 Anaconda 命令，而无须设置任何 Windows 环境变量。

图 1-11 这是在选择“Anaconda Prompt”时应该看到的内容。请注意，用户名可能不同。你将不会看到“umber”（这是我的用户名），而是你的用户名

在命令提示符下，首先必须激活新的“tensorflow”环境，以便让所安装的Python知道你要在哪个环境中安装TensorFlow。要执行此操作，只需键入以下命令：activate tensorflow。这时提示符应改变为：(TensorFlow) C:\Users\umber>。

请记住：你的用户名可能有所不同（在你的提示符中可能不是“umber”，而是你的用户名）。我在此假设你将安装仅使用CPU（而不使用GPU）的标准TensorFlow版本。只需键入以下命令：pip install --ignore-installed --upgrade tensorflow。

现在让系统安装所有必需包，这可能需要几分钟（取决于多种因素，例如你的计算机速度或Internet连接速度）。如果没有收到任何错误消息，那么恭喜！你现在有了一个可以使用TensorFlow运行代码的环境了。

1.1.3 Jupyter记事本

要想输入代码并让代码运行，最后一步是启动Jupyter记事本。关于Jupyter记事本的描述（根据官方网站）如下：

Jupyter记事本是一个开源的Web应用程序，用于创建和共享包含实时代码、公式、可视化和叙述性文本的文档。用途包括：数据清洗和转换、数值模拟、统计建模、数据可视化、机器学习等。

它广泛用于机器学习社区，们应该好好学习如何使用它。请查看Jupyter项目网站http://jupyter.org/。

这个网站非常有启发性，包括许多合理的例子。你在本书中找到的所有代码都是使用Jupyter记事本开发和测试的。我假设你对这个基于Web的开发环境已经拥有一些经验。如果你需要复习，建议你查看Jupyter项目网站上的文档，网址为：http://jupyter.org/documentation.html。

要在新环境中启动一个记事本，必须返回“Environments”页面（参见图1-3）上的Anaconda导航器。单击“tensorflow”环境右侧的三角形（如果你使用不同的名称，则必须单击新环境右侧的三角形），如图1-12所示。然后单击“Open with Jupyter Notebook”。

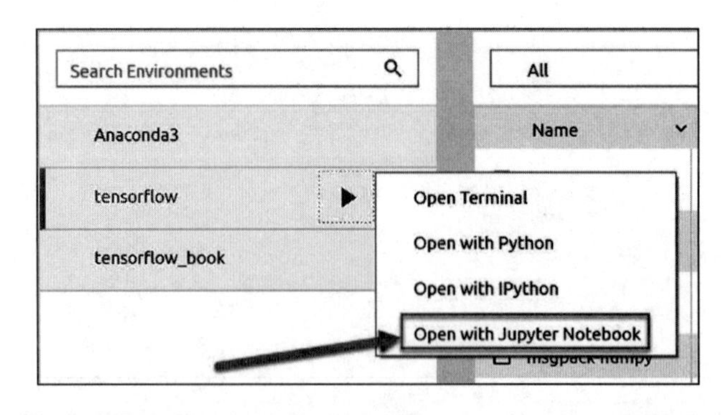

图1-12 要在新环境中启动Jupyter记事本，请单击“tensorflow”环境名称右侧的三角形，然后单击“Open with Jupyter Notebook”

你的浏览器将启动，并列出你的用户文件夹中的所有文件夹。（如果你使用 Windows，则通常位于 c:\Users\<YOUR USER NAME> 下。）从这里，你可以导航到你想要保存记事本文件的文件夹，然后单击“New”按钮，以便从中创建新记事本，如图 1-13 所示。

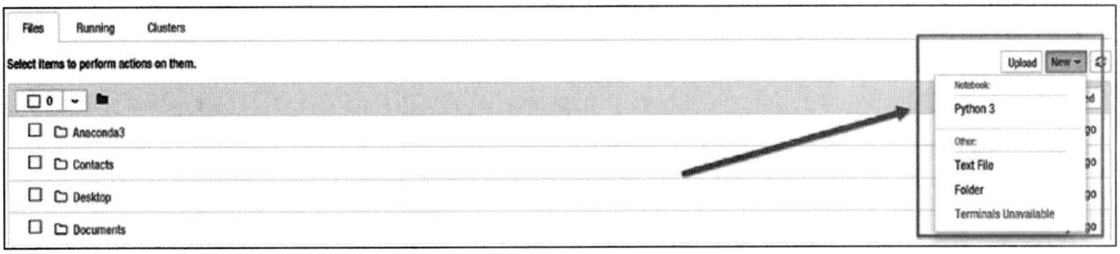

图 1-13　要创建新的记事本，请单击位于页面右上角的“New”按钮，然后选择“Python 3”

随后将打开一个新页面，如图 1-14 所示。

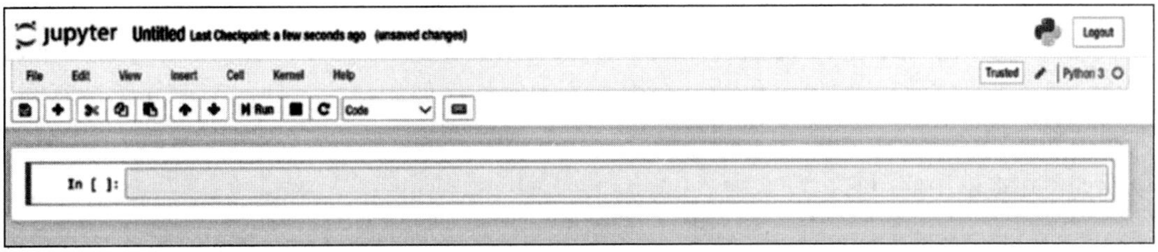

图 1-14　创建空白记事本时，将打开一个像这样的空白页面

例如，可以在第一个单元格（你可以键入的文本框）中键入以下代码：

```
a=1
b=2
print(a+b)
```

要执行代码，只需按 Shift + Enter，就能立即看到结果（图 1-15）。

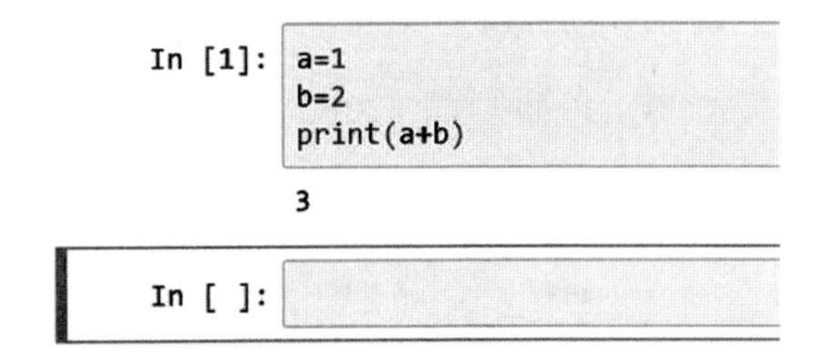

图 1-15　在单元格中键入一些代码后，按 Shift + Enter 将执行单元格中的代码

前面的代码给出了 a+b 的结果，即 3。在给出结果后，将自动创建一个新的空单元格供你输入。有关如何添加注释、方程式、内联图等更多信息，建议你访问 Jupyter 网站查看提供的文档。

注释 如果忘记记事本所在的文件夹，可以查看该页面的网址。例如，在我的情况下，有 http://localhost:8888/notebooks/Documents/Data%20Science/Projects/Applied%20advanced%20deep%20learning%20(book)/chapter%201/AADL%20-%20Chapter%201%20-%20Introduction.ipynb。你会注意到，URL 就是记事本所在文件夹的目录，由正斜杠分隔。%20 字符仅表示空格。在这种情况下，我的记事本位于文件夹 Documents/Data Science/Projects/... 中。我经常同时使用几个记事本，知道每个记事本的位置是有用的，以防万一忘了（我有时会）。

1.2 TensorFlow 基本介绍

在开始使用 TensorFlow 之前，必须了解它背后的理念。该库很大程度上基于计算图的概念，除非了解它们是如何工作的，否则无法理解如何使用该库。我将简要介绍计算图，并展示如何使用 TensorFlow 实现简单计算。在下一节的最后，你就应该了解库的工作原理以及如何在本书中使用它。

1.2.1 计算图

要了解 TensorFlow 的工作原理，必须了解计算图是什么。计算图是一幅图，其中每个节点对应于一个操作或一个变量。变量可以将其值输入操作，操作可以将其结果输入其他操作。通常，节点被绘制为圆圈，其内部包含变量名或操作，当一个节点的值是另一个节点的输入时，箭头从一个节点指向另一个节点。可以存在的最简单的图是只有单个节点的图，节点中只有一个变量。（请记住，节点可以是变量或操作。）图 1-16 中的图只是计算变量 x 的值。

图 1-16 我们可以构建的最简单的图，它表示一个简单的变量

现在让我们考虑稍微复杂的图，例如两个变量 x 和 y 之和（$z=x+y$），如图 1-17 所示。

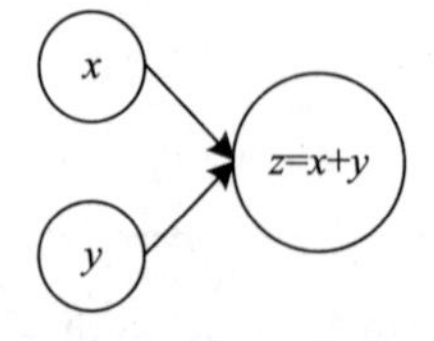

图 1-17 两个变量之和的基本计算图

图 1-17 左侧的节点（圈里有 x 和 y 的节点）是变量，而较大的节点表示两个变量之和。箭头表示两个变量 x 和 y 是第三个节点的输入。应该以拓扑顺序读取（和计算）图，这意味着你应该按照箭头指示的顺序来计算不同的节点。箭头还会告诉你节点之间的依赖关系。要计算 z，首先必须计算 x 和 y。也可以说执行求和的节点依赖于输入节点。

要理解的一个重要方面是，这样的图仅定义了对两个输入值（在这里为 x 和 y）执行什么操作（在这里为求和）以获得结果（在这里为 z）。它基本上定义了“如何”。你必须为 x 和 y 这两个输入都赋值，才能执行求和以获得 z。只有在计算了所有的节点后，图才会显示结果。

注释 在本书中，图的“构造”阶段是指在定义每个节点正在做什么时，“计算”阶段是指当我们实际计算相关操作时。

这是需要了解的一个非常重要的方面。请注意，输入变量不一定是实数，它们可以是矩阵、向量等。(本书中主要使用矩阵。) 在图 1-18 中可以找到稍微复杂的示例，即给定三个输入量 x、y 和 A，使用图计算 $A(x+y)$ 的值。

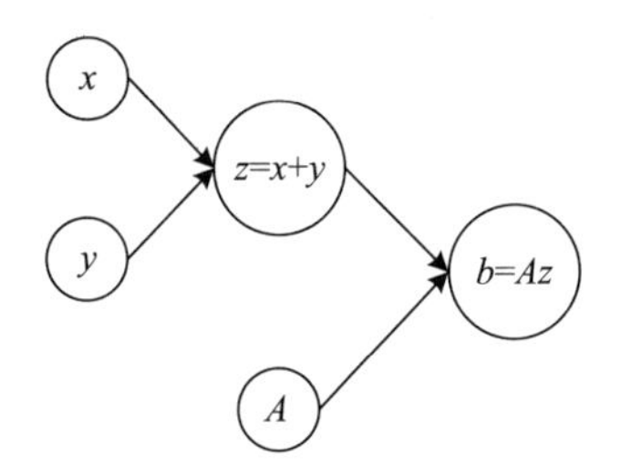

图 1-18 给定三个输入量 x、y 和 A，计算 $A(x+y)$ 的值的计算图

可以通过为输入节点（在本例中为 x、y 和 A）赋值来计算此图，并通过图计算节点。例如，如果采用图 1-18 中的图并赋值 $x=1$、$y=3$ 和 $A=5$，将得到结果 $b=20$（如图 1-19 所示）。

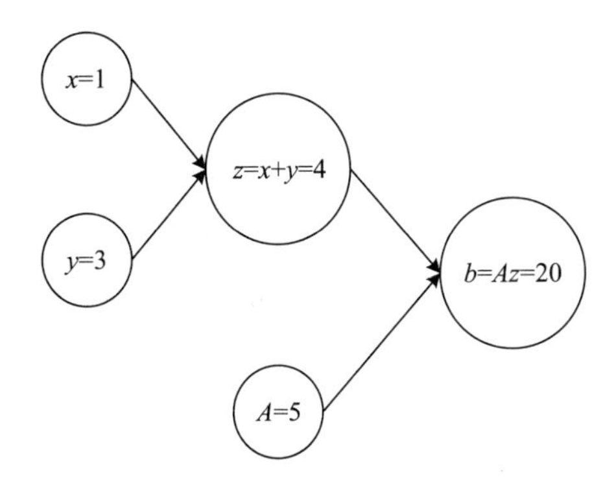

图 1-19 要计算图 1-18 中的图，必须为输入节点 x、y 和 A 赋值，然后通过图计算节点

神经网络基本上是一个非常复杂的计算图，其中每个神经元由图中的几个节点组成，这些节点将它们的输出馈送到一定数量的其他神经元，直到到达某个输出。在下一节中，我们将构建最简单的神经网络：一个具有单一神经元的神经网络。即使这么简单的神经网络，也可以做一些非常有趣的事情。

TensorFlow 可以帮助你非常轻松地构建非常复杂的计算图。通过构造，可以将评估计算与构造进行分离。（请记住，要计算结果，必须赋值并计算所有节点。）在下一节中，我将展示如何构建计算图以及如何计算它们。

注释　请记住，TensorFlow 首先构建一个计算图（在所谓的构造阶段），但不会自动计算它。该库将两个步骤分开，以便使用不同的输入多次计算图形。

1.2.2　张量

TensorFlow 处理的基本数据单元是张量（Tensor），它包含在 TensorFlow 这个单词中。张量仅仅是一个形为 n 维数组的基本类型（例如，浮点数）的集合。以下是张量的一些示例（包括相关的 Python 定义）：

- 1 →一个纯量
- [1,2,3] →一个向量
- [[1,2,3], [4,5,6]] →一个矩阵或二维数组

张量具有静态类型和动态维度。在计算它时，不能更改其类型，但可以在计算之前动态更改维度。（基本上，声明张量时可以不指定维度，TensorFlow 将根据输入值推断维度。）通常，用张量的阶（rank）来表示张量的维度数（纯量的阶可以认为是 0）。表 1-1 可以帮助理解张量的不同阶。

表 1-1　阶为 0、1、2 和 3 的张量示例

阶	数 学 实 体	Python 例子
0	纯量（例如，长度或重量）	L=30
1	向量（例如，二维平面中物体的速度）	S=[10.2,12.6]
2	矩阵	M=[[23.2,44.2],[12.2,55.6]]
3	3D 矩阵（带有三个维度）	C=[[[1],[2]],[[3],[4]],[[5],[6]]]

假设你使用语句 import TensorFlow as tf 导入 TensorFlow，则基本对象（张量）是类 tf.tensor。tf.tensor 有两个属性：

- 数据类型（例如，float32）
- 形状（例如，[2,3] 表示这是一个 2 行 3 列的张量）

一个重要的方面是张量的每个元素总是具有相同的数据类型，而形状不需要在声明时

定义。(这在下一章的实际例子中更加清晰可见。) 我们将在本书中看到的主要张量类型（还有更多）是：

- tf.Variable
- tf.constant
- tf.placeholder

tf.constant 和 tf.placeholder 值在单个会话运行期间（稍后会详细介绍）是不可变的。一旦它们有了值，就不会改变。例如，tf.placeholder 可以包含要用于训练神经网络的数据集，一旦赋值，它就不会在计算阶段发生变化。tf.Variable 可以包含神经网络的权重，它们会在训练期间改变，以便为特定问题找到最佳值。最后，tf.constant 永远不会改变。我将在下一节展示如何使用这三种不同类型的张量，以及在开发模型时应该考虑哪些方面。

1.2.3 创建和运行计算图

下面开始使用 TensorFlow 来创建计算图。

注释 请记住，我们始终将构建阶段（定义图应该做什么）与它的计算阶段（执行计算）分开。TensorFlow 遵循相同的理念：首先构建一个图形，然后进行计算。

考虑非常简单的事情：对两个张量求和，即

$$x_1+x_2$$

可以使用图 1-20 的计算图来执行计算。

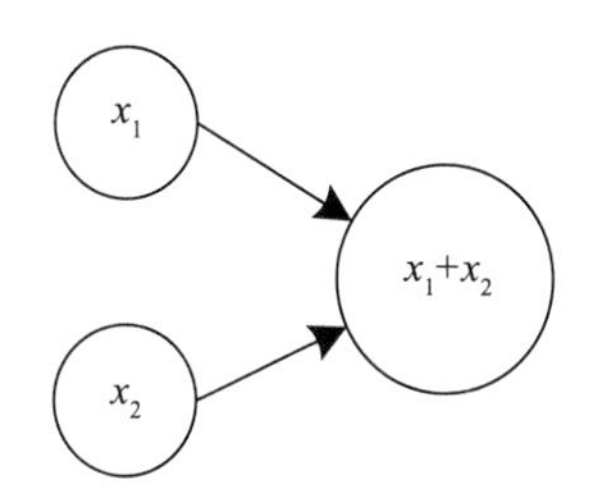

图 1-20 求两个张量之和的计算图

1.2.4 包含 tf.constant 的计算图

如前所述，首先必须使用 TensorFlow 创建这个计算图。(记住，我们从构建阶段开始。) 让我们开始使用 tf.constant 张量类型。我们需要三个节点：两个用于输入变量，一个用于求和。可以通过以下代码实现：

```
x1 = tf.constant(1)
x2 = tf.constant(2)
z = tf.add(x1, x2)
```

以上代码创建图1-20中的计算图，同时，它告诉TensorFlow：x1的值是1（声明中括号内的值），而x2的值为2。现在，要执行代码，我们必须创建被TensorFlow称为会话的过程（实际的计算过程就在其中进行），然后可以请求会话类通过以下代码运行我们的图：

```
sess = tf.Session()
print(sess.run(z))
```

这将简单地提供z的计算结果，正如所料，结果是3。这部分代码相当简单且不需要太多，但不是很灵活。例如，x1和x2是固定的，并且在计算期间不能改变。

注释 在TensorFlow中，首先必须创建计算图，然后创建会话，最后运行图。必须始终遵循这三个步骤来计算你的图。

请记住，也可以要求TensorFlow仅计算中间步骤。例如，你可能想要计算x1，比如sess.run（x1）（虽然在这个例子中没什么意义，但是在很多情况下它很有用，例如，如果想要在评估图的同时评估模型的准确性和损失函数）。

你会得到结果1，正如预期的那样。最后，请记住使用sess.close()关闭会话以释放所用资源。

1.2.5 包含tf.Variable的计算图

可以使用相同的计算图（图1-20中的图）来创建变量，但这样做有点麻烦，不如让我们重新创建计算图。

```
x1 = tf.Variable(1)
x2 = tf.Variable(2)
z = tf.add(x1,x2)
```

我们像之前一样用值1和2进行变量初始化[⊖]。问题在于，当使用以下代码运行此图时，将收到一条报错消息。

```
sess = tf.Session()
print(sess.run(z))
```

这是一条非常长的消息，但消息的结尾包含以下内容：

```
FailedPreconditionError (see above for traceback): Attempting to use
uninitialized value Variable
```

发生这种情况是因为TensorFlow不会自动初始化变量。为此，你可以使用此办法：

⊖ 要学习更多关于变量的内容，请访问官方文档：www.TensorFlow.org/versions/master/api_docs/python/tf/Variable。

```
sess = tf.Session()
sess.run(x1.initializer)
sess.run(x2.initializer)
print(sess.run(z))
```

现在没有错误了。sess.run（x1.initializer）这行代码将使用值 1 初始化变量 x1，而 sess.run（x2.initializer）将使用值 2 初始化变量 x2，但这相当麻烦。（你也不希望为每个需要初始化的变量写一行代码。）更好的方法是在计算图中添加一个节点，以便使用如下代码初始化在图中定义的所有变量：

```
init = tf.global_variables_initializer()
```

然后再次创建并运行会话，并在计算 z 之前运行此节点（init）。

```
sess = tf.Session()
sess.run(init)
print(sess.run(z))
sess.close()
```

以上代码很有效，如你所料，输出了正确结果 3。

注释　使用变量时，请记住一定要添加全局初始化器（tf.global_variables_initializer()），并在一开始就在会话中运行该节点，然后再进行任何其他计算。我们将在本书的许多例子中看到它是如何工作的。

1.2.6　包含 tf. placeholder 的计算图

我们将 x1 和 x2 声明为占位符：

```
x1 = tf.placeholder(tf.float32, 1)
x2 = tf.placeholder(tf.float32, 1)
```

请注意，我没有在声明中提供任何值⊖。我们将不得不在计算时为 x1 和 x2 赋值。这是占位符与其他两种张量类型的主要区别。然后，再次用以下代码执行求和：

```
z = tf.add(x1,x2)
```

请注意，如果尝试查看 z 中的内容，例如 print（z），你将得到：

```
Tensor("Add:0", shape=(1,), dtype=float32)
```

⊖　请查阅关于数据类型的官方文档：www.TensorFlow.org/versions/master/api_docs/python/tf/placeholder。

为何得到这个奇怪的结果？首先，我们没有给 TensorFlow 提供 x1 和 x2 的值，其次，TensorFlow 还没有运行任何计算。请记住，图的构造和计算是相互独立的步骤。现在我们像之前一样在 TensorFlow 中创建一个会话。

```
sess = tf.Session()
```

现在可以运行实际的计算了，但要做到这一点，必须先为 x1 和 x2 两个输入赋值。这可以通过使用一个包含所有占位符的名称作为键的 Python 字典来实现，并为这些键赋值。在此示例中，我们将值 1 赋给 x1，将值 2 赋给 x2。

```
feed_dict={ x1: [1], x2: [2]}
```

可以通过使用以下命令将上面的代码提供给 TensorFlow 会话：

```
print(sess.run(z, feed_dict))
```

终于得到了期望的结果：3。注意，TensorFlow 相当聪明，可以处理更复杂的输入。让我们重新定义占位符，以便使用包含两个元素的数组。（在这里，我们给出完整的代码，以便更容易跟进该示例。）

```
x1 = tf.placeholder(tf.float32, [2])
x2 = tf.placeholder(tf.float32, [2])

z = tf.add(x1,x2)
feed_dict={ x1: [1,5], x2: [1,1]}

sess = tf.Session()
sess.run(z, feed_dict)
```

这次，将得到一个包含两个元素的数组作为输出。

```
array([ 2., 6.], dtype=float32)
```

请记住，x1=[1,5] 和 x2=[1,1] 意味着 z=x1+x2=[1,5]+[1,1]=[2,6]，因为求和（sum）是对数组中逐元素求和得到的。

总结一下，下面是一些关于何时使用哪种张量类型的指南：

- 对于在计算阶段不发生更改的实体，请使用 tf.placeholder。通常，它们是你希望在计算期间保持固定不变的输入值或参数，但可能随每次运行而变化。（你将在本书后面看到几个示例。）示例包括输入数据集、学习率等。
- 对于在计算过程中会发生变化的实体，请使用 tf.Variable，例如，神经网络的权重，本书后面将对此进行介绍。
- tf.constant 用于永不更改的实体，例如，那些在模型中不再更改的固定值。

图 1-21 描绘了一个稍微复杂的例子：计算 $x_1w_1+x_2w_2$ 的计算图。

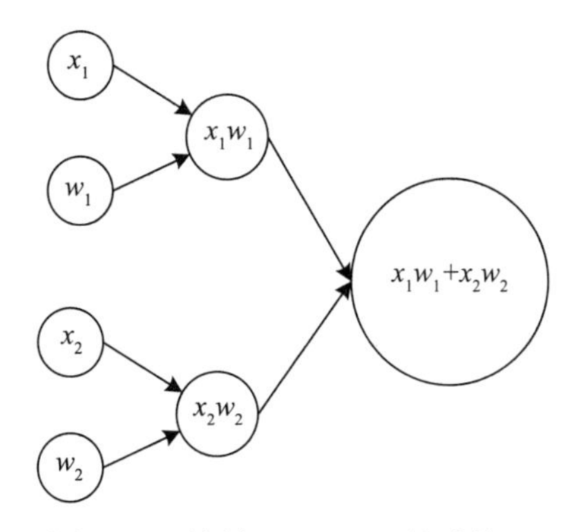

图 1-21 计算 $x_1w_1+x_2w_2$ 的计算图

在这个例子中，我将 x_1、x_2、w_1 和 w_2 定义为包含纯量的占位符（它们将是输入)(记住：在定义占位符时，必须始终将维度作为第二个输入参数传入，在本例中是 1）。

```
x1 = tf.placeholder(tf.float32, 1)
w1 = tf.placeholder(tf.float32, 1)
x2 = tf.placeholder(tf.float32, 1)
w2 = tf.placeholder(tf.float32, 1)

z1 = tf.multiply(x1,w1)
z2 = tf.multiply(x2,w2)
z3 = tf.add(z1,z2)
```

运行该计算也就意味着（如前所述）：定义包含输入值的字典，之后创建会话，然后运行它。

```
feed_dict={ x1: [1], w1:[2], x2:[3], w2:[4]}
sess = tf.Session()
sess.run(z3, feed_dict)
```

不出所料，你将获得以下结果：

```
array([ 14.], dtype=float32)
```

这很简单，即 1×2+3×4=2+12=14（记住，在前一步骤中已经在 feed_dict 中输入了值 1、2、3 和 4）。在第 2 章中，我们将绘制单个神经元的计算图，并将本章学到的内容应用于一个非常实际的案例。使用该图，将能够对真实数据集进行线性和逻辑回归。与往常一样，请记得在完成后用 sess.close() 关闭会话。

注释 在 TensorFlow 中，可能会发生同一段代码运行多次，并且最终会得到一个包含同一节点的多个副本的计算图。避免此类问题的一种非常常见的方法是在运行构造该图的代码之前先运行代码 tf.reset_default_graph()。请注意，如果你将构造代码与计算代码恰当地分开了，则应该能够避免此类问题。我们将在本书后面的许多例子中看到它是如何工作的。

1.2.7　运行和计算的区别

如果参阅相关博客和书籍，可能会发现有两种计算 TensorFlow 计算图的方法。到目前为止，我们使用的是 sess.run()，该函数的参数就是要计算的节点的名称。之所以选择这种方法，是因为它有一个很好的优点。为了理解这个优点，请看以下代码（与之前相同）：

```
x1 = tf.constant(1)
x2 = tf.constant(2)
z = tf.add(x1, x2)
init = tf.global_variables_initializer()
sess = tf.Session()
sess.run(init)
sess.run(z)
```

这段代码只会计算节点 z，也可以使用以下代码同时计算多个节点：

```
sess.run([x1,x2,z])
```

结果如下：

```
[1, 2, 3]
```

这非常有用，下一节将详细介绍节点的生命周期。而且，同时计算多个节点将使代码更短，更具可读性。

计算图中节点的第二种方法是使用 eval()。代码 z.eval(session=sess) 将计算 z。但这一次，你必须明确告诉 TensorFlow 你要使用哪个会话（你可能已经定义了几个）。而这不太实用，我更喜欢使用 run() 方法同时获得多个结果（例如，损失函数、准确率和 F1 分数）。选择第一种方法还有一个重要原因，将在下一节进行阐述。

1.2.8　节点之间的依赖关系

正如之前提到的，TensorFlow 按照拓扑顺序来计算图，这意味着当你要求它计算节点时，它会自动确定哪些节点是计算你要求的内容所必需的依赖节点，并首先计算它们。问题是 TensorFlow 可能会多次计算某些节点。请看下面的代码：

```
c = tf.constant(5)
x = c + 1
y = x + 1
z = x + 2
sess = tf.Session()
print(sess.run(y))
print(sess.run(z))
sess.close()
```

这段代码将构建并计算图 1-22 中的计算图。

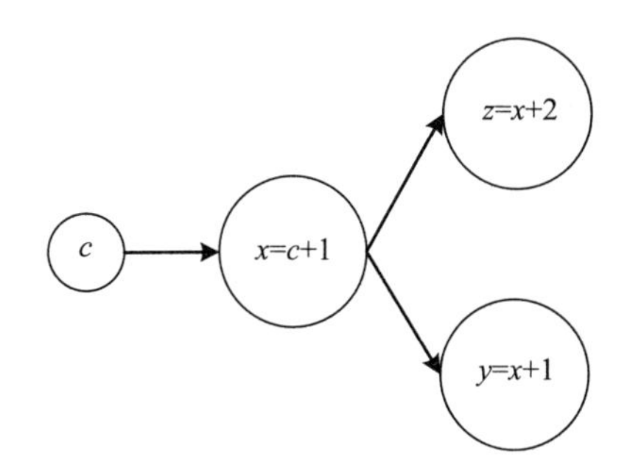

图 1-22　本节开头部分引用的代码所构建的计算图

如你所见，z 和 y 都取决于 x。我们编写的代码的问题是 TensorFlow 不会重用先前对 c 和 x 的计算结果。这意味着它将在计算 z 时计算节点 x 一次，并在计算 y 时再次计算节点 x。例如在这个例子中，如果使用代码 yy, zz=sess.run（[y, z]），则只需一次运行即可计算 y 和 z，并且 x 仅计算一次。

1.2.9　创建和关闭会话的技巧

之前已介绍了如何使用模板创建会话：

```
sess = tf.Session()
# Code that does something
```

最后，必须关闭会话，以释放所用资源。语法很简单：

```
sess.close()
```

请记住，关闭会话后，则无法再计算任何内容。必须创建新会话，才能再次执行计算。在 Jupyter 环境中，此方法的优点是允许你将计算代码拆分为多个单元格，然后在最后才关闭会话。但是，使用以下模板，就能以更简便的方式打开和使用会话：

```
With tf.Session() as sess:
# code that does something
```

例如，前一节中的如下代码

```
sess = tf.Session()
print(sess.run(y))
print(sess.run(z))
sess.close()
```

可以写成

```
with tf.Session() as sess:
    print(sess.run(y))
    print(sess.run(z))
```

在这里，会话将在 with 子句的末尾自动关闭。使用此方法可以更轻松地使用 eval()。例如，代码

```
sess = tf.Session()
print(z.eval(session=sess))
sess.close()
```

使用 with 子句，则为

```
with tf.Session() as sess:
    print(z.eval())
```

在某些情况下，显式声明会话仍然是首选方式。例如，常见的情况是编写一个函数，执行图计算并返回会话，以便在主要的训练结束后可以进行额外的计算（例如，计算准确率或类似的指标）。在这种情况下，不能使用第二种方法，因为它会在完成计算后立即关闭会话，导致无法使用会话结果进行其他计算。

注释　如果你在 Jupyter 记事本等交互式环境中工作，并且想要在多个记事本单元格上拆分计算代码，那么很容易将会话声明为 sess = tf.Session()，之后执行所需的计算，然后在计算结束后关闭会话。通过这种方法，可以交互处理计算、图和文本。如果编写的代码不是交互式的，那么使用第二种方法有时更可取（而且不易出错），以确保会话最后关闭。此外，使用第二种方法，不必在使用 eval() 方法时指定会话。

本章介绍的内容应该提供了应用 TensorFlow 来构建神经网络所需的一切，这里介绍的内容绝不是完整和详尽的。你应该花一些时间去 TensorFlow 官方网站学习相应的教程和其他资料。

注释　在本书中，我使用了一种懒惰的编程方法。这意味着我只解释我想让你理解的东西，仅此而已。原因是我希望你专注于每章的学习目标，而不希望你被方法或编程功能背后的复杂性分散注意力。一旦你理解了我试图解释的内容，你就应该投入一些时间，利用官方文档深入研究更多的方法和库。

CHAPTER 2

第 2 章

单一神经元

在本章中，将讨论神经元是什么以及它的组成部分是什么。首先将阐明我们将要用到的数学符号，并涵盖当今神经网络中使用的许多激活函数，还将详细讨论梯度下降优化，并介绍学习率的概念及其特点。为了让学习变得更有趣，我们将使用单一神经元对真实数据集执行线性和逻辑回归。然后，将讨论并讲解如何使用 TensorFlow 实现这两种算法。

为了保持本章的重点和学习效率，我们故意遗漏了一些东西。例如，没有将数据集拆分为训练和测试两部分。我们直接使用所有数据。如果将数据集分成两部分，会迫使我们做一些适当的分析，这会分散我们对本章主要目标的注意力，并很难快速达到目的。在本书的后面，将对使用多个数据集的后果进行适当的分析，并阐述如何正确地进行分析，尤其是在深入学习的背景下。这部分内容需要一个独立的章节来阐述。

你可以通过深度学习做出精彩、迷人和有趣的事情，让我们开始吧！

2.1 神经元结构

深度学习的基础是由大量简单的计算单元组成的大型复杂网络。处于研究前沿的公司正在处理具有 1600 亿个参数的网络 [1]。从客观的角度来看，这个数字是我们银河系中恒星数的一半，或者是所有曾经存活过的人数的 1.5 倍。在基本层面上，神经网络是一组不同的互连单元，每个单元执行特定的（通常相对简单的）计算。它们有点像乐高玩具，你可以使用非常简单和基本的单元制作非常复杂的东西。神经网络是相似的。使用相对简单的计算单元，就可以构建非常复杂的系统。我们可以改变基本单元，改变它们计算结果的方法、它们相互联系的方法、它们使用输入值的方法等，所有这些方面粗略地定义了所谓的网络架构，改变它将改变网络的学习方法、预测的准确性等。

这些基本单元称为神经元，这是由于它们与大脑在生物学上是相似的[2]。基本上，每个神经元做一件非常简单的事情：接受一定数量的输入（实数）并计算输出（也是一个实数）。在这本书中，我们的输入将用 $x_i \in R$（实数）表示，$i=1, 2, \cdots, n_x$，其中 $i \in N$ 是一个整数，n_x 是输入属性（通常称为特征）的数量。作为输入特征的一个例子，你可以想象一个人的年龄和体重（因此，我们将有 $n_x=2$）。x_1 代表年龄，x_2 代表体重。在现实生活中，特征数很容易非常大。在本章后面的逻辑回归示例所使用的数据集中，$n_x=784$。

有几种神经元已被广泛研究，在本书中，我们将专注于最常用的神经元。我们感兴趣的神经元仅仅将函数应用于所有输入的线性组合。在更数学化的形式中，给定 n_x，实参 $w_i \in R$（$i=1,2, \cdots, n_x$）和常数 $b \in R$（通常称为偏差），神经元将通过 z，先计算出文献和书本中通常指明的内容。

$$z=w_1x_1+w_2x_2+\cdots+w_{n_x}x_{n_x}+b$$

然后它将函数 f 应用于 z，输出 $\hat{y}$。

$$\hat{y}=f(z)=f(w_1x_1+w_2x_2+\cdots+w_{n_x}x_{n_x}+b)$$

注释 专业人士大多使用以下术语：w_i 是指权重，b 是指偏差，x_i 是指输入特征，f 是指激活函数。

由于生物学上的相似性，函数 f 被称为神经元激活函数（有时也称为传递函数），这将在下一节中详细讨论。

我们再次总结一下神经元计算步骤。

1. 对所有输入 x_i 进行线性组合，即计算

$$z=w_1x_1+w_2x_2+\cdots+w_{n_x}x_{n_x}+b$$

2. 将 f 应用于 z，得到输出

$$\hat{y}=f(z)=f(w_1x_1+w_2x_2+\cdots+w_{n_x}x_{n_x}+b)$$

你可能还记得在第1章中讨论了计算图。图2-1是这些神经元对应的图。

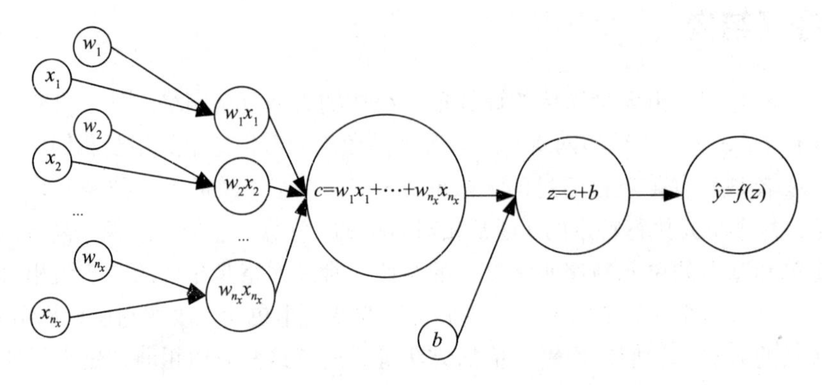

图2-1 文中描述的神经元的计算图

这不是你在博客、书籍和教程中经常看到的图，因为它使用起来相当复杂并且不太实用，尤其是当你想要绘制具有多个神经元的网络时。在文献中，你可以找到很多神经元的表示图。在本书中，我们将使用图 2-2 中所示的图，因为它被广泛使用并且易于理解。

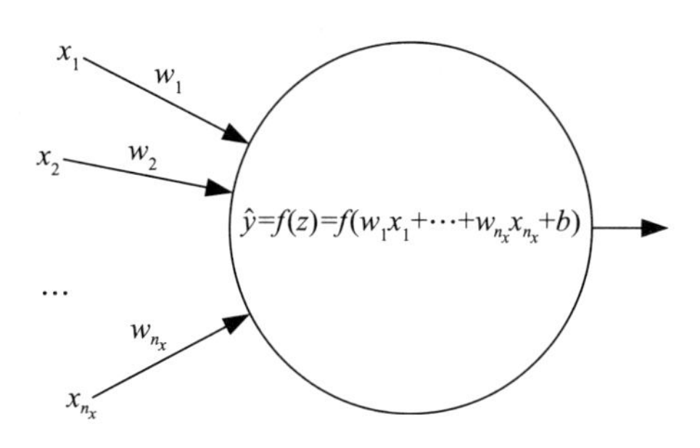

图 2-2　专业人士最常用的神经元表示图

必须按以下方式解释图 2-2：

- 输入没有放在圈中，这只是为了将它们与执行实际计算的节点区分开来。
- 权重的名称放在箭头线上，这意味着在将输入传递到中间的气泡（即节点）之前，输入首先将乘以相对权重，如箭头所示。第一个输入 x_1 将乘以 w_1，x_2 乘以 w_2，依此类推。
- 中间的气泡（即节点）将同时执行多个计算。首先，它将输入（即 i=1,2，⋯，n_x 时的 x_iw_i）求和，然后将结果与偏差 b 相加，最后，将结果值应用于激活函数。

我们在本书中讨论的所有神经元都具有这种结构，通常，使用更简单的表示，如图 2-3 所示。在这种情况下，除非另有说明，否则应理解输出为

$$\hat{y}=f(z)=f(w_1x_1+w_2x_2+\cdots+w_{n_x}x_{n_x}+b)$$

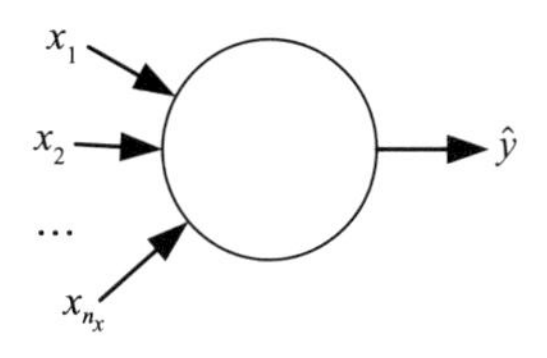

图 2-3　这种表示是图 2-2 的简化版本。除非另有说明，否则通常理解输出为 $\hat{y}=f(z)=f(w_1x_1+w_2x_2+\cdots+w_{n_x}x_{n_x}+b)$。在神经元表示中通常不明确写出权重

2.1.1　矩阵表示法

在处理大数据集时，特征的数量很大（n_x 将很大），因此最好对特征和权重使用向量表示法，如下所示：

$$\boldsymbol{x}=\begin{bmatrix} x_1 \\ \vdots \\ x_{n_x} \end{bmatrix}$$

其中，我们用黑体 $\boldsymbol{x}$ 表示向量。对于权重，我们使用相同的表示法：

$$\boldsymbol{w}=\begin{bmatrix} w_1 \\ \vdots \\ w_{n_x} \end{bmatrix}$$

为了与我们稍后使用的公式一致，要将 $\boldsymbol{x}$ 和 $\boldsymbol{w}$ 相乘，我们将使用矩阵乘法表示法，因此，表示为

$$\boldsymbol{w}^{\mathrm{T}}\boldsymbol{x}=(w_1 \ldots w_{n_x})\begin{bmatrix} x_1 \\ \vdots \\ x_{n_x} \end{bmatrix}=w_1x_1+w_2x_2+\cdots+w_nx_{n_x}$$

其中，$\boldsymbol{w}^{\mathrm{T}}$ 表示 $\boldsymbol{w}$ 的转置，然后用这个向量表示法，z 表示为

$$z=\boldsymbol{w}^{\mathrm{T}}\boldsymbol{x}+b$$

神经元输出 $\hat{y}$ 写作

$$\hat{y}=f(z)=f(\boldsymbol{w}^{\mathrm{T}}\boldsymbol{x}+b) \tag{1}$$

现在，让我们总结一下用于定义神经元的不同组件以及我们将在本书中使用的表示法。

- $\hat{y}$ →神经元输出
- $f(z)$ →应用于 z 的激活函数（或传递函数）
- $\boldsymbol{w}$ →权重（具有 n_x 个组件的向量）
- b →偏差

2.1.2　Python 实现技巧：循环和 NumPy

我们在等式（1）中给出的计算可以通过标准列表和循环在 Python 中完成，但随着变量数和样本数的增加，这些计算会变得非常慢。一个好的经验法则是尽可能避免循环，并尽可能多地使用 NumPy（或 TensorFlow，我们将在后面看到）方法。

我们很容易了解 NumPy 的速度有多快（以及使用循环的话速度有多慢）。我们首先在 Python 中创建两个标准的随机数列表，每个列表包含 10^7 个元素。

```
import random
lst1 = random.sample(range(1, 10**8), 10**7)
lst2 = random.sample(range(1, 10**8), 10**7)
```

具体值与我们的目的无关，我们只对 Python 能够以多快的速度将两个列表逐元素相乘感兴趣。报告的时间是在一台 2017 年的微软 Surface 笔记本电脑上测量的，在其他情况下会有很大差异，具体取决于运行代码的硬件。我们对绝对值不感兴趣，只关心 NumPy 比标准的 Python 循环快多少。要在 Jupyter 记事本中对 Python 代码计时，可以使用“magic command”。通常，在 Jupyter 记事本中，这些命令以 %% 或 % 开头。有一个快速学习的好办法就是访问 http://ipython.readthedocs.io/en/stable/interactive/magics.html 并阅读官方文

档，以便更好地了解它们的工作方式。

回到我们的测试，测一下标准笔记本电脑需要花多少时间使用 Python 标准循环逐元素地将两个列表相乘。使用如下代码：

```
%%timeit
ab = [lst1[i]*lst2[i] for i in range(len(lst1))]
```

会输出以下结果（请注意，在你的计算机上，可能会得到不同的结果）：

```
2.06 s ± 326 ms per loop (mean ± std. dev. of 7 runs, 1 loop each)
```

运行超过七次，代码平均需要大约两秒。现在我们尝试进行相同的乘法，但这一次使用 NumPy，我们首先使用以下代码将两个列表转换为 NumPy 数组：

```
import numpy as np
list1_np = np.array(lst1)
list2_np = np.array(lst2)

%%timeit
Out2 = np.multiply(list1_np, list2_np)
```

这一次，得到如下结果：

```
20.8 ms ± 2.5 ms per loop (mean ± std. dev. of 7 runs, 10 loops each)
```

NumPy 代码仅需要 21 毫秒，换句话说，比标准循环的代码快大约 100 倍。之所以 NumPy 速度更快，有两个原因：一是底层例程是用 C 语言编写的，二是它尽可能使用向量化代码来加速大量数据的计算。

注释 向量化代码是指（在一个语句中）同时对向量（或矩阵）的多个分量执行的操作。将矩阵传递给 NumPy 函数是向量化代码的一个很好的例子。NumPy 将同时对大块数据执行操作，相对于 Python 标准循环能获得更好的性能，Python 标准循环必须一次操作一个元素。请注意，NumPy 之所以能表现出来这么好的性能，部分原因也是底层例程是用 C 语言编写的。

在训练深度学习模型时，你会发现自己一遍又一遍地进行这种操作，因此，这样的速度提高，就如同一个可以训练的模型和一个永远不会给你结果的模型之间的区别。

2.1.3 激活函数

有很多激活函数都可以用来改变神经元的输出。请记住，激活函数只是一个在输出 $\hat{y}$ 中对 z 进行变换的数学函数。我们来看看最常用的几个激活函数。

2.1.3.1　恒等函数

这是你可以使用的最基本的函数，通常表示为 $I(z)$。它只是输入什么返回什么。数学上，我们有

$$f(z)=I(z)=z$$

在本章后面讨论单一神经元的线性回归时，这个简单的函数会派上用场，图 2-4 给出了它的函数图。

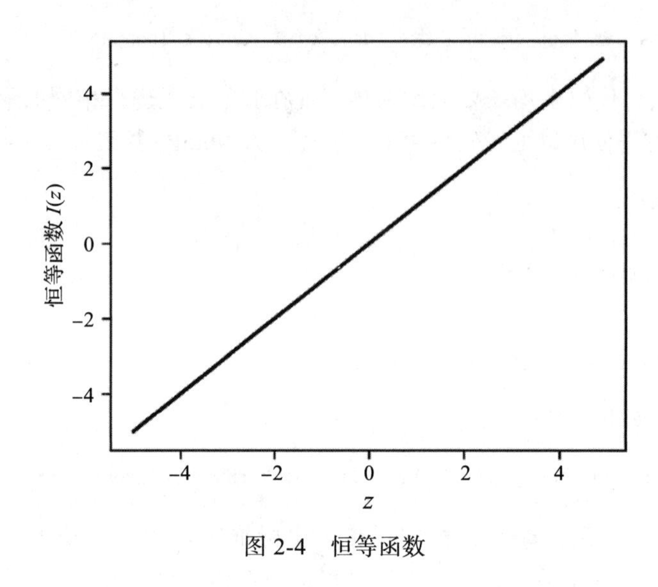

图 2-4　恒等函数

在 Python 中使用 NumPy 实现恒等函数特别简单。

```
def identity(z):
    return z
```

2.1.3.2　sigmoid 函数

这是一个非常常用的函数，它只返回 0 到 1 之间的值，通常表示为 $\sigma(z)$。

$$f(z)=\sigma(z)=\frac{1}{1+e^{-z}}$$

它特别适用于那些预测概率作为输出结果的模型（请记住，概率值总是介于 0 和 1 之间）。你可以在图 2-5 中看到它的函数曲线图。请注意，在 Python 中，如果 z 足够大，则可能会发生函数返回 0 或 1（取决于 z 的符号）的舍入错误。在分类问题中，我们会经常计算 $\log\sigma(z)$ 或 $\log(1-\sigma(z))$，因此，这可能是 Python 中发生错误的来源，因为它可能要计算未定义的 log 0。例如，在计算代价函数时你可能开始看到 nan 出现（稍后会详细介绍）。我们将在本章后面给出一个这种现象的实际例子。

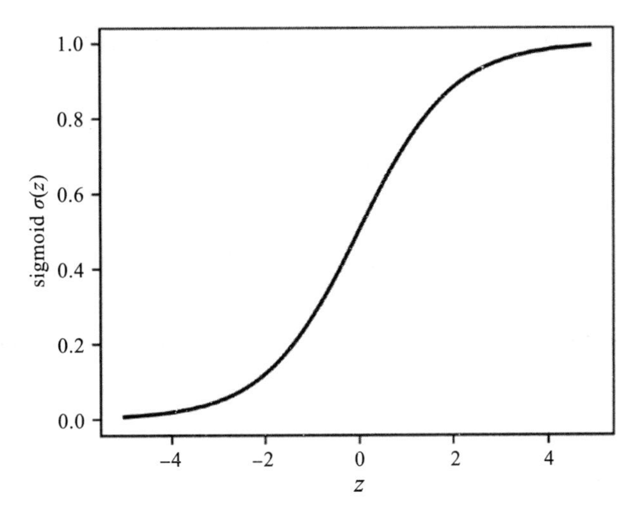

图 2-5　sigmoid 激活函数是一个 0～1 的 S 形的函数

注释　虽然 $\sigma(z)$ 永远不应该达到 0 或 1，但用 Python 编程时，实际上可能完全不同，这是因为遇到非常大的 z（正或负）时，Python 可能会将结果四舍五入到 0 或 1。这可能会在计算代价函数时出现错误的分类（本章后面将给出详细说明和实际例子），因为我们需要计算 $\log\sigma(z)$ 和 $\log(1-\sigma(z))$，因此，Python 将尝试计算未定义的 log0。例如，如果我们没有正确地规范化输入数据，或者没有正确初始化权重，则可能会发生这种情况。目前，重要的是要记住，虽然在数学上一切似乎都在掌控之中，但编程实践中可能会出现更加困难的情况。在调试模型时要记住这一点，例如，代价函数的输出结果会是 nan。

在图 2-5 中可以看出 z 的行为。其计算可以使用 NumPy 函数以下面这种形式编写：

```
s = np.divide(1.0, np.add(1.0, np.exp(-z)))
```

注释　知道下面这一点很有用，那就是，如果我们有两个 NumPy 数组 A 和 B，那么下面这些是等价的：A / B 相当于 np.divide(A, B)，A + B 相当于 np.add(A, B)，A−B 相当于 np.subtract(A, B)，A * B 相当于 np.multiply(A, B)。如果你熟悉面向对象的编程，那么在 NumPy 中基本操作（如 /、*、+ 和 −）会被重载。另请注意，NumPy 中的所有这 4 个基本操作都是逐元素进行的。

我们可以用更可读（至少对于人类）的形式编写 sigmoid 函数，如下所示：

```
def sigmoid(z):
    s = 1.0 / (1.0 + np.exp(-z))
    return s
```

如前所述，1.0+np.exp(-z) 等价于 np.add(1.0, np.exp(-z))，而 1.0/(np.add(1.0, np.exp(-z))) 等价于 np.divide(1.0, np.add(1.0, np.exp(-z)))。请注意公式中的另外一点。np.exp（-z）是 z（通常是具有等于样本数的长度的向量）的维度，而 1.0 是标量（一维实体），Python 如何将两者相加？这就要用到所谓的“广播（broadcasting）”[⊖]。Python 受某些约束的影响，会在较大的数组中“广播”较小的数组（在本例中为 1.0），因此，最后两者具有相同的维度。在这种情况下，1.0 变为与 z 相同维度的数组，全部填充 1.0。这是一个需要理解的重要概念，因为它非常有用。例如，你不必转换数组中的数字，Python 会为你处理它。关于广播如何在其他情况下工作的规则相当复杂，超出了本书的范围。但是，了解 Python 在后台会执行某些操作这一点非常重要。

2.1.3.3　tanh（双曲正切）激活函数

双曲正切也是一条 -1～1 的 S 形曲线。

$$f(z)=\tanh(z)$$

在图 2-6 中，可以看到它的形状。在 Python 中，这可以很容易地实现，如下所示：

```
def tanh(z):
    return np.tanh(z)
```

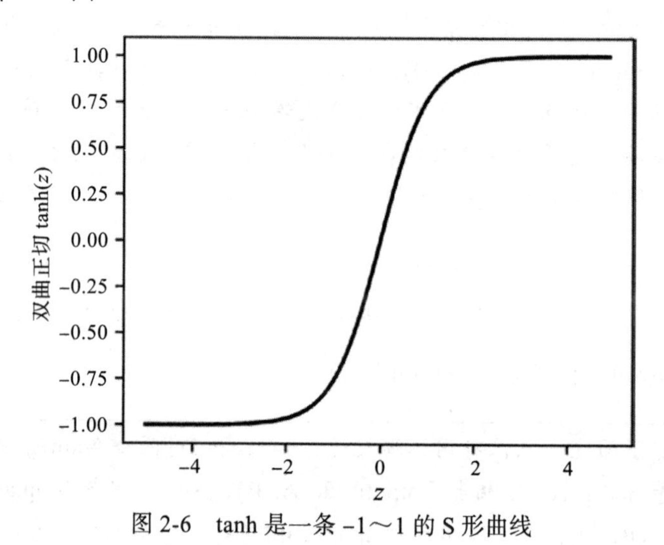

图 2-6　tanh 是一条 -1～1 的 S 形曲线

2.1.3.4　ReLU（整流线性单元）激活函数

ReLU 函数（图 2-7）如下：

$$f(z)=\max(0, z)$$

⊖ 你可以在官方文档中找到有关 NumPy 如何使用广播的更广泛解释。网址是 https://docs.scipy.org/doc/numpy-1.13.0/user/basics. broadcasting.html。

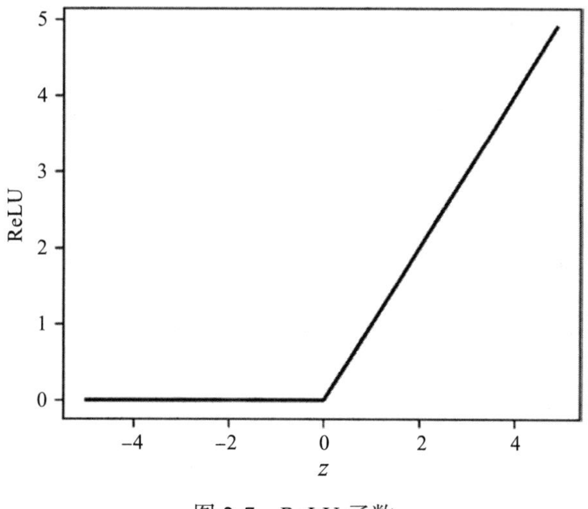

图 2-7 ReLU 函数

花一些时间探索如何在 Python 中以智能方式实现 ReLU 函数是很有用的。请注意，当我们开始使用 TensorFlow 时，我们已经实现了它，但是在实现复杂的深度学习模型时，观察不同的 Python 实现如何产生差异是非常有指导意义的。

在 Python 中，可以通过多种方式实现 ReLU 函数，下面列出了 4 种不同的方法。（继续阅读之前，请试着理解它们为什么能工作。）

1. `np.maximum(x, 0, x)`
2. `np.maximum(x, 0)`
3. `x * (x > 0)`
4. `(abs(x) + x) / 2`

这 4 种方法的执行速度差别很大。我们生成一个包含 10^8 个元素的 NumPy 数组，如下所示：

```
x = np.random.random(10**8)
```

现在我们测量一下在上面的运算中应用 ReLU 函数的 4 种不同实现版本所消耗的时间，代码如下：

```
x = np.random.random(10**8)
print("Method 1:")
%timeit -n10 np.maximum(x, 0, x)

print("Method 2:")
%timeit -n10 np.maximum(x, 0)

print("Method 3:")
```

```
%timeit -n10 x * (x > 0)

print("Method 4:")
%timeit -n10 (abs(x) + x) / 2
```

输出结果为：

```
Method 1:
2.66 ms ± 500 µs per loop (mean ± std. dev. of 7 runs, 10 loops each)
Method 2:
6.35 ms ± 836 µs per loop (mean ± std. dev. of 7 runs, 10 loops each)
Method 3:
4.37 ms ± 780 µs per loop (mean ± std. dev. of 7 runs, 10 loops each)
Method 4:
8.33 ms ± 784 µs per loop (mean ± std. dev. of 7 runs, 10 loops each)
```

从以上结果可以看出，差别还是很大的。方法 1 比方法 4 快四倍。NumPy 库经过高度优化，许多例程用 C 语言编写。但是，知道如何高效编码仍然大有可为，并且可以产生很大的影响。为什么 np.maximum(x, 0, x) 比 np.maximum(x, 0) 快？第一个版本在不创建新数组的情况下更新 x，这可以节省大量时间，尤其是在数组较大时。如果你不想（或不能）就地更新输入向量，仍然可以使用 np.maximum(x, 0) 版本。

下面是一种 ReLU 函数的实现代码：

```
def relu(z):
    return np.maximum(z, 0)
```

注释　在优化代码时，即使很小的更改也可能会产生巨大的差异。在深度学习程序中，相同的代码块可能要重复执行数百万和数十亿次，因此即使是小的改进也会产生巨大的影响。花时间来优化代码是一个必须执行的步骤。

2.1.3.5　Leaky ReLU

Leaky ReLU（也称为参数化整流线性单元）由以下公式给出：

$$f(z)=\begin{cases}\alpha z & z<0 \\ z & z\geqslant 0\end{cases}$$

参数 α 通常约为 0.01。在图 2-8 中，可以看到 $\alpha=0.05$ 的示例。选择此值的目的是使 $x>0$ 和 $x<0$ 之间的差异更加明显。通常，应使用较小的 α 值，但需要使用你的模型进行测试才能找到最佳值。

例如，在 Python 中，可以这样实现该函数，即将 relu(z) 函数定义为

```
def lrelu(z, alpha):
  return relu(z) - alpha * relu(-z)
```

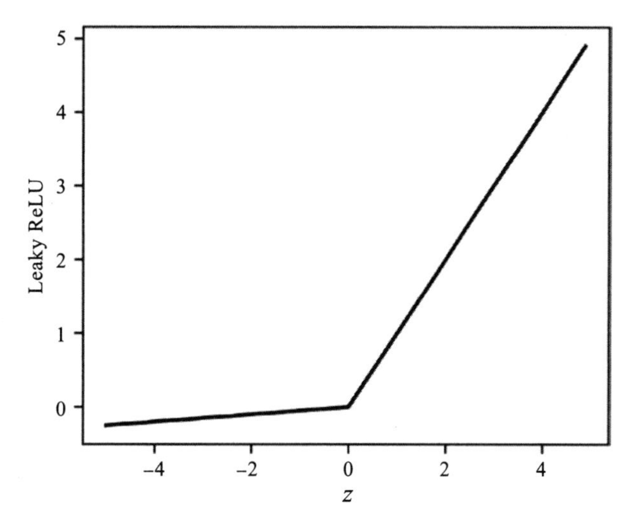

图 2-8 参数 α=0.05 时的 Leaky ReLU 激活函数

2.1.3.6 Swish 激活函数

最近，Google Brain 的 Ramachandran、Zopf 和 Le [4] 研究出一种新的激活函数，称为 Swish，它在深度学习领域中引起了巨大反响。它被定义为：

$$f(z)=z\sigma(\beta z)$$

其中 β 是可学习的参数。在图 2-9 中，可以看到此激活函数的曲线对应参数 β 的三个值：0.1、0.5 和 10.0。该团队的研究表明，简单地用 Swish 替换 ReLU 激活函数可以将 ImageNet 的分类准确率提高 0.9%。在今天的深度学习领域中，这种提高算是很大了。你可以在 www.image-net.org/ 上查阅有关 ImageNet 的更多信息。

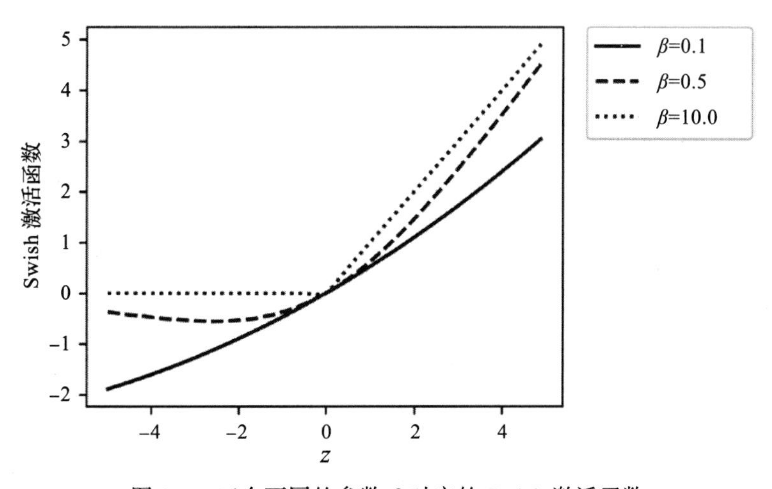

图 2-9 三个不同的参数 β 对应的 Swish 激活函数

ImageNet 是一个大型图像数据库，通常用于对新网络架构或算法进行基准测试，例如，在这个例子里，是对具有不同激活函数的网络进行测试。

2.1.3.7　其他激活函数

其他激活函数还有很多，但这些函数很少使用。作为参考，以下是一些其他的激活函数。该函数列表并不完整，但足让你了解在开发神经网络时可以使用各种各样的激活函数。

- ArcTan

$$f(z)=\tan^{-1}z$$

- 指数线性单元（ELU）

$$f(z)=\begin{cases} a(\mathrm{e}^z-1) & z<0 \\ z & z\geqslant 0 \end{cases}$$

- Softplus

$$f(z)=\ln(1+\mathrm{e}^z)$$

注释　专业人士几乎总是只使用两种激活函数：sigmoid 和 ReLu（最常见的是 ReLu）。使用这两种函数就可以获得良好的结果，并且考虑到足够复杂的网络架构，两者都可以逼近任何非线性函数[5-6]。请记住，使用 TensorFlow 时，你不必自己实现这些函数，TensorFlow 已经为你提供了有效的实现代码。但重要的是，要知道每个激活函数的作用，以了解何时使用哪个激活函数。

2.1.4　代价函数和梯度下降：学习率的特点

在已经清楚地了解神经元是什么之后，下面讨论它对于要学习的神经网络意味着什么，这将引入超参数和学习率等概念。在几乎所有的神经网络问题中，学习只是意味着找到权重（请记住，神经网络由许多神经元组成，每个神经元都有自己的一组权重）和使得所选函数最小化的网络偏差，这些函数通常称为成本（cost）函数，常用 J 表示。

在微积分学中，有几种方法可以解析地求出给定函数的最小值。不幸的是，在所有神经网络应用中，权重的数量是如此之大，以至于无法使用这些方法。因此必须依赖数值方法，最著名的是梯度下降，这也是最容易理解的方法，它将为你提供完美的基础，有助于理解本书后面出现的更复杂的算法。下面简单概述一下它是如何工作的，因为它是机器学习中最好的算法之一，可以用来向读者介绍学习率的概念及其特点。

给定通用函数 $J(\boldsymbol{w})$，其中 $\boldsymbol{w}$ 是权重向量，可以通过基于以下步骤的算法找到权重空间中的极小值点（意味着 $J(\boldsymbol{w})$ 具有最小值的 $\boldsymbol{w}$ 的值）：

1. 迭代 0：选择随机值来初始化，假定为 $\boldsymbol{w}_0$。

2. 迭代 $n+1$（n 从 0 开始）：$n+1$ 次迭代的权重 $\boldsymbol{w}_{n+1}$ 将通过利用先前的第 n 次迭代的权重 $\boldsymbol{w}_n$ 使用下面的公式进行更新：

$$w_{n+1}=w_n-\gamma\nabla J(w_n)$$

对于 $\nabla J(\boldsymbol{w})$，就是代价函数的梯度，它是一个向量，其元素是代价函数相对于权向量 $\boldsymbol{w}$ 的所有元素的偏导数，如下所示：

$$\nabla J(\boldsymbol{w})=\begin{bmatrix} \partial J(\boldsymbol{w})/\partial w_1 \\ \vdots \\ \partial J(\boldsymbol{w})/\partial w_{n_x} \end{bmatrix}$$

迭代什么时候终止执行呢？我们可以检测代价函数 $J(\boldsymbol{w})$，当该函数值变化不是很大的时候终止迭代，或者换句话说，你可以定义一个阈值 ε，对于迭代 q，且 $q>k$（k 是你需要查找的整数），当满足 $|\hat{J}(\boldsymbol{w}_{q+1})-J(\boldsymbol{w}_q)|<\varepsilon$ 时，停止执行所有 $q>k$ 的迭代。这种方法的问题在于，它很复杂，而且在使用 Python 实现时，这种检测在性能方面非常昂贵（请记住，你必须执行此步骤相当多次数），因此，通常人们只是简单地让算法运行一个固定的很大的迭代次数并检测最终结果。如果结果不符合预期，则增加固定的迭代次数。这个数需要多大？这取决于你所研究的问题。你要做的是选择一定的迭代次数（例如，10 000 或 1 000 000）并让算法运行。同时，应绘制代价函数与迭代次数的关系，并检查你选择的迭代次数是否合理。在本章的后面，你将看到一个实际例子，它展示了如何判断你选择的数字是否足够大。目前，你只需知道在固定次数的迭代后停止算法执行即可。

注释 这个算法收敛到最小值的原因（以及如何表示出来）超出了本书的范围，这样会使这一章太冗长，并分散读者对主要学习目标的注意力。你只需了解选择一个特定学习率的效果，以及选择太大或太小学习率的后果。

我们假设代价函数是可微的，通常情况并非如此，但对此问题的讨论远远超出了本书的范围。在这种情况下，人们倾向于使用实用的方法，其实现效果非常好，因此这些理论问题通常被大量的专业人士所忽视。请记住，在深度学习模型中，代价函数会变得非常复杂，并且研究其是否可微几乎是不可能的。

经过合理的迭代次数后，$\boldsymbol{w}_n$ 将“有望”收敛到极小值点。参数 γ 称为学习率，是神经网络学习过程中最重要的参数之一。

注释 为了将其与权重区分开来，学习率被称为超参数，我们后面会接触很多这些权重。超参数是一个参数，其值不是通过训练确定的，通常在学习过程开始之前设置。相反，参数 $\boldsymbol{w}$ 和 b 的值是通过训练得出的。

使用“有望”这个词的理由很充分。算法可能不会收敛到最小值。甚至 $\boldsymbol{w}_n$ 有可能在某些值之间振荡，而不会完全收敛或离散。选择 γ 太大或太小，你的模型将不会收敛（或收敛太慢）。为了理解为什么会出现这种情况，我们考虑一个实际案例，看看该方法在选择不同

的学习率时如何工作。

2.1.5 学习率的应用示例

我们来看由 m=30 个样本形成的数据集，y 由以下代码生成。

```
m = 30
w0 = 2
w1 = 0.5
x = np.linspace(-1,1,m)
y = w0 + w1 * x
```

我们选择经典的均方误差（MSE）作为代价函数：

$$J(w_0,w_1)=\frac{1}{m}\sum_{i=1}^{m}(y_i-f(w_0,w_1,x^{(i)}))^2$$

其中，我们用上标（i）表示第 i 个样本。请记住，使用下标 i（x_i）表示第 i 个特征。回顾一下我们的表示法，$x_j^{(i)}$表示第 j 个特征和第 i 个样本。在这里的例子中，我们只有一个特征，所以不需要使用下标 j。代价函数可以在 Python 中这样轻松实现：

```
np.average((y-hypothesis(x, w0, w1))**2, axis=2)/2
```

其中的 hypothesis 定义为

```
def hypothesis(x, w0, w1):
    return w0 + w1*x
```

我们的目标是找到使得 $J(w_0,w_1)$ 最小的 w_0 和 w_1。

为了应用梯度下降法，我们必须计算 $w_{0,n}$ 和 $w_{1,n}$，这里使用以下公式：

$$\begin{cases} w_{0,n+1}=w_{0,n}-\gamma\dfrac{\partial J(w_{0,n},w_{1,n})}{\partial w_0}=w_{0,n}+\gamma\dfrac{1}{m}\displaystyle\sum_{i=1}^{m}2(y_i-f(w_{0,n},w_{1,n},x_i))\dfrac{\partial f(w_0,w_1,x_i)}{\partial w_0} \\ w_{1,n+1}=w_{1,n}-\gamma\dfrac{\partial J(w_{0,n},w_{1,n})}{\partial w_1}=w_{1,n}+\gamma\dfrac{1}{m}\displaystyle\sum_{i=1}^{m}2(y_i-f(w_{0,n},w_{1,n},x_i))\dfrac{\partial f(w_0,w_1,x_i)}{\partial w_1} \end{cases}$$

通过计算偏导数来简化方程：

$$\begin{cases} w_{0,n+1}=w_{0,n}+\dfrac{\gamma}{m}\displaystyle\sum_{i=1}^{m}(y_i-f(w_{0,n},w_{1,n},x_i))=w_{0,n}(1-\gamma)+\dfrac{\gamma}{m}\displaystyle\sum_{i=1}^{m}(y_i-w_{1,n}x_i) \\ w_{1,n+1}=w_{1,n}+\dfrac{\gamma}{m}\displaystyle\sum_{i=1}^{m}(y_i-f(w_{0,n},w_{1,n},x_i))x_i=w_{1,n}-\gamma w_{0,n}+\dfrac{\gamma}{m}\displaystyle\sum_{i=1}^{m}(y_i-w_{1,n}x_i)x_i \end{cases}$$

由于 $\partial f(w_0, w_1, x_i)/\partial w_0=1$ 和 $\partial f(w_0, w_1, x_i)/\partial w_1=x_i$，如果我们想要自己编写梯度下降算法，那么必须能够在 Python 中实现上面的公式。

注释 上面的公式推导的目的是显示梯度下降方程如何非常快地变得非常复杂，即使是非常简单的情况。在下一节中，我们将使用 TensorFlow 构建第一个模型。该库的最大优点之一是所有这些公式都是自动计算的，你不必费心计算任何东西。实现诸如此处所示的公式并调试它们可能需要相当长的时间，特别是在你处理互连神经元的大型神经网络时，考虑实现这里的公式并调试它们是不可能的。

本书省略了该示例的完整 Python 实现，因为它需要太多版面。

通过改变学习率来检查模型的工作原理是有好处的。在图 2-10、图 2-11 和图 2-12 中，绘制了代价函数的等高线⊖，并且在这些等高线之上绘制了序列（$w_{0,n}$，$w_{1,n}$），通过这些点，对序列收敛（或不收敛）原理进行可视化。在图中，最小值由大致位于中心的圆圈表示。我们将考虑值 γ=0.8（图 2-10），γ=2（图 2-11），γ=0.05（图 2-12）。其中的点表示不同的误差估计值 $\boldsymbol{w}_n$，图像中间的圆圈大致表示最小值。

在第一种情况（图 2-10）下，收敛表现良好，该方法只需 8 步即可收敛到最小值。当 γ=2（图 2-11）时，该方法使得消耗的步数太多（记住：步数是由 $-\gamma\nabla j(\boldsymbol{w})$ 决定的，所以 γ 越大，步数越多），无法逼近最小值。它不停地在最小值周围振荡。在这种情况下，模型永远不会收敛到最小值。在最后一个例子里，γ=0.05（图 2-12）时，学习速度很慢，需要执行更多步骤才能逼近最小值。在某些情况下，代价函数可能在最小值附近很平坦，以至于该方法需要进行相当多次迭代才能收敛，实际上，在合理的时间内，你将无法逼近真实的最小值。在图 2-12 中，虽然绘制了 300 次迭代，但该方法还是不能逼近最小值。

注释 在对神经网络的学习部分编码时，选择正确的学习率是至关重要的。选择太大的学习率，该方法可能在最小值附近振荡，而不会逼近它。选择太小的学习率，算法可能会变得太慢，以至于你无法在合理的时间（或迭代次数）内找到最小值。学习率太大的一个典型标志是代价函数可能变成 nan（在 Python 中表示“not a number”）。在训练过程中定期输出代价函数的结果是检查此类问题的好方法，这将使你有机会停止这个过程并避免浪费时间（如果你看到 nan 出现的话）。本章后面会给出一个具体的例子。

在深度学习问题中，每次迭代都会花费时间，你将不得不多次执行此过程。选择正确的学习率是设计一个好模型的关键环节，因为它可能使训练速度更快（或使其变得不可能）。

⊖ 函数的等高线是一条函数具有相同常量值的曲线。

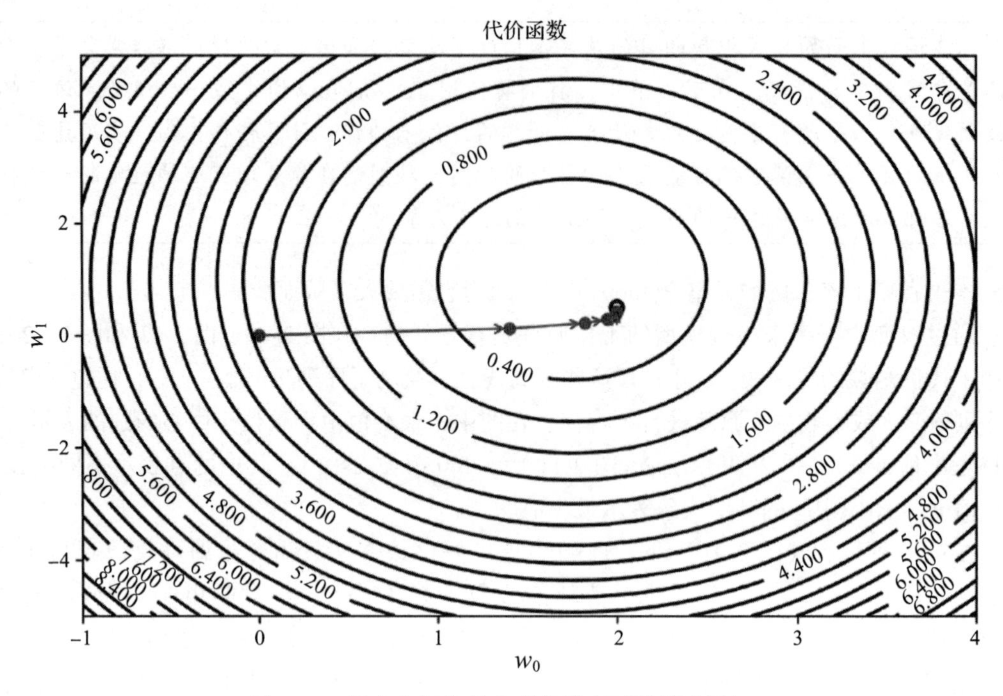

图 2-10 具有良好收敛表现的梯度下降算法图解

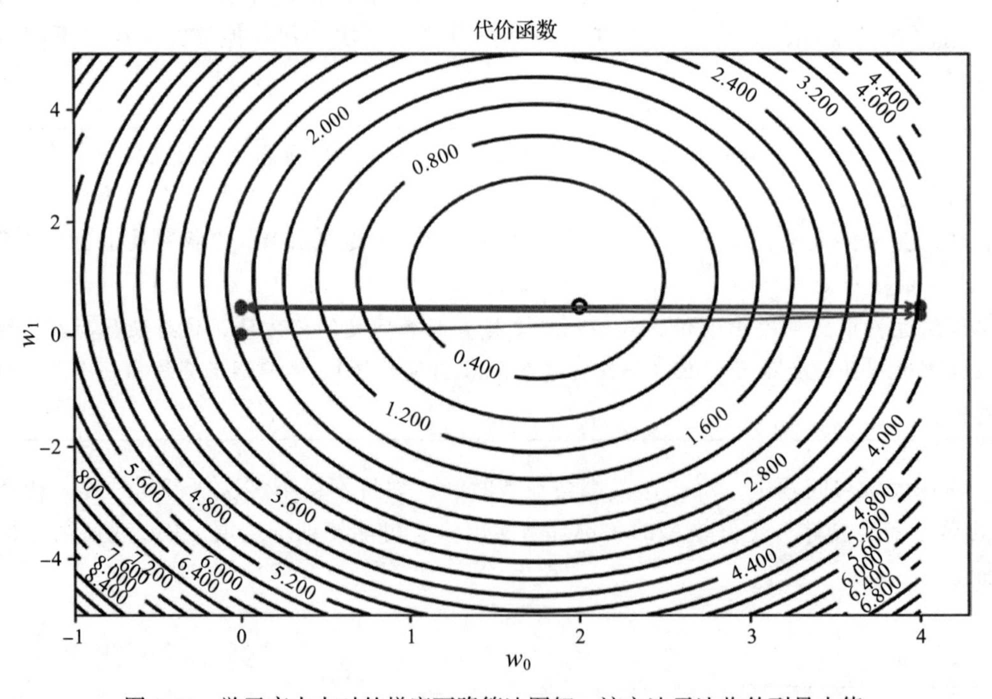

图 2-11 学习率太大时的梯度下降算法图解，该方法无法收敛到最小值

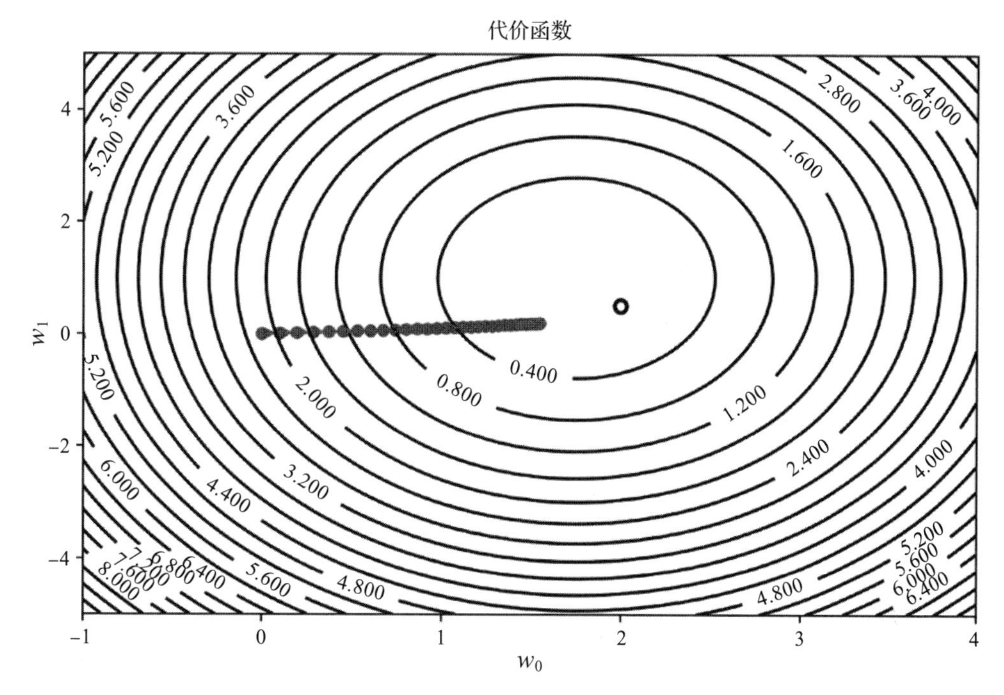

图 2-12 学习率太小时的梯度下降算法图解，该方法非常慢，需要大量的迭代次数才能收敛到最小值

有时，在训练过程中改变学习率还是很有效的。你可以从一个更大的值开始，更快地逼近最小值，然后逐步减小它，以确保尽量逼近真正的最小值。本书后面将讨论这种方法。

注释 关于如何选择正确的学习率，没有固定的规则，它取决于模型、代价函数、起始点等。一个好的经验法则是从 γ=0.05 开始，然后看代价函数的行为。普遍的做法是，绘制 $J(\boldsymbol{w})$ 与迭代次数的关系，并检测它是否下降以及下降的速度。

绘制代价函数与迭代次数的关系图是检验是否收敛的一种好方法，通过这种方式，你可以检查其行为。在上述示例中，代价函数在三种学习率下的表现如图 2-13 所示。可以清楚地看到，γ=0.8 的情况下，代价函数会相当快地收敛为零，表明我们已达到最小值。γ=2 的情况甚至没有开始下降，它一直保持几乎与初始值相同的值。最后例子中，在 γ=0.05 的情况下，代价函数开始下降，但它比第一种情况要慢很多。

所以，根据图 2-13，我们可以得出这三种情况的结论：

- γ=0.05→J 正在下降，这是好的，但是经过 8 次迭代后，仍然没有达到平稳状态，所以我们必须使用更多的迭代次数，直到看到 J 不再发生太大的变化。
- γ=2→J 不下降。应该检查一下学习率，看看它是否有用。尝试较小的值将是一个很好的起点。

- γ=0.8→代价函数下降很快，然后保持不变。这是一个好兆头，表明我们已经达到最小值点。

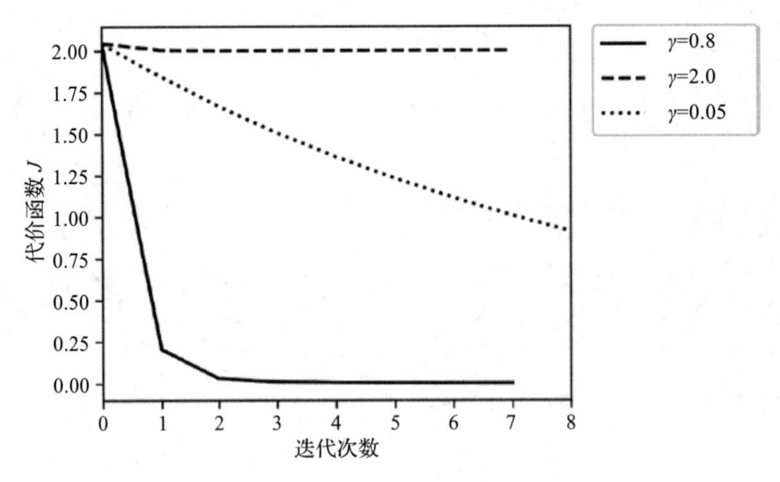

图 2-13　代价函数与迭代次数（仅考虑前8次）

还要记住，学习率的绝对值是没有太大意义的，重要的是行为。我们可以将代价函数乘以一个常数，这根本不会影响我们的学习。不要只看具体的值，而要看代价函数的速度和行为。此外，代价函数几乎不会达到零，所以不要指望它达到零。J的最小值几乎都不为零（取决于函数本身）。在关于线性回归的章节中，你将看到代价函数不会达到零的示例。

注释　在训练模型时，请记住一定要不断检查代价函数与迭代次数（或整个训练集上的滑动次数，称为周期）。这将为你提供一种有效的方法来评估训练是否有效和高效，并提供有关如何优化训练的信息。

既然我们已经定义了基础的东西，下面将使用神经元来解决两个简单的机器学习问题：线性回归和逻辑回归。

2.1.6　TensorFlow 中的线性回归示例

第一类回归将为理解如何在TensorFlow中构建模型提供机会。为了解释如何使用一个神经元有效地执行线性回归，先解释一些额外的符号。在前面的章节中，讨论了输入值$\boldsymbol{x}=(x_1, x_2, \cdots, x_{n_x})$。这些就是所谓的特征，用于描述样本（observation）。通常，我们有很多样本。如前所述，我们将使用上标括号里面的不同数字来指示不同样本。第i个样本用$x^{(i)}$表示，第i个样本的第j个特征用$\boldsymbol{x}_j^{(i)}$表示。我们用m表示样本数。

注释　在本书中，m是样本数，n_x是特征数。第i个样本的第j个特征将用$x_j^{(i)}$表示。在深度学习项目中，m越大学习效果越好，所以要准备好处理大量的样本。

前面多次提过 NumPy 是高度优化的，可以同时执行多个并行操作。为了获得最佳性能，重要的是以矩阵形式编写方程，并将矩阵输入 NumPy。这样，我们的代码会尽可能高效。请记住，不惜一切代价避免循环。让我们花一些时间以矩阵形式编写所有方程式，通过这种方式，以后会更容易完成 Python 实现。

完整的输入集（特征和样本）可以写成矩阵形式。我们使用以下表示法：

$$X=\begin{bmatrix} x_1^{(1)} & \cdots & x_1^{(m)} \\ \vdots & \ddots & \vdots \\ x_{n_x}^{(1)} & \cdots & x_{n_x}^{(m)} \end{bmatrix}$$

其中，X 中的每列是样本，每行代表特征，矩阵 X 的维数是 $n_x \times m$。输出值 $\hat{y}^{(i)}$ 也可以写成矩阵的形式。回顾一下前面对神经元的讨论，我们已经给出了样本 i 的定义 $z^{(i)}=\boldsymbol{w}^{\mathrm{T}}\boldsymbol{x}^{(i)}+b$。将每个样本放在一列中，我们可以使用以下表示法：

$$\boldsymbol{z}=(z^{(1)}z^{(2)}\cdots z^{(m)})=\boldsymbol{w}^{\mathrm{T}}X+\boldsymbol{b}$$

其中，我们有 $\boldsymbol{b}$=(bb⋯b)。$\hat{\boldsymbol{y}}$ 被定义为

$$\hat{y}=(\hat{y}^{(1)}\hat{y}^{(2)}\cdots\hat{y}^{(m)})=(f(z^{(1)})f(z^{(2)})\cdots f(z^{(m)}))=f(\boldsymbol{z})$$

其中使用了 $f(\boldsymbol{z})$，其意义是矩阵 $\boldsymbol{z}$ 的每个元素应用函数 f。

注释 尽管 $\boldsymbol{z}$ 的维度是 $1\times m$，我们还是使用矩阵来表示它，而不是使用向量，以便在本书中保持名称一致。这也将帮助你记住我们始终使用矩阵运算。出于这个目的，$\boldsymbol{z}$ 只是一个只有一行的矩阵。

第 1 章提到，在 TensorFlow 中，必须显式声明矩阵（或张量）的维度，这样才能很好地控制它们。以下是我们后面要使用的所有向量和矩阵的维度：

- X 的维度是 $n_x \times m$
- $\boldsymbol{z}$ 的维度是 $1\times m$
- $\hat{\boldsymbol{y}}$ 的维度是 $1\times m$
- $\boldsymbol{w}$ 的维度是 $n_x \times 1$
- $\boldsymbol{b}$ 的维度是 $1\times m$

既然形式上的东西准备好了，下面来准备数据集。

2.1.6.1 线性回归模型的数据集

为了让事情变得更有趣，我们使用一个真实的数据集，这就是所谓的波士顿数据集⊖，其中包含美国人口普查局收集的有关波士顿周边住宅的信息。数据库中的每条记录都描述了波士顿郊区或城镇的住宅信息。数据来自 1970 年波士顿标准大都市统计区（SMSA）。属性定义如下[3]：

⊖ Delve（评估学习的有效性实验数据），“The Boston Housing Dataset,” www.cs.toronto.edu/~delve/data/boston/bostonDetail.html，1996。

- CRIM：城镇人均犯罪率
- ZN：占地面积超过25 000平方英尺[⊖]的住宅用地比例
- INDUS：每个城镇的非零售业务面积比例
- CHAS：Charles River虚拟变量（如果管道限制河流则为1，否则为0）
- NOX：一氧化氮浓度（千万分之一）
- RM：每栋住宅的平均房间数量
- AGE：1940年以前建造的业主自用住宅比例
- DIS：到波士顿5个就业中心的加权距离
- RAD：径向高速公路的可达性指数
- TAX：每10 000美元的全额物业税率
- PTRATIO：城镇的学生与教师比
- B-1000(Bk-0.63)^2-Bk：城镇黑人的比例
- LSTAT：人口减少的百分比
- MEDV：自住房屋的中间价格，单位为1000美元

目标变量MEDV是我们想要预测的变量，它是每个郊区房屋的中间价格，单位为1000美元。对于我们的示例，我们不必了解或研究这些特点。这里的目标是向你展示如何使用你学到的知识来构建线性回归模型。通常，在机器学习项目中，你首先要研究输入数据，检查它们的分布、质量、缺失值等。但是，我们将跳过这一部分，而专注于如何用TensorFlow实现你所学到的东西。

注释　在机器学习中，我们想要预测的变量通常称为目标变量。

导入常用的库，包括sklearn.datasets。在sklearn.datasets包的帮助下，导入数据并获取特征和目标非常容易。不必下载CSV文件来导入它们，只需运行以下代码：

```
import matplotlib.pyplot as plt
%matplotlib inline
import tensorflow as tf
import numpy as np
from sklearn.datasets import load_boston

boston = load_boston()
features = np.array(boston.data)
labels = np.array(boston.target)
```

sklearn.datasets包中的每个数据集都带有描述，你可以使用以下命令查看：

```
print(boston["DESCR"])
```

⊖ 1英尺＝0.3048米。——编辑注

现在我们来看看有多少样本和特征。

```
n_training_samples = features.shape[0]
n_dim = features.shape[1]
print('The dataset has',n_training_samples,'training samples.')
print('The dataset has',n_dim,'features.')
```

将数学符号与 Python 代码进行关联，n_training_samples 为 m，n_dim 为 n_x。代码将给出以下结果：

```
The dataset has 506 training samples.
The dataset has 13 features.
```

根据下面的公式，通过定义归一化特征 $x_{\text{norm},j}^{(i)}$ 来对每个数字特征进行归一化是一个好办法。

$$x_{\text{norm},j}^{(i)} = \frac{x_j^{(i)} - \left\langle x_j^{(i)} \right\rangle}{\sigma_j^{(i)}}$$

其中，$\langle x_j^{(i)} \rangle$ 是第 j 个特征的均值，$\sigma_j^{(i)}$ 是它的标准差。使用以下函数可以很容易地在 NumPy 中进行计算：

```
def normalize(dataset):
    mu = np.mean(dataset, axis = 0)
    sigma = np.std(dataset, axis = 0)
    return (dataset-mu)/sigma
```

要归一化 NumPy 数组，必须调用函数 features_norm = normalize(features)。现在，NumPy 数组 features_norm 中包含的每个元素的均值为零，标准差为 1。

注释 对特征进行归一化通常是个好主意，之后它们的均值为零，标准差为 1。有时，某些特征比其他特征大得多，并且可能对模型产生更强的影响，从而带来错误的预测。为了实现一致的归一化，将数据集拆分为训练和测试数据集时需要特别小心。

在本章中，我们将简单地使用所有数据进行训练，以便专注于实现细节。

```
train_x = np.transpose(features_norm)
train_y = np.transpose(labels)

print(train_x.shape)
print(train_y.shape)
```

最后两行的输出结果就是新矩阵的维度。

```
(13, 506)
(506,)
```

train_x 数组的维度为（13,506），这正是我们所期望的。请记住，在我们的讨论中，X 的维度为 $n_x \times m$。训练目标 train_y 的维度是（506，），这是 NumPy 用来描述一维矩阵的方式。TensorFlow 需要的维度表示应该是（1,506）(还记得我们之前的讨论吗？)，所以我们必须以这种方式重建数组：

```
train_y = train_y.reshape(1,len(train_y))

print(train_y.shape)
```

这样就会输出我们所需要的结果了。

```
(1, 506)
```

2.1.6.2 线性回归中的神经元和代价函数

可以执行线性回归的神经元使用的是恒等激活函数，需要极小化的代价函数是 MSE(均方误差)，记为

$$J(\boldsymbol{w},b)=\frac{1}{m}\sum_{i=1}^{m}(y^{(i)}-\boldsymbol{w}^{\mathrm{T}}\boldsymbol{x}^{(i)}-b)^2$$

其中求和取遍所有 m 个样本。

用于构建这个神经元并定义代价函数的 TensorFlow 代码实际上非常简单：

```
tf.reset_default_graph()

X = tf.placeholder(tf.float32, [n_dim, None])
Y = tf.placeholder(tf.float32, [1, None])
learning_rate = tf.placeholder(tf.float32, shape=())
W = tf.Variable(tf.ones([n_dim,1]))
b = tf.Variable(tf.zeros(1))

init = tf.global_variables_initializer()
y_ = tf.matmul(tf.transpose(W),X)+b
cost = tf.reduce_mean(tf.square(y_-Y))
training_step = tf.train.GradientDescentOptimizer(learning_rate).minimize(cost)
```

请注意，在 TensorFlow 中，不必显式声明样本的数量，而可以在代码中使用 None。这样，就可以在与样本数量无关的情况下在任何数据集上运行模型，而无须修改代码。

在代码中，我们将神经元输出 $\hat{\boldsymbol{y}}$ 表示为 y_，这是因为在 Python 中没有帽子符号。下面解释每一行代码的功能：

- X = tf.placeholder(tf.float32, [n_dim, None]) →包含矩阵 X，其维度是 $n_x \times m$。请记住，在我们的代码中，n_dim 就是 n_x，而 m 没有在 TensorFlow 中显式声明。在 m

的位置，我们用 None。

- Y = tf.placeholder(tf.float32, [1, None]) →包含输出值 $\hat{y}$，其维度是 $1\times m$。这里，我们使用 None 来代替 m，因为我们想为不同的数据集（具有不同样本数量）使用相同的模型。
- learning_rate = tf.placeholder(tf.float32, shape=()) →包含学习率作为参数而不是常量，以便可以运行相同的模型来改变它，而不是每次都创建一个新的神经元。
- W = tf.Variable(tf.zeros([n_dim, 1])) → 定义权重 $\boldsymbol{w}$，并初始化为零。权重 $\boldsymbol{w}$ 必须具有维度 $n_x\times 1$。
- b = tf.Variable(tf.zeros(1)) →定义偏差 b，并初始化为 0。

请记住，在 TensorFlow 中，占位符是在学习阶段不会改变的张量，而变量则会改变。权重 $\boldsymbol{w}$ 和偏差 b 将在学习期间更新。现在我们必须确定如何处理所有这些量值。记住：我们必须计算 z。所选的激活函数是恒等函数，因此 z 也是神经元的输出。

- init = tf.global_variables_initializer() →创建一个初始化变量的图，并将其添加到 TensorFlow 图中。
- y_ = tf.matmul(tf.transpose(W),X)+b →计算神经元的输出。神经元的输出是 $\hat{y}=f(z)=f(\boldsymbol{w}^{\mathrm{T}}X+b)$。因为线性回归的激活函数是恒等函数，所以输出是 $\hat{y}=\boldsymbol{w}^{\mathrm{T}}X+b$。请记住，$b$ 是标量，不是要求解的问题。Python 广播会处理它，将其扩展到正确的维度，使向量 $\boldsymbol{w}^{\mathrm{T}}X$ 和标量 b 能够进行求和。
- cost = tf.reduce_mean(tf.square(y_-Y)) →定义代价函数。TensorFlow 提供了一种简单有效的计算均值 tf.reduce_mean() 的方法，即仅需计算张量的所有元素的总和，并将其除以元素的数量。
- training_step = tf.train.GradientDescentOptimizer(learning_rate).minimize(cost) → 告诉 TensorFlow 使用哪种算法来最小化代价函数。在 TensorFlow 语言中，用于最小化代价函数的算法称为优化器。我们现在使用给定学习率的梯度下降法。在本书后面章节中，将对其他优化器进行广泛研究。

在第 1 章的介绍中讲过，上面的代码不会运行任何模型，而只是定义计算图。下面定义一个能够执行实际学习的函数来运行我们的模型。在函数中定义模型比较容易，这样我们可以在合适的时候重新运行它，以改变我们用到的学习率或迭代次数。

```
def run_linear_model(learning_r, training_epochs, train_obs, train_labels,
debug = False):
    sess = tf.Session()
    sess.run(init)

    cost_history = np.empty(shape=[0], dtype = float)
```

```
for epoch in range(training_epochs+1):
    sess.run(training_step, feed_dict = {X: train_obs, Y: train_labels,
    learning_rate: learning_r})
    cost_ = sess.run(cost, feed_dict={ X:train_obs, Y: train_labels,
    learning_rate: learning_r})
    cost_history = np.append(cost_history, cost_)

    if (epoch % 1000 == 0) & debug:
        print("Reached epoch",epoch,"cost J =", str.format('{0:.6f}',
        cost_))

return sess, cost_history
```

我们再来逐行分析这些代码：

- sess = tf.Session() →建立一个 TensorFlow 会话。
- sess.run(init) → 对图中不同元素进行初始化。
- cost_history = np.empty(shape=[0], dtype = float) → 创建一个空向量（暂时只有 0 个元素），每次迭代过程中的代价函数值存储在这个向量中。
- for loop... → 在这个循环中，TensorFlow 执行我们前面讨论过的梯度下降步骤，它还要对权重和偏差进行更新。另外，每次还要将代价函数值存储在数组 cost_history 中：cost_history = np.append(cost_ history, cost_)。
- if (epoch % 1000 == 0)... → 每 1000 个周期，我们会打印代价函数值。这是检查代价函数是否真的在逼近最小值或是否出现 nan 的简单方法。在交互式环境（例如 Jupyter 记事本）中执行某些初始测试时，如果你发现代价函数的行为与预期不符，则可以停止该过程。
- return sess, cost_history → 返回该会话（万一你想进行其他计算）以及包含代价函数值的数组（用来绘制代价函数）。

运行模型就像使用调用一样简单：

```
sess, cost_history = run_linear_model(learning_r = 0.01,
                                training_epochs = 10000,
                                train_obs = train_x,
                                train_labels = train_y,
                                debug = True)
```

该命令执行后的结果是每 1000 个周期的输出代价函数值（在函数定义中可以看到 if 语句，从 if（epoch%1000 == 0）开始）。

```
Reached epoch 0 cost J = 613.947144
Reached epoch 1000 cost J = 22.131165
Reached epoch 2000 cost J = 22.081099
Reached epoch 3000 cost J = 22.076544
```

```
Reached epoch 4000 cost J = 22.076109
Reached epoch 5000 cost J = 22.07606
Reached epoch 6000 cost J = 22.076057
Reached epoch 7000 cost J = 22.076059
Reached epoch 8000 cost J = 22.076059
Reached epoch 9000 cost J = 22.076054
Reached epoch 10000 cost J = 22.076054
```

代价函数下降比较明显，然后达到一个值并保持几乎不变，你可以在图 2-14 中看到它的图示。这是一个好兆头，表明代价函数已逼近最小值。这并不意味着我们的模型是良好的，或者它会给出良好的预测，而只是告诉我们该学习有效。

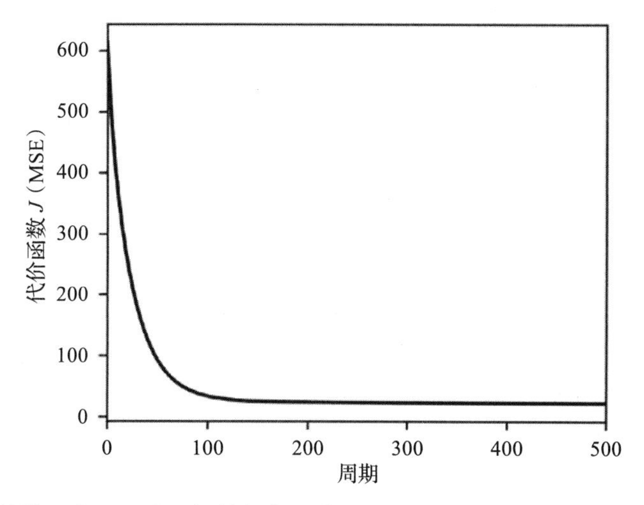

图 2-14 我们的模型应用于波士顿数据集的代价函数结果，学习率为 γ=0.01。我们只绘制了前 500 个周期，因为代价函数几乎达到了它的最终值

能够以图形方式可视化拟合情况非常好。因为我们有 13 个特征，所以无法绘制价格与其他特征的关系。但是，了解模型对样本的预测有多好是有帮助的，这可以通过绘制我们预测的目标变量与观察到的目标变量来完成，如图 2-15 所示。如果我们能够完美地预测目标变量，那么所有点都应该在图中的对角线上。分散到线周围的点越多，模型的预测效果就越差。下面来看看我们的模型是如何做的。

这些点合理地沿线分布，因此我们似乎可以在一定程度上预测价格。一个更为定性的估算回归准确性的方法是 MSE 本身（在我们的例子中，它只是代价函数）。我们获得的价格（22.08，以 1000 美元为单位）是否足够好取决于你要解决的问题，或者取决于你给出的约束和要求。

2.1.6.3 满足性指标和优化指标

我们已经看到，决定一个模型是否好用并不容易。图 2-15 不允许我们定量描述模型有多好（或不好），为此，我们必须定义一个指标。

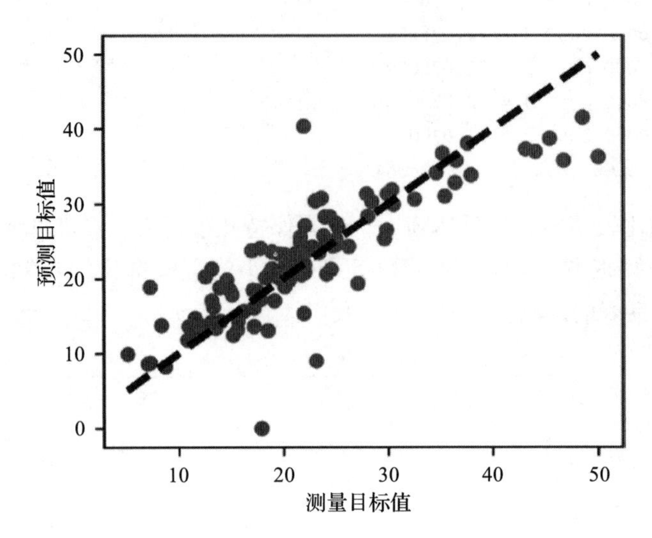

图 2-15　应用于训练数据的模型的预测目标值与测量目标值

最简单的方法是建立所谓的“单数字评估指标”，这意味着计算一个单一的数字，并基于该数字进行模型评估。它既简单又实用。例如，对于分类，可以使用准确性或 F1 分数；对于回归，可以使用 MSE。通常，在现实生活中，你将获得模型的目标和约束。例如，你的公司可能希望预测 MSE<20（以 1000 美元为单位）的房价，并且你的模型应该能够在 iPad 上运行，或在不到 1 秒的时间内运行。因此，需要对两种指标进行区分：

- **满足性指标**→搜索可用的替代方案，直到满足可接受的阈值，例如，代码运行（RT）时间将 RT<1 秒的代价函数最小化，或在 RT<1 秒的模式中进行选择。
- **优化指标**→搜索可用的备选方案以便最大化特定指标，例如，选择使准确率最大化的模型（或超参数）。

注释　如果你有多个指标，可以仅选择一个作为优化指标，其余作为满足性指标。

我们已经编写代码，以便能够使用不同的参数运行模型，这样做是非常有益的。代价函数对三种不同学习率（0.1、0.01 和 0.001）的表现如图 2-16 所示。

正如所料，对于非常小的学习率（0.001），梯度下降算法在找到最小值时非常慢，而具有更大的值（0.1）时，该方法可以快速地工作。这种情况对于你了解学习过程的速度和效果非常有用，你将在本书后面看到代价函数表现不佳的案例。例如，当应用 Dropout 正则化时，代价函数将不再平滑。

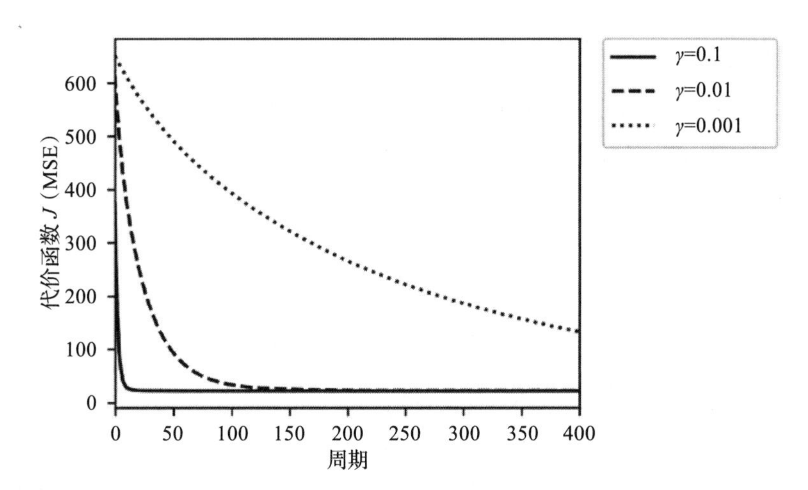

图 2-16 线性回归的代价函数应用于波士顿数据集的三种学习率：0.1（实线）、0.01（虚线）和 0.001（点线）。学习率越小，学习过程越慢

2.2 逻辑回归示例

逻辑回归是一种经典的分类算法。为了简单起见，我们在这里考虑二元分类。这意味着我们将处理识别两个类的问题，这两个类仅标记为 0 或 1。我们需要一个不同于用于线性回归的激活函数，还需要一个不同的代价函数来执行最小化，并对神经元的输出稍做修改。我们的目标是建立一个模型，以便预测某个新样本属于两个类别之中的哪一类。

神经元会根据概率 $P(y=1|x)$ 进行分类，x 是输入，概率 P 是输出。如果 $P(y=1|x)>0.5$，我们将样本分类为类别 1，如果 $P(y=1|x)<0.5$，则将其分类为类别 0。

2.2.1 代价函数

我们将使用交叉熵[⊖]作为代价函数。对应一个样本的函数表示为：

$$L(\hat{y}^{(i)}, y^{(i)})=-(y^{(i)}\log\hat{y}^{(i)}+(1-y^{(i)})\log(1-\hat{y}^{(i)}))$$

在存在多个样本的情况下，代价函数是所有样本的代价的总和：

$$J(\boldsymbol{w},b)=\frac{1}{m}\sum_{i=1}^{m}L(\hat{y}^{(i)},\hat{y}^{(i)})$$

在第 10 章中，将从头开始提供逻辑回归的完整推导，但目前，TensorFlow 处理所有细节，包括衍生、梯度下降实现等。我们只需要构建正确的神经元就可以继续了。

⊖ 关于交叉熵含义的讨论超出了本书的范围。https://rdipietro.github.io/friendly-intro-to-crossentropy-loss/ 上有很不错的介绍，而且在很多关于机器学习的入门书籍中也有介绍。

2.2.2 激活函数

请记住：我们希望神经元能输出样本为类别0或类别1的概率。因此，我们需要一个只能取值在0～1之间的激活函数，否则，不能将它视为概率。对于逻辑回归，我们将使用sigmoid函数作为激活函数：

$$\sigma(z)=\frac{1}{1+\mathrm{e}^{-z}}$$

2.2.3 数据集

为了创建一个有趣的模型，我们利用MNIST数据集的修改版，你可以从链接http://yann.lecun.com/exdb/ mnist/ 上找到所有相关的信息。

MNIST数据库是一个大型的手写数字数据库，我们可以用它来训练模型。MNIST数据库包含70 000个图像。“NIST的原始黑白（二值）图像尺寸进行了归一化，以适应20×20像素的图像控件，同时保持其纵横比。由于归一化算法使用的抗锯齿技术，所得到的图像包含灰度级。通过计算像素的质心，并将图像平移来将该点定位在28×28域的中心，使图像以28×28图像为中心。”（来源：http://yann.lecun.com/exdb/MNIST/）

我们的特征是每个像素的灰度值，因此有28×28=784个特征，其值的范围是0～255（灰度值）。数据集包含从0～9的所有10个数字。使用以下代码，你可以准备好后面要使用的数据。像往常一样，我们首先导入必要的库。

```
from sklearn.datasets import fetch_mldata
```

然后加载数据。

```
mnist = fetch_mldata('MNIST original')
X,y = mnist["data"], mnist["target"]
```

现在X包含输入图像，y是目标标签（请记住，我们想要预测的值在机器学习领域称为目标）。只需输入X.shape即可获得X的形状：（70000,784）。请注意，X有70 000行（每行是一个图像）和784列（在我们的例子中，每列是一个特征，或像素灰度值）。下面检查一下数据集中有多少个数字。

```
for i in range(10):
    print ("digit", i, "appears", np.count_nonzero(y == i), "times")
```

输出结果如下：

```
digit 0 appears 6903 times
digit 1 appears 7877 times
```

```
digit 2 appears 6990 times
digit 3 appears 7141 times
digit 4 appears 6824 times
digit 5 appears 6313 times
digit 6 appears 6876 times
digit 7 appears 7293 times
digit 8 appears 6825 times
digit 9 appears 6958 times
```

定义一个用于可视化数字的函数很有用，可以看到它们的外观。

```
def plot_digit(some_digit):

    some_digit_image = some_digit.reshape(28,28)

    plt.imshow(some_digit_image, cmap = matplotlib.cm.binary, interpolation
    = "nearest")
    plt.axis("off")
    plt.show()
```

例如，可以随机绘制一个数字（见图 2-17）。

```
plot_digit(X[36003])
```

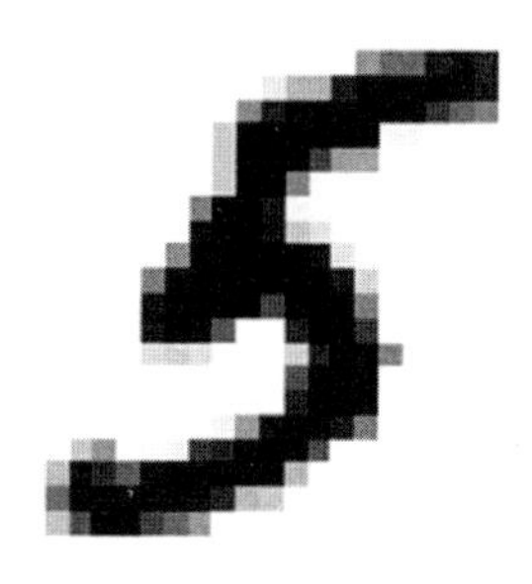

图 2-17　数据集中的第 36 003 个数字，它很容易被识别为 5

我们要在这里实现的模型是二元分类的简单逻辑回归，因此数据集必须减少到两个类，或者在这个例子里，减少到两个数字，我们选择 1 和 2。从数据集中提取仅表示 1 或 2 的图像，然后神经元将尝试识别给定图像是类别 0（数字 1），还是类别 1（数字 2）。

```
X_train = X[np.any([y == 1,y == 2], axis = 0)]
y_train = y[np.any([y == 1,y == 2], axis = 0)]
```

接下来，必须对输入样本进行归一化。（请记住，使用 sigmoid 激活函数时，不希望输入数据太大，因为你有 784 个输入数据。）

```
X_train_normalised = X_train/255.0
```

之所以选择255，是因为每个特征都是图像中像素的灰度值，源图像中的灰度级为0～255。在本书的后面，将详细讨论为什么需要对输入特征归一化。现在，请相信这是必要的一步。我们希望每列有一个输入样本，并且每行代表一个特征（像素灰度值），所以必须重建张量：

```
X_train_tr = X_train_normalised.transpose()
y_train_tr = y_train.reshape(1,y_train.shape[0])
```

我们定义一个变量 n_dim 来表示特征的数量：

```
n_dim = X_train_tr.shape[0]
```

接下来是非常重要的一点。导入的数据集中的标签将为1或2（它们只是告诉你图像所代表的数字）。但是，我们将使用类的标签为0和1的假设来构建代价函数，因此必须重新调整 y_train_tr 数组。

> **注释**　进行二元分类时，请记住要检查用于训练的标签的值。有时，使用错误的标签（不是0和1）可能会花费你很多时间来搞清楚为什么模型不起作用。

```
y_train_shifted = y_train_tr - 1
```

现在，表示1的所有图像都将具有0的标签，而表示2的所有图像都将具有1的标签。最后，为 Python 变量指定合适名称。

```
Xtrain = X_train_tr
ytrain = y_train_shifted
```

图2-18给出了我们正在处理的一些数字的图像。

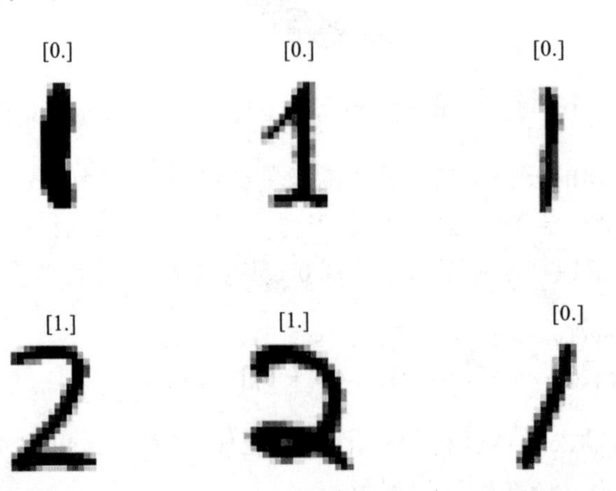

图2-18　从数据集中随机选择的6个数字，方括号中给出重新调整的标签（请记住，数据集中的标签现在为0或1）

2.2.4 TensorFlow 实现

TensorFlow 实现并不困难，几乎与线性回归相同。首先，定义占位符和变量：

```
tf.reset_default_graph()

X = tf.placeholder(tf.float32, [n_dim, None])
Y = tf.placeholder(tf.float32, [1, None])
learning_rate = tf.placeholder(tf.float32, shape=())

W = tf.Variable(tf.zeros([1, n_dim]))
b = tf.Variable(tf.zeros(1))

init = tf.global_variables_initializer()
```

请注意，代码与用于线性回归模型的代码相同。但是，我们必须定义一个不同的代价函数（如前所述）和不同的神经元输出（sigmoid 函数）。

```
y_ = tf.sigmoid(tf.matmul(W,X)+b)
cost = - tf.reduce_mean(Y * tf.log(y_)+(1-Y) * tf.log(1-y_))
training_step = tf.train.GradientDescentOptimizer(learning_rate).minimize(cost)
```

我们使用 sigmoid 函数作为神经元的输出，即使用 tf.sigmoid()。用于运行模型的代码与用于线性回归的代码相同，只更改了函数的名称：

```
def run_logistic_model(learning_r, training_epochs, train_obs,
train_labels, debug = False):
    sess = tf.Session()
    sess.run(init)

    cost_history = np.empty(shape=[0], dtype = float)

    for epoch in range(training_epochs+1):
        sess.run(training_step, feed_dict = {X: train_obs, Y: train_labels,
        learning_rate: learning_r})
        cost_ = sess.run(cost, feed_dict={ X:train_obs, Y: train_labels,
        learning_rate: learning_r})
        cost_history = np.append(cost_history, cost_)

        if (epoch % 500 == 0) & debug:
            print("Reached epoch",epoch,"cost J =", str.format('{0:.6f}',
            cost_))

    return sess, cost_history
```

运行模型并查看结果。首先，选择的学习率为 0.01。

```
sess, cost_history = run_logistic_model(learning_r = 0.01,
                                training_epochs = 5000,
```

```
                    train_obs = Xtrain,
                    train_labels = ytrain,
                    debug = True)
```

代码输出（在3000个周期后停止）如下：

```
Reached epoch 0 cost J = 0.678598
Reached epoch 500 cost J = 0.108655
Reached epoch 1000 cost J = 0.078912
Reached epoch 1500 cost J = 0.066786
Reached epoch 2000 cost J = 0.059914
Reached epoch 2500 cost J = 0.055372
Reached epoch 3000 cost J = nan
```

什么情况？突然，在某时刻，代价函数赋值是nan（“不是一个数”）。似乎在一段时间后，模型工作不正常了。如果学习率太大，或者权重的初始值错误，则 $\hat{y}^{(i)}=P(y^{(i)}=1|\boldsymbol{x}^{(i)})$ 的值可能会很逼近0或1（如果 z 的值是非常大的负数或正数，sigmoid函数就会很逼近0或1）。请记住，在代价函数中有两个项tf.log(y_)和tf.log(1-y_)，因为log函数没有对0进行定义，所以，当y_为0或1时，代价函数会返回nan——代码试图计算tf.log(0)。例如，可以以2.0的学习率运行模型。在一个周期之后，代价函数返回了nan值。如果在第一个训练步骤之前和之后打印出 b 的值，就很容易理解其原因了。请简单修改模型的代码，使用以下版本：

```
def run_logistic_model(learning_r, training_epochs, train_obs, train_
labels, debug = False):
    sess = tf.Session()
    sess.run(init)

    cost_history = np.empty(shape=[0], dtype = float)

    for epoch in range(training_epochs+1):

        print ('epoch: ', epoch)
        print(sess.run(b, feed_dict={X:train_obs, Y: train_labels,
        learning_rate: learning_r}))

        sess.run(training_step, feed_dict = {X: train_obs, Y: train_labels,
        learning_rate: learning_r})
        print(sess.run(b, feed_dict={X:train_obs, Y: train_labels,
        learning_rate: learning_r}))

        cost_ = sess.run(cost, feed_dict={ X:train_obs, Y: train_labels,
        learning_rate: learning_r})
        cost_history = np.append(cost_history, cost_)

        if (epoch % 500 == 0) & debug:
```

```
            print("Reached epoch",epoch,"cost J =", str.format('{0:.6f}',
            cost_))
    return sess, cost_history
```

你将得到以下结果（经过一个周期后停止训练）：

```
epoch:  0
[ 0.]
[-0.05966223]
Reached epoch 0 cost J = nan
epoch:  1
[-0.05966223]
[ nan]
```

你明白 b 是如何从 0 变为 –0.05966223 然后变为 nan 了吗？是这样的，$\boldsymbol{z}=\boldsymbol{w}^{\mathrm{T}}X+b$ 变为 nan，然后 $\boldsymbol{y}=\sigma(\boldsymbol{z})$ 也跟着变为 nan，最后，作为 $\boldsymbol{y}$ 的函数的代价函数也输出 nan。原因很简单，学习率太大了。

有什么解决办法？可以试试不同的（也就是小得多的）学习率。

我们来试试看是否能在 2500 个周期之后获得更稳定的结果。我们使用新的参数运行模型，如下所示：

```
sess, cost_history = run_logistic_model(learning_r = 0.005,
                                training_epochs = 5000,
                                train_obs = Xtrain,
                                train_labels = ytrain,
                                debug = True)
```

该命令的输出结果为：

```
Reached epoch 0 cost J = 0.685799
Reached epoch 500 cost J = 0.154386
Reached epoch 1000 cost J = 0.108590
Reached epoch 1500 cost J = 0.089566
Reached epoch 2000 cost J = 0.078767
Reached epoch 2500 cost J = 0.071669
Reached epoch 3000 cost J = 0.066580
Reached epoch 3500 cost J = 0.062715
Reached epoch 4000 cost J = 0.059656
Reached epoch 4500 cost J = 0.057158
Reached epoch 5000 cost J = 0.055069
```

输出中不再有 nan，你可以在图 2-19 中看到代价函数的图。要评估我们的模型，必须选择一个优化指标（如前所述）。对于二元分类问题，经典指标是准确率（可以用 a 表示），可以将其理解为结果与其“真实”值之间差异的度量值。在数学上，可以这样来计算：

$$a = \frac{\text{正确识别的样本数}}{\text{总的样本数}}$$

运行下面的代码可以获得准确率。(请记住，对样本 i 的分类是这样的：如果 $P(y^{(i)}=1|\boldsymbol{x}^{(i)})<0.5$，则样本属于类 0；如果 $P(y^{(i)}=1|\boldsymbol{x}^{(i)})>0.5$，则样本属于类 1)。

```
correct_prediction1 = tf.equal(tf.greater(y_, 0.5), tf.equal(Y,1))
accuracy = tf.reduce_mean(tf.cast(correct_prediction1, tf.float32))
print(sess.run(accuracy, feed_dict={X:Xtrain, Y: ytrain, learning_rate:
0.05}))
```

对于这个模型，其准确率达 98.6%。对于仅有一个神经元的网络来说，结果不算差。

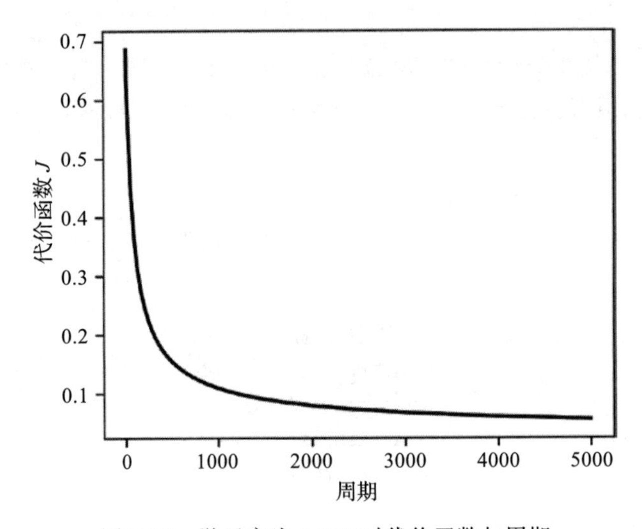

图 2-19 学习率为 0.005 时代价函数与周期

你还可以尝试运行以前的模型（学习率为 0.005），所需的周期会更多。你会发现，在大约 7000 个周期时，nan 会再次出现。这里的解决方法是用越来越多的周期来降低学习率。一个简单的方法是（例如）每 500 个周期将学习率减半，就可以不再出现 nan，本书后面将更详细地讨论类似的方法。

2.3 参考文献

[1] Jeremy Hsu, "Biggest Neural Network Ever Pushes AI Deep Learning," https://spectrum.ieee.org/tech-talk/computing/software/biggest-neural-network-ever-pushes-ai-deep-learning, 2015.

[2] Raúl Rojas, *Neural Networks: A Systematic Introduction*, Berlin: Springer-Verlag, 1996.

[3] Delve (Data for Evaluating Learning in Valid Experiments), "The Boston Housing Dataset," www.cs.toronto.edu/~delve/data/boston/bostonDetail.html, 1996.

[4] Prajit Ramachandran, Barret Zoph, Quoc V. Le, "Searching for Activation Functions," arXiv:1710.05941 [cs.NE], 2017.

[5] Guido F. Montufar, Razvan Pascanu, Kyunghyun Cho, and Yoshua Bengio, "On the Number of Linear Regions of Deep Neural Networks," https://papers.nips.cc/paper/5422-on-the-number-of-linear-regions-of-deep-neural-networks.pdf, 2014.

[6] Brendan Fortuner, "Can Neural Networks Solve Any Problem?", https://towardsdatascience.com/can-neural-networks-really-learn-any-function-65e106617fc6, 2017.

CHAPTER 3

第 3 章

前馈神经网络

在第 2 章中，我们用一个神经元做了一些惊人的事情，但这并不能灵活处理更复杂的情况。当几个（几千个，甚至几百万个）神经元相互作用以解决特定问题时，神经网络的真正力量才会爆发出来。而网络架构（涉及神经元如何相互连接，它们如何表现等）在网络学习效率、预测效果以及可以解决的问题类型等方面发挥着至关重要的作用。

有很多类型的架构已被广泛研究并且非常复杂，但从学习的角度来看，从具有多个神经元的最简单的神经网络开始研究是很重要的。我们可以从所谓的前馈神经网络开始，在这种网络中，数据从输入层进入网络，并逐层通过网络，直到到达输出层。该网络由此而得名：前馈神经网络。前馈神经网络的特点是：网络中每层的每个神经元都从前一层的所有神经元获得其输入，并将其输出馈送到下一层的每个神经元。

很容易想象，随着复杂程度越来越大，也会带来更多的挑战：实现快速学习和良好的准确性更加困难；由于网络复杂性增加，可用的超参数数量增加；在处理大数据集时，简单的梯度下降算法将不再有效。在开发具有许多神经元的模型时，我们需要拥有一套扩展的工具，使我们能够应对这些网络带来的所有挑战。在本章中，我们将开始探讨一些更高级的方法和算法，这些方法和算法将使我们能够有效地使用大数据集和大型网络。这些复杂的网络将变得很好，足以进行一些有趣的多元分类，这是大型网络需要执行的最常见任务之一（例如，手写识别、人脸识别、图像识别等），所以我选择了一个数据集，在该数据集上，我们能够做一些有趣的多元分类并研究它的难点。

我将通过讨论网络架构和所需的矩阵形式来开始本章的学习，然后简要概述这种新型网络附带的新的超参数，之后解释如何使用 softmax 函数实现多元分类，以及需要什么类型的输出层。然后，在开始使用 Python 代码之前，我们将通过一个简单的示例详细解释过拟合的确切含义，以及如何使用复杂网络进行基本的误差分析。此后我们将开始使用 TensorFlow 来构建更大的网络，根据服装项目的图像将这些网络应用于类似 MNIST 的数据集（这将非常有趣）。我们将探讨如何使第 2 章中介绍的梯度下降算法变得更快，方法是引入两个新的变化：随机和小批量梯度下降。然后，我们将介绍如何以有效的方式添加多个层以及如何以尽可能最好的方式初始化权重和偏差，以便使训练快速和稳定。特别是，我们将分别介绍关于 sigmoid 和 ReLU 激活函数的 Xavier 和 He 的初始化。最后，我们提供一些经验法则，用来判断如何比较超出神经元数量的网络的复杂性。本章结束时总结了如何选择合适的网络。

3.1 网络架构

神经网络架构很容易理解。它由输入层（输入 $x_j^{(i)}$）、很多中间层（称为隐藏层，由于它们夹在输入层和输出层之间，因此它们从外部“看不见”）和输出层组成。每一层有一个或多个神经元。这种网络的主要特点是每个神经元都接收来自前一层中每个神经元的结果作为输入，并将其输出馈送到下一层中的每个神经元。在图 3-1 中，可以看到此类网络的图形表示。

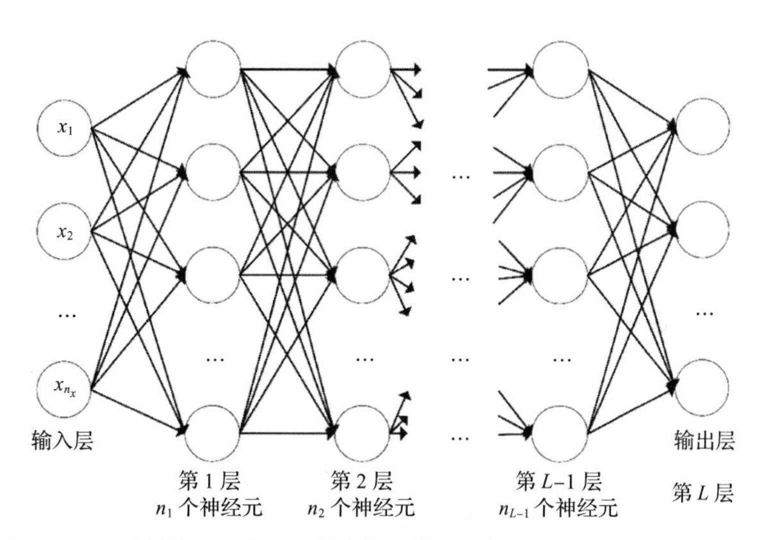

图 3-1 多层深度的前馈神经网络图，其中每个神经元都接收来自前一层中每个神经元的输出作为输入，并将其输出馈送到后续层中的每个神经元

从第 1 章中的一个神经元到现在的内容，这是很大一步。为了构建模型，我们将不得不使用矩阵法，因此，必须使所有矩阵维度正确。首先，将讨论一些新的表示法。

- ❑ L：隐藏层的层数，不含输入层，但包括输出层。
- ❑ n_l：第 l 层神经元的数量。

在图 3-1 所示的网络中，我们将用 N_{neurons} 表示神经元的总数，记为

$$N_{\text{neurons}} = n_x + \sum_{i=1}^{L} n_i = \sum_{i=0}^{L} n_i$$

其中，按惯例，定义 $n_0=n_x$。两个神经元之间的每个连接都有自己的权重。l 层的神经元 i 和 l–1 层的神经元 j 之间的权重表示为 $w_{ij}^{[l]}$。在图 3-2 中，只绘制了图 3-1 中一般网络的前两层（输入层和第 l 层），并绘制了输入层中第一个神经元和第 l 层中所有其他神经元之间的权重。为清楚起见，其他神经元变灰。

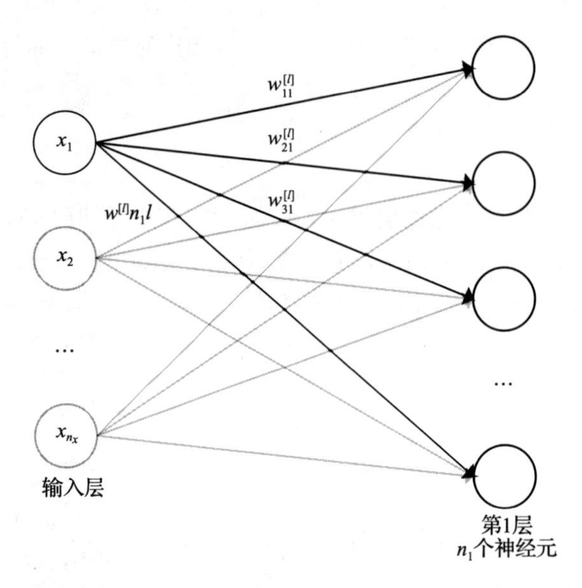

图 3-2　一般神经网络的前两层，带有输入层中第一个神经元与第二层中其他神经元之间的连接的权重。所有其他神经元和连接都以浅灰色绘制，以使图更清晰

输入层和第 l 层之间的权重可以写成矩阵形式，如下所示：

$$W^{[l]}=\begin{bmatrix} w_{11}^{[l]} & \cdots & w_{1n_x}^{[l]} \\ \vdots & \ddots & \vdots \\ w_{n_11}^{[l]} & \cdots & w_{n_1n_x}^{[l]} \end{bmatrix}$$

这意味着我们的矩阵 $W^{[l]}$ 的维度是 $n_1\times n_x$。当然，这可以推广到在任何两个层 l 和 l–1 之间，这意味着可以表示两个相邻层 l 和 l–1 之间的权重矩阵，其维度是 $n_l\times n_{l-1}$。按照惯例，$n_0=n_x$ 是输入特征的数量（不是我们用 m 表示的样本数）。

注释　两个相邻层 l 和 l–1 的权重矩阵表示为 $W^{[l]}$，维度为 $n_l\times n_{l-1}$，按照惯例，$n_0=n_x$ 是输入特征的数量。

偏差（在第 2 章中用 b 表示）这次将是一个矩阵。请记住，接收输入的每个神经元都有自己的偏差，因此在考虑两个层 l 和 l–1 时，需要 n_l 个不同的 b 值，用矩阵 $b^{[l]}$ 来表示，维度为 $n_l\times 1$。

注释 两个相邻层 l 和 l–1 的偏差矩阵表示为 $b^{[l]}$，维度为 $n_l \times 1$。

3.1.1 神经元的输出

现在，让我们来看看神经元的输出。首先，我们来看第一层的第 i 个神经元（请记住，我们的输入层被定义为第 0 层）。让我们用 $\hat{y}_i^{[l]}$ 来表示它的输出，并假定 l 层中的所有的神经元都使用同一个激活函数 $g^{[l]}$。那么，我们有

$$\hat{y}_i^{[l]} = g^{[l]}\left(z_i^{[l]}\right) = g^{[i]}\left[\sum_{j=1}^{n_x}\left(w_{ij}^{[l]}x_j + b_i^{[l]}\right)\right]$$

其中，我们第 2 章中提到过，z_i 即为

$$z_i^{[l]} = \sum_{j=1}^{n_x}\left(w_{ij}^{[l]}x_j + b_i^{[l]}\right)$$

你可以想象，我们希望为第 1 层的所有输出都用一个矩阵来表示，因此我们将使用表示法：

$$Z^{[l]}=W^{[l]}X+b^{[l]}$$

其中 $Z^{[l]}$ 具有 $n_1 \times 1$ 的维度，并且在 X 处，我们已经将所有样本用矩阵表示（行代表特征，列代表样本），正如在第 2 章已经讨论的那样。我们在这里假设第 l 层中的所有神经元将使用将以 $g^{[l]}$ 表示的相同的激活函数。

我们可以很容易地根据前面的方程推广得出第 l 层的方程：

$$Z^{[l]}=W^{[l]}Z^{[l-1]}+b^{[l]}$$

其中，第 l 层的输入来自第 l–1 层。我们只需用 $Z^{[l-1]}$ 替换 X 即可。$Z^{[l]}$ 的维度是 $n_l \times 1$。输出结果的矩阵形式为：

$$Y^{[l]}=g^{[l]}(Z^{[l]})$$

其中，激活函数与以往一样是逐元素进行计算的。

3.1.2 矩阵维度小结

以下是我们到目前为止所描述的所有矩阵的维度的小结：

- $W^{[l]}$ 维度为 $n_l \times n_{l-1}$（其中，根据定义 $n_0=n_x$）
- $b^{[l]}$ 维度为 $n_l \times 1$
- $Z^{[l-1]}$ 维度为 $n_{l-1} \times 1$
- $Z^{[l]}$ 维度为 $n_{l\times 1}$
- $Y^{[l]}$ 维度为 $n_l \times 1$

以上每种情况中，l 都是从 1 到 L。

3.1.3 示例：三层网络的方程

为了使这个讨论更具体一点，让我们来看一个具有三层（因此 L=3）的网络的例子，其

中 n_1=3，n_2=2，n_3=1，如图 3-3 所示。

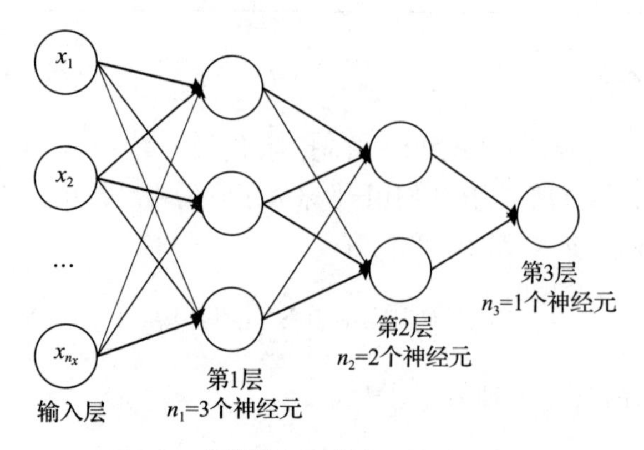

图 3-3　前馈神经网络的一个实际例子

在这个例子中，必须计算以下数量：

- $\hat{Y}^{[1]}=g^{[1]}(W^{[1]}X+b^{[1]})$，其中 $W^{[1]}$ 的维度是 $3\times n_x$，b 的维度是 3×1，X 的维度是 $n_x\times m$。
- $\hat{Y}^{[2]}=g^{[2]}(W^{[2]}Z^{[1]}+b^{[2]})$，其中 $W^{[2]}$ 的维度是 2×3，b 的维度是 2×1，$Z^{[1]}$ 的维度是 $3\times m$。
- $\hat{Y}^{[3]}=g^{[3]}(W^{[3]}Z^{[2]}+b^{[3]})$，其中 $W^{[3]}$ 的维度是 1×2，b 的维度是 1×1，$Z^{[2]}$ 的维度是 $2\times m$。

网络的输出是 $\hat{Y}^{[3]}$，不出所料，其维度为 $1\times m$。

所有这些看起来都相当抽象（实际上，确实是）。你将在本章后面看到，在 TensorFlow 中实现它是多么容易，只需基于刚才讨论的步骤构建正确的计算图。

3.1.4　全连接网络中的超参数

在上面讨论的网络中，你可以调整很多参数来找到解决问题的最佳模型。你一定还记得第 2 章中所讨论的，开始时固定并且在训练阶段不会更改的参数称为超参数。对前馈网络，必须增加一些新的超参数：

- 层数：L
- 每层的神经元数：n_i，i 从 1 到 L
- 每层所选的激活函数：$g^{[l]}$

当然，还需要第 2 章中遇到的超参数：

- 迭代次数（即周期数）
- 学习率

3.2　用于多元分类的 softmax 函数

在编写 TensorFlow 代码之前，仍然需要了解更多的理论知识。本章中描述的网络类型开始变得足够复杂，能够执行一些具有合理结果的多元分类。要做到这一点，我们必须首先引入 softmax 函数。

从数学上讲，softmax 函数 S 是一个将 k 维向量变换为另一个实数的 k 维向量的函数，每个 k 维向量的元素值在 0 和 1 之间，并且总和为 1。给定 k 个实数 z_i，i=1，…，k，我们定义向量 $z=(z_1, \cdots, z_k)$，并将 softmax 向量函数 $S(z)=(S(z)_1\ S(z)_2 \cdots S(z)_k)$ 定义为

$$S(z)_i = \frac{\mathrm{e}^{z_i}}{\sum_{j=1}^{k} \mathrm{e}^{z_j}}$$

因为分母总是比分子大，所以 $S(z)_i<1$。而且，我们还有

$$\sum_{i=1}^{k} S(z)_i = \sum_{i=1}^{k} \frac{\mathrm{e}^{z_i}}{\sum_{j=1}^{k} \mathrm{e}^{z_j}} = \frac{\sum_{i=1}^{k} \mathrm{e}^{z_i}}{\sum_{j=1}^{k} \mathrm{e}^{z_j}} = 1$$

所以，$S(z)_i$ 的表现行为如同概率一样，因为其总和为 1，且每个元素都小于 1。我们可以将 $S(z)_i$ 视为 k 个可能结果的概率分布。对我们来说，可以简单地认为 $S(z)_i$ 是输入样本属于类 i 的概率。让我们假设正在试图将样本分为三类，我们可以得到以下输出：$S(z)_1=0.1$，$S(z)_2=0.6$，并且 $S(z)_3=0.3$。这意味着我们的样本有 10% 概率为类 1，60% 概率为类 2，30% 概率为类 3。通常选择将输入样本分类到概率较高的类中，在本例中为类 2，概率为 60%。

注释 我们将 $S(z)_i$ 视为 k 个可能结果的概率分布，i=1, …, k。对我们来说，可以简单认为 $S(z)_i$ 是输入样本属于类 i 的概率。

为了能够使用 softmax 函数进行分类，我们必须使用特定的输出层。我们不得不使用十个神经元，每个神经元将 z_i 作为其输出，然后再使用一个神经元输出 $S(z)$。这个神经元用 softmax 函数作为激活函数，并且用 10 个神经元的最后一层的 10 个输出 z_i 作为输入。在 TensorFlow 中，可以将 tf.nn.softmax 函数应用于有 10 个神经元的最后一层。请记住，此 TensorFlow 函数将逐元素执行。在本章的后面，你将找到一个具体示例，说明如何从头到尾实现此功能。

3.3 过拟合简要介绍

训练深度神经网络时遇到的最常见问题之一就是过拟合。可能发生的情况是，由于其灵活性，你的网络可能会学习由噪声、错误或简单错误数据引起的模式。了解过拟合是非常重要的，因此我将为你提供可能发生的实际示例，以便直观地了解它。为了更容易可视化，我将使用一个简单的二维数据集，该数据集就是为此目的而创建的。我希望在下一节结束时，你能清楚地了解过拟合是什么。

3.3.1 过拟合示例

前面描述的网络相当复杂，很容易导致数据集过拟合。让我来简要解释一下过拟合的

概念。要理解它，就请考虑这个问题：找到能拟合给定数据集的最佳多项式。给定一个二维点集 $(x^{(i)}, y^{(i)})$，我们需要找到这样的 K 阶最佳多项式

$$f(x^{(i)}) = \sum_{j=0}^{k} a_j x^{(i)j}$$

来最小化均方误差：

$$\frac{1}{m}\sum_{i=1}^{m}\left(y^{(i)} - f(x^{(i)})\right)^2$$

其中，m 通常表示数据点的个数。我不仅想确定所有参数 a_j，而且要确定最能拟合数据的 K 值。这个例子中，K 能够衡量模型的复杂度。例如，K=0，我们就有 $f(x^{(i)})=a_0$（常量），这是我们能想到的最简单的多项式。对于更高的 K，我们就有高阶多项式，这意味着函数更复杂，有更多的参数可供训练。

下面是函数中 K=3 的示例：

$$f(x^{(i)}) = \sum_{j=0}^{3} a_j x^{(i)j} = a_0 + a_1 x^{(i)} + a_2 (x^{(i)})^2 + a_3 (x^{(i)})^3$$

其中，有 4 个参数可以在模型训练中进行调整。让我们从下面这个二阶多项式（K=2）开始生成一些数据：

$$1+2x^{(i)}+3x^{(i)2}$$

并添加一些随机错误（这将使过拟合可见）。让我们首先导入标准库，并添加 curve_fit 函数，该函数能自动最小化标准差，并找到最佳参数。不要太多考虑这个函数，这里的目标是展示当使用过于复杂的模型时会发生什么。

```
import numpy as np
import matplotlib.pyplot as plt
from scipy.optimize import curve_fit
```

我们为二次多项式定义一个函数：

```
def func_2(p, a, b, c):
    return a+b*p + c*p**2
```

然后生成数据集：

```
x = np.arange(-5.0, 5.0, 0.05, dtype = np.float64)
y = func_2(x, 1,2,3)+18.0*np.random.normal(0, 1, size=len(x))
```

为了给函数增加一些随机噪声，我们使用函数 np.random.normal(0, 1, size=len(x))，它会生成一个 NumPy 随机值数组，符合正态分布，长度为 len(x)，均值为 0，标准差为 1。

在图 3-4 中，可以看到 a=1、b=2 和 c=3 的数据。

现在我们来看一个太简单以至于无法捕获数据特征的模型，这意味着我们将看到具有

高偏差[注]的模型可以做什么。我们来看一个线性模型（K=1），代码如下：

```
def func_1(p, a, b):
    return a+b*p
popt, pcov = curve_fit(func_1, x, y)
```

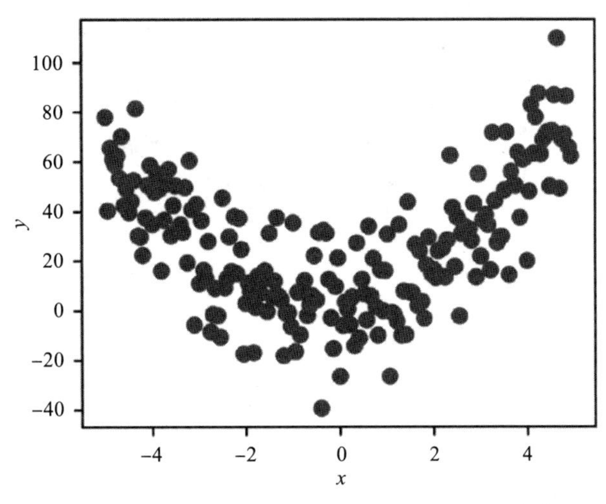

图 3-4　如文中所述，a=1、b=2 和 c=3 时生成的数据

此代码给出了能最小化标准差的最佳 a 和 b 的值。在图 3-5 中可以很清楚地看到，这个模型完全丢失了数据的主要特征，过于简单。

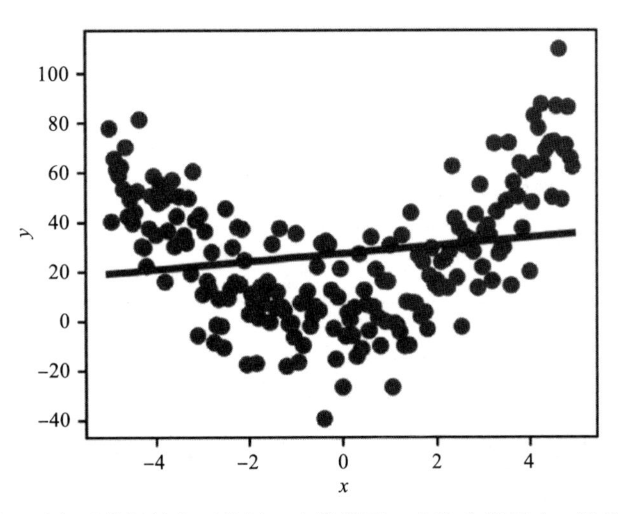

图 3-5　线性模型丢失了数据的主要特征，太简单了。在这个例子中，该模型具有高偏差

[注] 偏差是对模型的误差的衡量，这些模型太简单，无法捕捉数据的真实特征。

我们尝试拟合一个二次多项式（K=2），结果如图 3-6 所示。

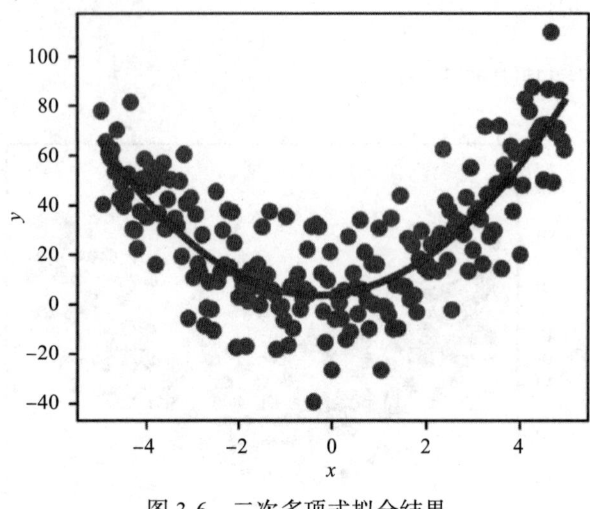

图 3-6 二次多项式拟合结果

这好多了。这个模型捕捉到了模型的主要特征，而忽略了随机噪声。现在我们尝试一个非常复杂的模型：一个 21 次多项式（K=21），结果如图 3-7 所示。

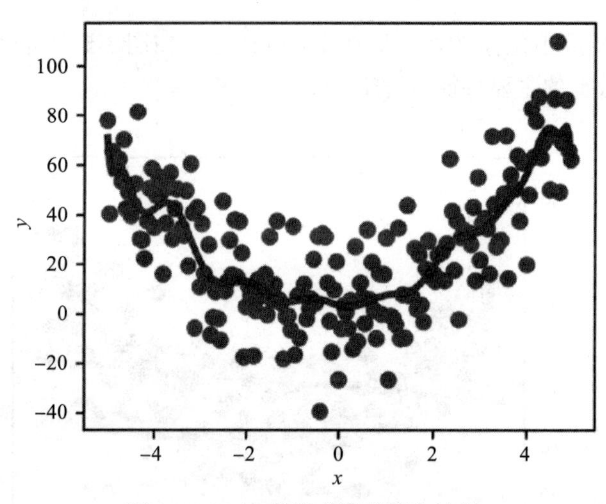

图 3-7 21 次多项式模型拟合结果

现在，这个模型显示了我们知道是错误的特征，因为数据是我们创建的。这些特征并不存在，但模型非常灵活，可以捕获随噪声引入的随机变化情况。在这里，是指使用这种高阶多项式出现的振荡。

在这个例子中，过拟合是指模型捕获了由于随机误差带来的特征。很容易理解，这种结果非常糟糕。如果我们将这个 21 次多项式模型应用于新数据，它将无法正常工作，因为随机噪声在新数据中会有所不同，因此我们在图 3-7 中看到的振荡对新数据没有意义。在图 3-8 中，我绘制了通过拟合添加了 10 个不同随机噪声值生成的数据集所获得的最佳 21 次多项式模型。你可以清楚地看到它的变化有多大，它不稳定并且强烈依赖于存在的随机噪声。振荡总是不同的！在这种情况下，我们谈论的是高方差（high variance）。

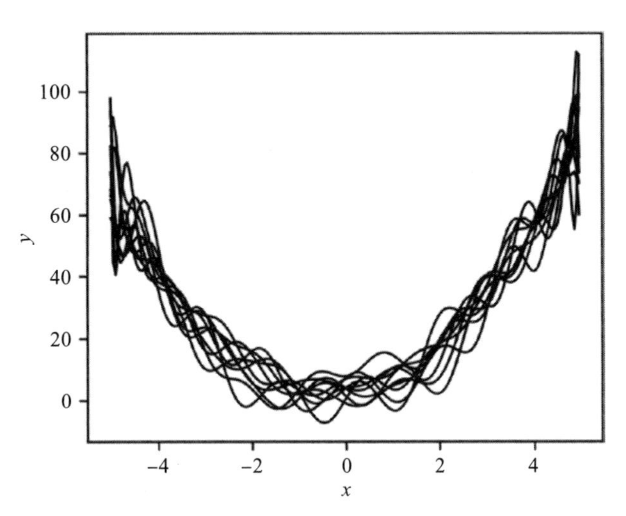

图 3-8　模型结果，用 21 次多项式拟合由不同随机噪声值生成的 10 个数据集

现在，像图 3-8 一样，让我们用线性模型创建相同的图，同时改变我们的随机噪声，结果如图 3-9 所示。

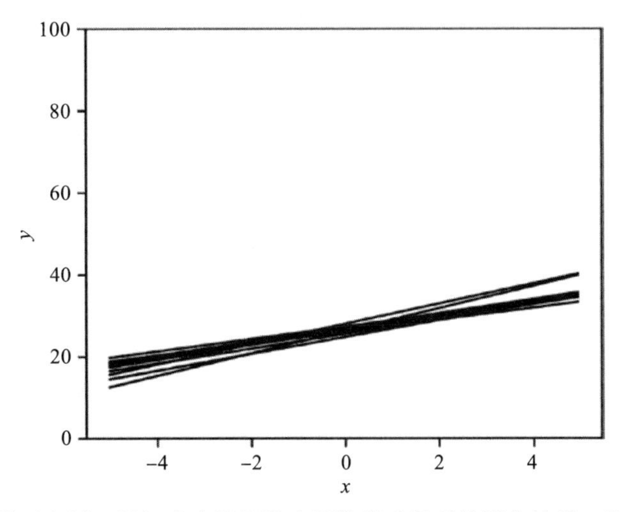

图 3-9　将线性模型应用于随机改变随机噪声的数据后得到的拟合结果。为了便于与图 3-8 进行比较，使用了相同的尺度

可以看到，我们的模型更加稳定，该线性模型没有捕获任何依赖噪声的特征，但它丢失了数据的主要特征（下凹性质）。我们在这里讨论的是“高偏差”。

图3-10可以帮助你直观地了解偏差和方差。偏差是测量值与真实值（图的中心）之间的距离，而方差是测量值在平均值（不一定是真实值，如右图所示）周围的分布情况。

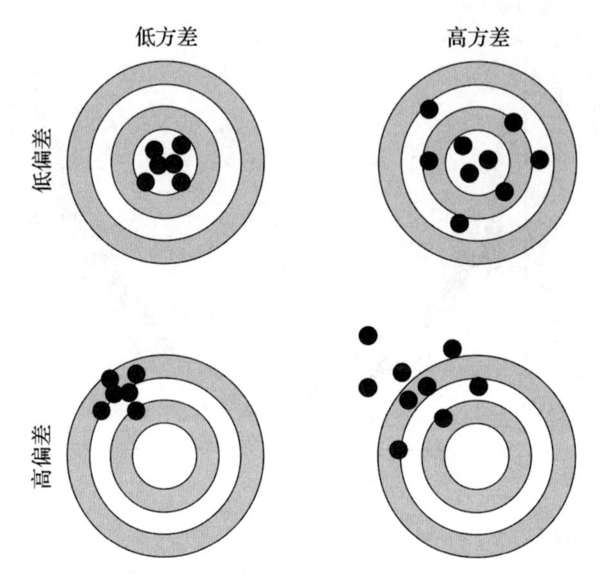

图3-10　偏差和方差

在神经网络的例子中，我们有许多超参数（层数、每层神经元的数量、激活函数等），很难知道我们处于哪种方案。例如，我们如何判断我们的模型具有高方差还是高偏差？我将用一整章的篇幅来讨论这个主题，但是执行这个误差分析的第一步是将我们的数据集分成两个不同的数据集。让我们看看这意味着什么，为什么要这样做。

注释　过拟合的本质是在不知不觉中提取了一些残余变化（即噪声），好像该变化代表了潜在的模型结构（参见Burnham，K. P.；Anderson，D. R.，*Model Selection and Multimodel Inference*，2nd ed.，New York；Springer-Verlag，2002）。相反则被称为欠拟合，即当模型无法捕获数据的结构时。

过拟合和深层神经网络的问题在于，无法轻易地对结果进行可视化，因此，我们需要一种不同的方法来确定我们的模型是过拟合、欠拟合或正好合适。这可以通过将数据集分成不同部分，并评估和比较所有这些部分的指标来实现。我们在下一节探讨其基本思想。

3.3.2　基本误差分析

要检查模型的运行方式，并进行正确的误差分析，必须将数据集拆分为以下两部分[⊖]：

- 训练数据集：使用输入和相对标签，通过优化算法（如梯度下降）在此数据集上训练模型，如第 2 章中所做的那样。通常，它被称为“训练集”。
- 开发（或验证）集：然后，在此数据集上使用经过训练的模型，以检查模型的效果。在此数据集上，我们将测试不同的超参数。例如，我们可以在训练数据集上训练具有不同层数的两个不同模型，并在该数据集上测试它们，以检查它们的效果。通常，这个集合被称为“验证集”。

我本想用整整一章的篇幅讨论误差分析，但最好还是只提供拆分数据集的重要性的概述。我们假设正在处理分类，并假设用来判断模型质量的指标是 1 减去准确率，换句话说，是被错误分类的案例的百分比。我们来看以下几种案例（表 3-1）：

- 案例 A：这是过拟合（高方差），因为在训练集中表现很好，但在验证集中模型表现很糟糕（参见图 3-8）。
- 案例 B：这是高偏差的情况，也就是说模型在两个数据集上表现得都不正常（参见图 3-9）。
- 案例 C：这是高偏差（模型不能很好地预测训练集）和高方差（模型在验证集上没有很好地集中）的情况。
- 案例 D：这种情况似乎一切都好。训练集上的误差表现很好，验证集的误差表现也不错。这是最好的模型候选对象。

表 3-1　四种不同的案例，以展示如何识别由训练和验证集错误引起的过拟合问题

误　　差	案例 A	案例 B	案例 C	案例 D
训练集误差	1%	15%	14%	0.3%
开发集误差	11%	16%	32%	1.1%

本书后面将更详细地解释所有这些概念，在这里将提供如何解决高偏差、高方差、二者兼而有之或更复杂问题的方法。

回顾一下：要执行非常基本的误差分析，必须将数据集拆分为至少两个数据集：训练集和验证集。然后，应该计算两个数据集上的指标并进行比较。我们希望得到一个在训练集和开发集上都具有较低误差的模型（如前面示例中的案例 D），并且这两个值应该是可比较的。

注释　本节的主要内容应该是：（1）需要一套方法和指南来理解模型的效果（过拟合、过拟合还是恰到好处？）；（2）要回答上述问题，必须将数据集分成两部分，以便进行相关分析。在本书后面，你将看到如何将数据集拆分为三个甚至四个部分。

⊖ 要进行正确的误差分析，我们至少需要三个部分，也许四个部分。但是要对这个过程有一个基本的了解，两个部分就足够了。

3.4 Zalando 数据集

Zalando SE 是一家总部位于柏林的德国电子商务公司。该公司拥有一家跨平台商店，销售鞋子、服装和其他时尚商品[㊀]。为了参加 kaggle 比赛（如果你不知道这是什么，请查看网站 www.kaggle.com，从中可以参加许多以解决数据科学问题为目标的比赛），Zalando 用他们的服装图像准备了一个类似 MNIST 的数据集，其中包含 60 000 张训练图像和 10 000 张测试图像。与 MNIST 一样，每个图像为 28×28 像素的灰度图。Zalando 将所有图像分为 10 个不同的类别，并为每个图像提供标签。数据集有 785 列，第一列是类标签（从 0～9 的整数），其余 784 列包含图像的像素灰度值（可以将其计算为 28×28=784），这与我们在第 2 章有关 MNIST 手写数字数据集的讨论中看到的一样。

每个训练和测试样本都分配了以下标签之一（每个文档）：

- 0：T 恤 / 上衣
- 1：裤子
- 2：套头衫
- 3：连衣裙
- 4：外套
- 5：凉鞋
- 6：衬衫
- 7：运动鞋
- 8：箱包
- 9：踝靴

在图 3-11 中，可以看到从该数据集中随机选择的每个类的示例。

该数据集已在 MIT 许可[㊁]下公开。数据文件可以从 kaggle（www.kaggle.com/zalando-research/fashionmnist/data）或直接从 GitHub（https://github.com/zalandoresearch/fashion-mnist）下载。如果选择第二个地方下载，你将不得不准备一些数据。（可以使用位于 https://pjreddie.com/projects/mnist-in-csv/ 的脚本将其转换为 CSV 文件。）如果从 kaggle 下载，则数据的格式是正确的。你会在 kaggle 网站上发现两个压缩的 CSV 文件。解压缩后，你将得到 fashion-mnist_train.csv，它包含 60 000 张图像（大约 130MB）；以及 fashion-mnist_test.csv，它包含 10 000 张（大约 21MB）。下面启动一个 Jupyter 记事本并开始编码。

代码中需要导入下面的库：

```
import pandas as pd
import numpy as np
import tensorflow as tf
```

㊀ Wikipedia, "Zalando," https://en.wikipedia.org/wiki/Zalando, 2018

㊁ Wikipedia, "MIT License," https://en.wikipedia.org/wiki/MIT_License, 2018

```
%matplotlib inline
import matplotlib
import matplotlib.pyplot as plt
from random import *
```

图 3-11 Zalando 数据集中 10 个类的示例

将 CSV 文件放在与记事本执行文件相同的目录中。然后，只需使用 pandas 函数加载文件：

```
data_train = pd.read_csv('fashion-mnist_train.csv', header = 0)
```

还可以使用标准的 NumPy 函数（例如 loadtxt()）读取文件，但是，使用 pandas 中的 read_csv() 可以在切片和分析数据时提供很大的灵活性，此外，它速度更快。在我的笔记本电脑上，使用 pandas 读取文件（即大约 130MB）需要大约 10 秒，而使用 NumPy 需要 1 分 20 秒。因此，如果正在处理大数据集，请记住这一点区别。通常的做法是使用 pandas 来读取和准备数据。如果你不熟悉 pandas，请不要担心。我会详细解释所有需要了解的内容。

注释　请记住，你不应该专注于 Python 实现，而应关注模型及其实现背后的概念。你可以使用 pandas、NumPy 甚至是 C 来获得相同的结果。请尝试专注于如何准备数据，如何规范化，如何检查训练，等等。

通过使用命令 data_train.head()，可以看到数据集的前 5 行，如图 3-12 所示。

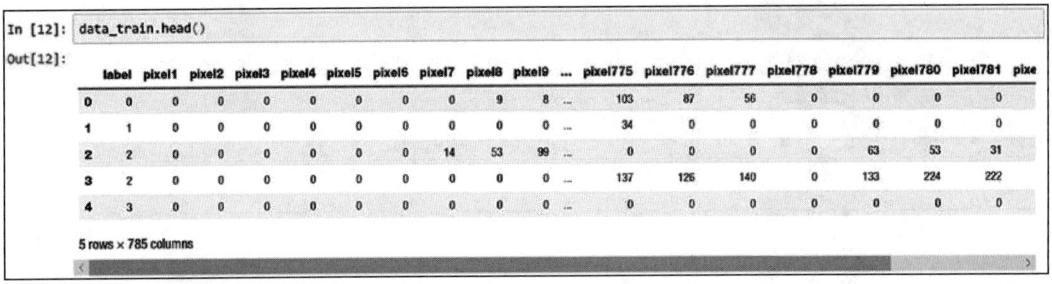

```
In [12]: data_train.head()
Out[12]:
```

	label	pixel1	pixel2	pixel3	pixel4	pixel5	pixel6	pixel7	pixel8	pixel9	...	pixel775	pixel776	pixel777	pixel778	pixel779	pixel780	pixel781	pixe
0	0	0	0	0	0	0	0	0	9	8	...	103	87	56	0	0	0	0	
1	1	0	0	0	0	0	0	0	0	0	...	34	0	0	0	0	0	0	
2	2	0	0	0	0	0	0	14	53	99	...	0	0	0	0	63	53	31	
3	2	0	0	0	0	0	0	0	0	0	...	137	126	140	0	133	224	222	
4	3	0	0	0	0	0	0	0	0	0	...	0	0	0	0	0	0	0	

5 rows × 785 columns

图 3-12　使用命令 data_train.head() 可以查看数据集的前 5 行

可以看到每列都有一个名称。pandas 从文件的第一行检索它。通过检查列名称，立即就能知道哪一列是什么。例如，第一列是类标签。现在我们必须创建一个带有标签的数组和一个带有 784 个特征的数组（请记住，我们将所有像素灰度值当作特征）。为此，可以简单地编写下面的代码：

```
labels = data_train['label'].values.reshape(1, 60000)
train = data_train.drop('label', axis=1).transpose()
```

我们从标签开始简单讨论代码的作用。在 pandas 中，每列都有一个名称（如图 3-12 所示），在我们的例子中，它是从 CSV 文件的第一行自动推断出来的。第一列（“label”）包含类标签，即 0~9 之间的整数。在 pandas 中，若要只选择此列，可以使用以下语法：

```
data_train['label']
```

其中，方括号内是列名称。

如果使用 data_train['label'].shape 检查数组的形状，可以不出所料地得到值（60000）。正如我们在第 2 章中已经看到的那样，我们需要为标签准备一个维度为 $1\times m$ 的张量，其中 m 是样本数（在这种情况下是 60000）。所以，我们必须用以下命令重新定义其形状：

```
labels = data_train['label'].values.reshape(1, 60000)
```

现在，这个标签张量的维度（1, 60000）就是我们想要的了。

应包含特征的张量应该包含除标签之外的所有列。因此，只需使用 drop（'label', axis=1）删除标签列，取出所有其他列，然后转置张量。事实上，data_train.drop（'label', axis=1）的维度是（60000,784），我们想要一个维度为 $n_x \times m$ 的张量，其中的 n_x=784 是特征的数量。以下是迄今为止张量的小结：

- 标签（Labels）：它的维度是 $1 \times m(1 \times 60\ 000)$，并包含分类标签（0～9）。
- 训练（Train）：它的维度是 $n_x \times m(784 \times 60\ 000)$，并包含特征，其中每行包含图像的单个像素的灰度值（记住是 28×28=784）。

再次参考图 3-11，看一下图像的外观。最后，我们对输入进行归一化，以便不使用 0～255 之间的值（灰度值），而是使它只有 0～1 之间的值。使用以下代码非常容易达到这个目的：

```
train = np.array(train / 255.0)
```

3.5 使用 TensorFlow 构建模型

现在是将我们在第 2 章中使用 TensorFlow 所做的工作进行扩展的时候了：将一个神经元扩展到具有多个层和神经元的网络。我们首先讨论网络架构以及需要什么样的输出层，然后我们用 TensorFlow 构建模型。

3.5.1 网络架构

我们将从只有一个隐藏层的网络开始。该网络有一个具有 784 个特征的输入层，然后是一个隐藏层（我们将在其中改变神经元的数量），之后是由 10 个神经元构成的输出层，它们将所有输出馈送到最后一个神经元中，该神经元的激活函数是 softmax 函数。图 3-13 是网络的图形表示。然后我将花一些时间来解释各个部分，尤其是输出层。

先解释一下，为什么这个奇怪的输出层有 10 个神经元，为什么需要一个额外的神经元使用 softmax 函数。前面提到，对于每个图像，我们希望能够确定它属于哪个类。为此，正如讨论 softmax 函数时所解释的那样，我们必须为每个样本得到 10 个输出：它们分别表示该图像属于每个类的概率。因此，给定输入 $x^{(i)}$，我们需要得到 10 个值：$P(y^{(i)}=1|\boldsymbol{x}^{(i)})$, $P(y^{(i)}=2|\boldsymbol{x}^{(i)})$, …., $P(y^{(i)}=10|\boldsymbol{x}^{(i)})$。（给定的输入 $x^{(i)}$，样本 $y^{(i)}$ 属于 10 个可能性之一的概率。）换句话说，我们的输出应该是一个维度是 1×10 的张量，其形式为

$$\hat{\boldsymbol{y}}=(P(y^{(i)}=1|\boldsymbol{x}^{(i)}) \quad P(y^{(i)}=2|\boldsymbol{x}^{(i)}) \cdots P(y^{(i)}=10|\boldsymbol{x}^{(i)}))$$

另外，因为样本必须是属于单一类，所以必须满足以下条件：

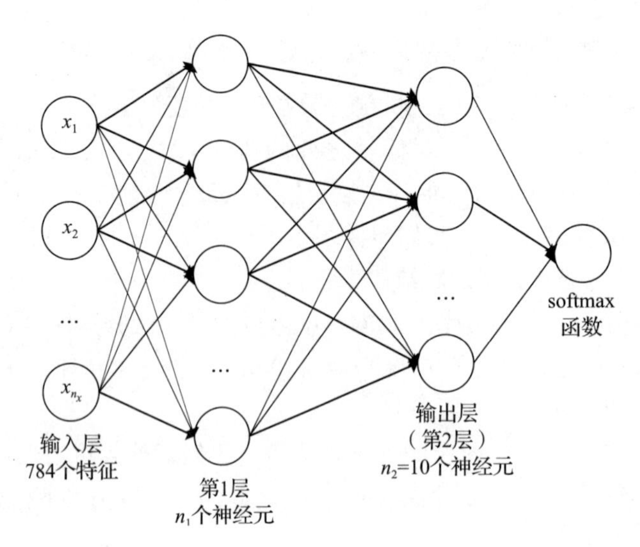

图 3-13　具有单个隐藏层的网络架构。在我们的分析过程中，我们会不断改变隐藏层中神经元的个数 n_1

$$\sum_{j=1}^{10} P(y^{(i)} = j \mid \boldsymbol{x}^{(i)}) = 1$$

这可以理解为：样本属于 10 个类之一的概率是 100%，或者换句话说，所有概率加起来必须为 1。我们分两步解决这个问题：

- 创建一个有 10 个神经元的输出层。这样，我们有 10 个值作为输出。
- 然后，将这 10 个值提供给一个新的神经元（我们称之为“softmax”神经元），它将取这 10 个值作为输入并给出 10 个值作为输出，输出的这些值都小于 1 并且加起来为 1。

图 3-14 详细展示“softmax”神经元。

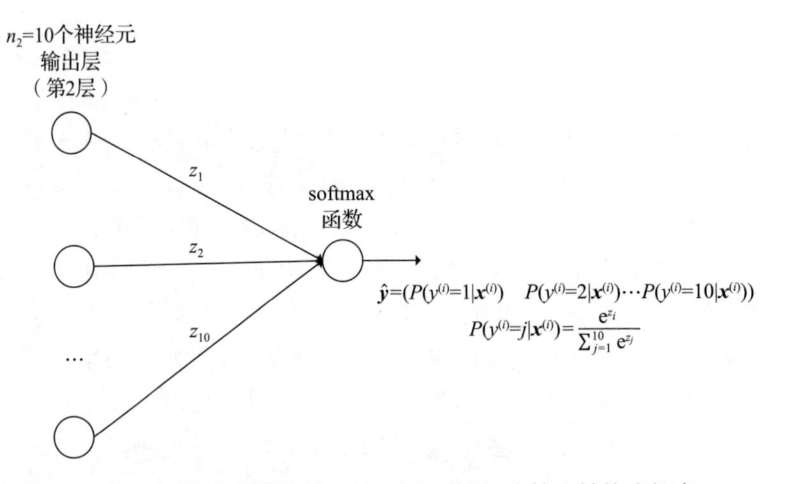

图 3-14　网络中的最终神经元，用于将 10 个输入转换为概率

设 z_i 为最后一层中第 i 个神经元的输出（i 为 1～10），我们有

$$P(y^{(i)}=j\mid \boldsymbol{x}^{(i)})=\frac{\mathrm{e}^{z_i}}{\sum_{j=1}^{10}\mathrm{e}^{z_j}}$$

这正是 TensorFlow 函数 tf.nn.softmax() 的作用。如前所述，它需要一个张量作为输入并返回一个与输入具有相同维度但是“归一化”的张量。换句话说，如果我们将 $z=(z_1\ z_2\ \cdots\ z_{10})$ 提供给该函数，它将返回一个与 z 具有相同维度的张量，也就是 1×10，其中每个元素是上面那个方程的结果。

3.5.2 softmax 函数的标签转换：独热编码

在开发网络之前，首先必须解决另一个问题。你应该还记得第 2 章讲过，在分类中我们使用以下代价函数：

```
cost = - tf.reduce_mean(Y * tf.log(y_)+(1-Y) * tf.log(1-y_))
```

其中，Y 包含我们的标签，y_ 是网络输出的结果。所以，这两个张量必须维度相同。在这个例子中前面解释过，网络将输出一个具有 10 个元素的向量，而数据集中的标签仅仅是标量。因此，y_ 具有维度（10,1），Y 具有维度（1,1）。如果出现错误，这个网络将不能正常工作。我们必须在具有维度（10,1）的张量中转换标签。还需要一个每个类对应一个值的向量，但是我们应该使用什么值呢？

我们必须使用所谓的独热（One-Hot）编码⊖。这意味着我们将使用以下算法将标签（0～9 的整数）转换为维度为（1,10）的张量：除了标签的索引外，独热编码向量将全部为零。例如，对于标签 2，除了在索引 2 的位置之外，1×10 张量将全部为零，或者换句话说，它将是（0,0,1,0,0,0,0,0,0,0）。再看看其他一些例子（见表 3-2），这个概念很容易理解。

表 3-2　独热编码的工作原理示例（请记住，标签从 0 到 9 作为索引。）

标　签	独热编码的标签
0	（1,0,0,0,0,0,0,0,0,0）
2	（0,0,1,0,0,0,0,0,0,0）
5	（0,0,0,0,0,1,0,0,0,0）
7	（0,0,0,0,0,0,0,1,0,0）

在图 3-15 中，可以看到对标签进行独热编码示意图。在该图中，两个标签（2 和 5）在两个张量中进行独热编码。张量的灰色元素（在这个例子中，是一维向量）是变为 1 的元素，而白色元素保持为 0。

⊖ 这种技术通常用于将分类变量提供给机器学习算法。

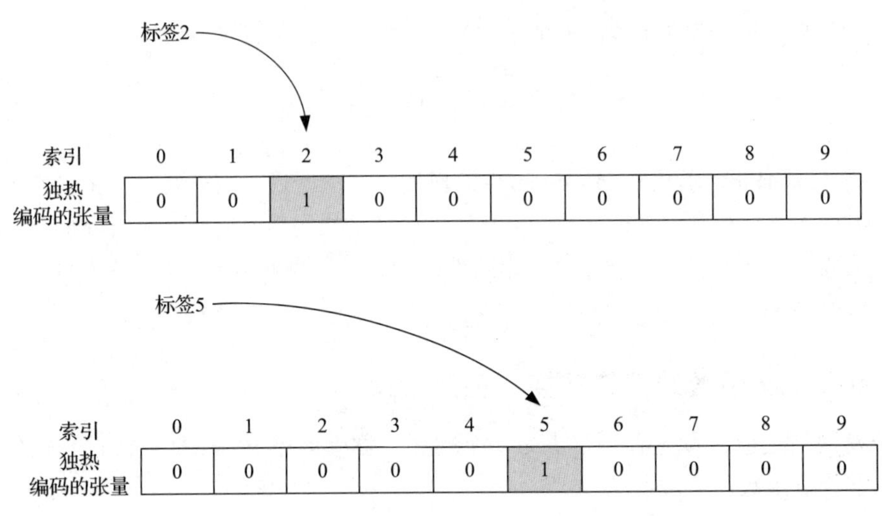

图 3-15 标签的独热编码过程示意图

Sklearn 有几种自动执行此操作的方法（例如，函数 OneHotEncoder()），但我认为手动执行该过程是有好处的，这样可以真正了解它是如何进行的。一旦了解需要它的原因，以及需要它以什么样的格式编码，就可以使用你最喜欢的函数。执行此操作的 Python 代码非常简单（最后一行只是将 pandas 数据帧转换为 NumPy 数组）:

```
labels_ = np.zeros((60000, 10))
labels_[np.arange(60000), labels] = 1
labels_ = labels_.transpose()
labels_ = np.array(labels_)
```

首先，创建一个具有正确维度（60000,10）的新数组，然后用 NumPy 函数 np.zeros((60000,10)) 填充零。接下来，只需将与标签本身相关的列设置为 1，这需要通过命令行 labels_[np.arange(60000), labels]=1 使用 pandas 功能切割数据帧。然后转置它，以获得我们最终想要的维度（10,60000），其中每列表示不同的样本。

现在，在代码中终于可以比较 Y 和 y_ 了，因为两者对于一个样本来说维度都是（10,1），或者在考虑整个训练数据集时，维度都是（10,60000）。y_ 中的每一行现在表示样本对应的特定类别的概率。最后，在计算模型的准确性时，我们会为每个样本分配具有最高概率的类。

注释 我们的网络会为样本属于 10 个类中的每一个提供 10 个概率。最后，我们会将样本归于具有最高概率的类。

3.5.3 TensorFlow 模型

现在是时候用 TensorFlow 构建我们的模型了，以下代码将完成这项工作：

```
n_dim = 784
tf.reset_default_graph()

# Number of neurons in the layers
n1 = 5 # Number of neurons in layer 1
n2 = 10 # Number of neurons in output layer
cost_history = np.empty(shape=[1], dtype = float)
learning_rate = tf.placeholder(tf.float32, shape=())

X = tf.placeholder(tf.float32, [n_dim, None])
Y = tf.placeholder(tf.float32, [10, None])
W1 = tf.Variable(tf. truncated_normal ([n1, n_dim], stddev=.1))
b1 = tf.Variable(tf.zeros([n1,1]))
W2 = tf.Variable(tf. truncated_normal ([n2, n1], stddev=.1))
b2 = tf.Variable(tf.zeros([n2,1]))

# Let's build our network...
Z1 = tf.nn.relu(tf.matmul(W1, X) + b1)
Z2 = tf.nn.relu(tf.matmul(W2, Z1) + b2)
y_ = tf.nn.softmax(Z2,0)

cost = - tf.reduce_mean(Y * tf.log(y_)+(1-Y) * tf.log(1-y_))
optimizer = tf.train.AdamOptimizer(learning_rate).minimize(cost)

init = tf.global_variables_initializer()
```

我不会对每行代码进行解释，因为你现在应该理解占位符或变量是什么了。但是有一些代码细节我希望你注意：

- 当我们初始化权重时，使用代码 tf.Variable(tf.tripated_normal([n1，n_dim]，stddev=.1))。函数 truncated_normal() 返回正态分布的值，其特点是将那些超过均值 2 个标准差的值丢弃并重新标记。选择小 stddev（在这里是 0.1）的原因是要避免 ReLU 激活函数的输出变得太大，或避免由于 Python 无法正确计算太大的数字而出现 nan。我将在本章后面讨论更好的方法以便选择合适的 stddev。
- 最后一个神经元使用 softmax 函数：y_=tf.nn.SOFTMAX(Z_2,0)。请记住，y_ 不是标量，而是与 Z_2 相同维度的张量。第二个参数 0 用于告诉 TensorFlow 我们想要沿垂直轴（行）应用 softmax 函数。
- 两个参数 n1 和 n2 定义不同层中的神经元数量。请记住，第二个（输出）层必须有 10 个神经元才能使用 softmax 函数，但是我们使用 n1 的值。增加 n1 会增加网络的复杂性。

现在我们试着执行训练，就像在第 2 章中所做的那样。可以重用已编写的代码。请尝试在笔记本电脑上运行以下代码：

```
sess = tf.Session()
sess.run(tf.global_variables_initializer())

training_epochs = 5000

cost_history = []
for epoch in range(training_epochs+1):

    sess.run(optimizer, feed_dict = {X: train, Y: labels_, learning_rate:
    0.001})
    cost_ = sess.run(cost, feed_dict={ X:train, Y: labels_, learning_rate:
    0.001})
    cost_history = np.append(cost_history, cost_)

    if (epoch % 20 == 0):
        print("Reached epoch",epoch,"cost J =", cost_)
```

你会马上注意到一件事：它很慢。除非你有一个非常强大的 CPU 或安装了支持 GPU 的 TensorFlow 且有一个强大的显卡，要不然，在 2017 年的笔记本电脑上运行这段代码花了几个小时（具体取决于你的硬件）。问题在于，正如前面提到的那样，模型会为所有样本（60 000 个）创建一个巨大的矩阵，然后只有在完全扫描所有样本之后才会修改权重和偏差，这需要相当多的资源、内存和 CPU。如果这是唯一的选择，那么我们将注定失败。请记住，在深度学习的世界中，具有 784 个特征的 60 000 个样本根本不是一个大数据集。因此，我们必须找到一种方法让我们的模型更快地学习。

你需要的最后一段代码是可用于计算模型准确率的代码。可以使用以下代码轻松完成：

```
correct_predictions = tf.equal(tf.argmax(y_,0), tf.argmax(Y,0))
accuracy = tf.reduce_mean(tf.cast(correct_predictions, "float"))
print ("Accuracy:", accuracy.eval({X: train, Y: labels_, learning_rate:
0.001}, session = sess))
```

tf.argmax() 函数返回张量轴上具有最大值的索引。你应该记得前面讨论 softmax 函数时提到，我们将为样本分配具有最高概率的类（y_ 是一个具有 10 个值的张量，每个值包含样本属于每个类的概率）。因此，tf.argmax(y_,0）将为每个样本指定最可能的类。tf.argmax(Y,0）对我们的标签也会这样做。请记住，我们对标签进行了独热编码，因此，例如类 2 现在将是（0,0,2,0,0,0,0,0,0）。因此，tf.argmax（[0,0,2,0,0,0,0,0,0]，0）将返回 2（具有最高值的索引，在这种情况下，它是唯一不同于零的项）。

我已经展示了如何加载和准备训练数据集。如要进行一些基本的误差分析，还需要用到验证数据集。以下是可以使用的代码，我不讲解这些代码，因为这些代码与用于训练数据集的代码完全相同。

```
data_dev = pd.read_csv('fashion-mnist_test.csv', header = 0)
labels_dev = data_test['label'].values.reshape(1, 10000)
```

```
labels_dev_ = np.zeros((10000, 10))
labels_dev_[np.arange(10000), labels_dev] = 1
labels_dev_ = labels_dev_.transpose()

dev = data_dev.drop('label', axis=1).transpose()
```

不要因为文件名包含单词 test 而感到困惑。有时，dev 数据集（即开发数据集）称为测试数据集。在本书后面，当我讨论误差分析时，我们将使用三个数据集：train、dev 和 test。为了在整本书中保持一致，我更喜欢坚持使用名称 dev，以免在不同的章节中与不同的数据集名称混淆。

最后，要计算验证数据集的准确性，只需重复使用之前提供的相同代码：

```
correct_predictions = tf.equal(tf.argmax(y_,0), tf.argmax(Y,0))
accuracy = tf.reduce_mean(tf.cast(correct_predictions, "float"))
print ("Accuracy:", accuracy.eval({X: dev, Y: labels_dev_, learning_rate:
0.001}, session = sess))
```

一个很好的做法是在模型中包含这个计算，这样函数 model() 就会自动返回这两个值。

3.6 梯度下降变体

在第 2 章中，我描述了非常基本的梯度下降算法（也称为批量梯度下降），但这不是找到代价函数的最明智的方法。我们看一下你需要了解的变体，并使用 Zalando 数据集来比较它们的效率。

3.6.1 批量梯度下降

第 2 章中描述的梯度下降算法计算每个样本的权重和偏差变化，但仅在评估了所有样本之后，或者换句话说，在所谓的一个周期之后，才执行学习（权重和偏差更新）。请记住，循环遍历整个数据集一次称为一个周期（epoch）。

优点是：

- 较少的权重和偏差更新意味着梯度更稳定，这通常会使收敛更稳定。

缺点是：

- 通常，该算法的实现方式要求所有数据集都必须在内存中，计算量相当大。
- 对于非常大的数据集，此算法通常非常慢。

可能的一种实现方式如下：

```
sess = tf.Session()
sess.run(tf.global_variables_initializer())

training_epochs = 100
```

```
cost_history = []
for epoch in range(training_epochs+1):

    sess.run(optimizer, feed_dict = {X: train, Y: labels_, learning_rate:
    0.01})
    cost_ = sess.run(cost, feed_dict={ X:train, Y: labels_, learning_rate:
    0.01})
    cost_history = np.append(cost_history, cost_)

    if (epoch % 50 == 0):
        print("Reached epoch",epoch,"cost J =", cost_)
```

代码运行100个周期后会得到类似下面的结果：

```
Reached epoch 0 cost J = 0.331401
Reached epoch 50 cost J = 0.329093
Reached epoch 100 cost J = 0.327383
```

运行这段代码大约需要2.5分钟，但代价函数几乎没有变化。要想看到代价函数开始减少，必须进行几千个周期的训练，这将需要运行相当长的时间。使用以下代码，我们可以计算其准确率：

```
correct_predictions = tf.equal(tf.argmax(y_,0), tf.argmax(Y,0))
accuracy = tf.reduce_mean(tf.cast(correct_predictions, "float"))
print ("Accuracy:", accuracy.eval({X: train, Y: labels_, learning_rate:
0.001}, session = sess))
```

经过100个周期，在训练集上只达到16%的准确率！

3.6.2 随机梯度下降

随机（Stochastic）梯度下降[⊖]（缩写为SGD）计算代价函数的梯度，然后更新数据集中每个样本的权重和偏差。

优点有：

- 频繁更新可以很轻松地检查模型学习的进展情况。（不必等到所有数据集都被考虑。）
- 在一些问题中，该算法可能比批量梯度下降更快。
- 该模型本质上是有噪声的，在试图查找代价函数的绝对最小值的过程中，可以避免局部最小值。

缺点有：

- 在大型数据集上，由于不断更新，该方法计算量非常大，速度非常慢。

⊖ 随机（Stochastic）是指更新具有随机概率分布，无法准确预测。

❑ 由于该算法具有噪声，使得它很难稳定在代价函数的最小值上，收敛性可能不如预期的那样稳定。

可能的一种实现如下：

```
sess = tf.Session()
sess.run(tf.global_variables_initializer())

cost_history = []
for epoch in range(100+1):
    for i in range(0, features.shape[1], 1):
        X_train_mini = features[:,i:i + 1]
        y_train_mini = classes[:,i:i + 1]

        sess.run(optimizer, feed_dict = {X: X_train_mini,
                                         Y: y_train_mini,
                                         learning_rate: 0.0001})
        cost_ = sess.run(cost, feed_dict={ X:features,
                                          Y: classes,
                                          learning_rate: 0.0001})
    cost_history = np.append(cost_history, cost_)

    if (epoch % 50 == 0):
        print("Reached epoch",epoch,"cost J =", cost_)
```

如果让以上代码运行，将得到类似下面的结果（每次运行后确切的数字都不同，因为我们随机初始化权重和偏差，但下降速度应该是一样的）：

```
Reached epoch 0 cost J = 0.31713
Reached epoch 50 cost J = 0.108148
Reached epoch 100 cost J = 0.0945182
```

如上所述，这种方法可能非常不稳定。例如，使用 1e-3 的学习率，在达到周期 100 之前就会有 nan 出现。你可以尝试使用这个学习率并看看会发生什么。你需要一个相当小的值，让该方法很好地收敛。相比之下，使用更高学习率（例如，大到 0.05），诸如批量梯度下降这样的方法可以毫无问题地收敛。正如我之前提到的，该方法计算量很大，要完成 100 个周期，我的笔记本电脑需要运行大约 35 分钟。而使用这种变体，仅在 100 个时期之后，训练已经达到 80% 的准确率。就周期而言，这种变体还是非常有效的，但也非常慢。

3.6.3 小批量梯度下降

这种梯度下降变体将数据集划分成一定数量的小型样本组（称为批次），并且只有在每批次被输入模型后才更新权重和偏差。这是迄今为止在深度学习领域中最常用的方法。

优点有：

- 模型更新频率高于批量梯度下降但低于 SGD。因此，可能实现更稳健的收敛。
- 该方法在计算上比批量梯度下降或 SGD 更有效，因为对计算和资源的需求更少。
- 到目前为止，这种变体是三者中最快的（我们将在后面看到）。

缺点有：

- 使用此变体会引入一个必须调整的新超参数：批量大小（小批量中的样本数）。

若批量大小为 50，一种可能的实现是这样的：

```
sess = tf.Session()
sess.run(tf.global_variables_initializer())

cost_history = []
for epoch in range(100+1):
    for i in range(0, features.shape[1], 50):
        X_train_mini = features[:,i:i + 50]
        y_train_mini = classes[:,i:i + 50]

        sess.run(optimizer, feed_dict = {X: X_train_mini,
                                         Y: y_train_mini,
                                         learning_rate: 0.001})
        cost_ = sess.run(cost, feed_dict={ X:features,
                                           Y: classes,
                                           learning_rate: 0.001})
    cost_history = np.append(cost_history, cost_)

    if (epoch % 50 == 0):
        print("Reached epoch",epoch,"cost J =", cost_)
```

请注意，代码与随机梯度下降的代码相同。唯一的区别是批量大小。在此示例中，每次使用 50 个样本，然后更新权重和偏差。运行它后，结果大致上是这样的（请记住，由于权重和偏差被随机初始化，具体结果会有所不同）：

```
Reached epoch 0 cost J = 0.322747
Reached epoch 50 cost J = 0.193713
Reached epoch 100 cost J = 0.141135
```

在这个例子中，我们使用的学习率是 1e-3，这比在 SGD 中大得多，并且代价函数值达到 0.14，这比用 SGD 达到的 0.094 大，但远小于用批量梯度下降法达到的值 0.32。它只需要 2.5 分钟，因此，它比 SGD 快，速度是 SGD 的 14 倍。经过 100 个周期，我们达到了 66% 的准确率。

3.6.4　各种变体比较

表 3-3 是我们对 100 个周期内三种梯度下降变体的研究结果的总结：

表 3-3 100 个周期三种梯度下降变体的研究结果总结

梯度下降变体	运行时间	代价函数最终值	准确率
批量梯度下降	2.5 分	0.323	16%
小批量梯度下降	2.5 分	0.14	66%
随机梯度下降（SGD）	35 分	0.094	80%

现在可以看到，SGD 是使用相同数量的周期实现代价函数最低值的算法，尽管它是迄今为止最慢的。为了让小批量梯度下降算法达到代价函数值 0.094，需要 450 个周期和大约 11 分钟。尽管如此，对于同样的结果，相对于 SGD 这仍然是一个巨大改进，在时间上仅是 SGD 的 31%。

在图 3-16 中，可以看到代价函数随不同的小批量大小而下降的差异。很明显，就周期数而言，小批量大小越小，下降的速度越快（尽管不是绝对如此）。该图中的学习率为 γ=0.001。请注意，每种情况下所需的时间不一样，小批量大小越小，算法所需的时间就越长。

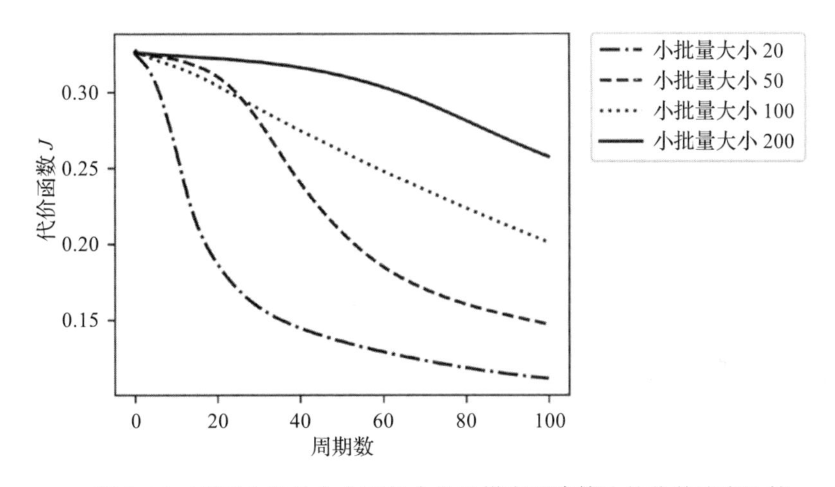

图 3-16 不同小批量大小下的小批量梯度下降算法的收敛速度比较

注释 使用小批量梯度下降算法可以实现运行时间与收敛速度（相对于周期数）二者的最佳折中。小批量的最佳大小取决于具体问题，但通常情况下，较小的数字（如 30 或 50）是一个不错的选择。在运行时间和收敛速度之间总是可以找到折中方案。

要了解运行时间如何依赖于在 100 个周期之后代价函数的值，请参见图 3-17。每个点都标有该运行中使用的小批量的大小。请注意，这些点是单次运行，并且该图仅表示依赖性。在多次运行后评估时，运行时间和代价函数值的差异很小，该差异未在图中显示。可以看到，从 300 开始减小小批量大小会在 100 个周期之后快速降低 J 的值，而不会显著增加运行时间，直到小批量大小的值达到大约50。此时，时间开始迅速增加，100个周期后的J值不再快速下降并且变平稳。直观地说，最好的折中方案是当曲线接近零（小运行时间和小代价函数值）时为小批量大小选择一个值，并且该值在50～30之间。这就是常常选择这些值的原因。在此之后，运行时间的增加变得非常快，并且减小小批量大小也不起作用。请注意，对于其他数据集，最佳值可能非常不同。所以，有必要尝试不同的值，看哪个效果最好。在非常大的数据集中，可能需要尝试更大的值，例如200、300或500。在我们的示例中，我们有60 000个样本，小批量大小为50，这样可以提供1200个批次。如果你有更多数据，例如100 000个样本，小批量大小为50，则将提供20 000个批次。牢记这一点并尝试不同的值，看看哪种效果最好就用哪个。

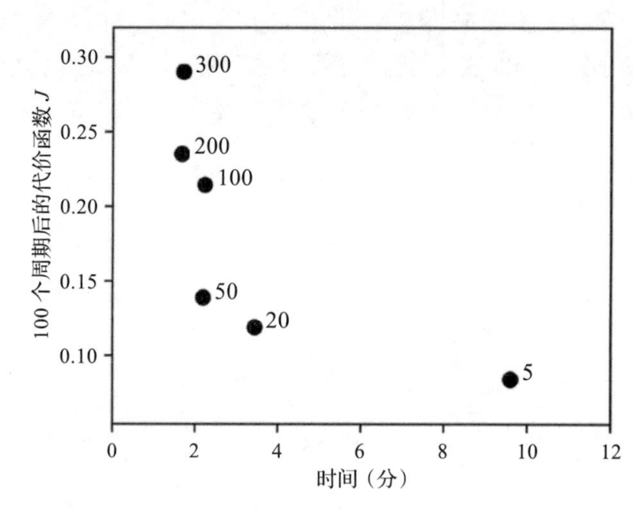

图3-17　Zalando数据集的绘图，显示100个周期后的代价函数值与运行100个周期所需的运行时间之间的关系

编写一个函数来运行评估是一种很好的编程习惯。通过这种方式，可以调整超参数（例如小批量大小），而无须一遍又一遍地复制和粘贴相同的代码块。下面这个函数可以用来训练我们的模型：

```
def model(minibatch_size, training_epochs, features, classes, logging_step
= 100, learning_r = 0.001):
    sess = tf.Session()
    sess.run(tf.global_variables_initializer())
cost_history = []
for epoch in range(training_epochs+1):
    for i in range(0, features.shape[1], minibatch_size):
        X_train_mini = features[:,i:i + minibatch_size]
        y_train_mini = classes[:,i:i + minibatch_size]
```

```
        sess.run(optimizer, feed_dict = {X: X_train_mini,
                                        Y: y_train_mini,
                                        learning_rate: learning_r})
    cost_ = sess.run(cost, feed_dict={ X:features, Y: classes,
    learning_rate: learning_r})
    cost_history = np.append(cost_history, cost_)

    if (epoch % logging_step == 0):
            print("Reached epoch",epoch,"cost J =", cost_)

return sess, cost_history
```

下面是函数 model() 的输入参数：

- minibatch_size：每批中我们想要的样本数。请注意，如果选择一个数字 *q* 作为该超参数，而它不是 *m*（样本数）的除数，或者换句话说，m/q 不是整数，那么最后得到的小批次的样本数就与其他的小批次不同。但这对训练来说不是问题。例如，假设我们有一个 *m*=100 的假设数据集，并且你决定使用 32 个样本数作为小批量大小。然后，在 m=100 的情况下，就会有 3 个完整的小批次，即这 3 个小批次有 32 个样本，最后 1 个只有 4 个样本，因为 100=3*32+4。现在你可能想知道下面的命令行在 i=96 且特征只有 100 个元素时会出现什么情况：

```
X_train_mini = features[:,i:i + 32]
```

我们不会超出数组的上限吧？幸运的是，Python 对程序员很好，能负责处理这个问题。来看以下代码：

```
l = np.arange(0,100)
for i in range (0, 100, 32):
    print (l[i:i+32])
```

其运行结果是：

```
[ 0 1 2 3 4 5 6 7 8 9 10 11 12 13 14 15 16 17 18 19 20
21 22 23 24 25 26 27 28 29 30 31]
[32 33 34 35 36 37 38 39 40 41 42 43 44 45 46 47 48 49
50 51 52 53 54 55 56 57 58 59 60 61 62 63]
[64 65 66 67 68 69 70 71 72 73 74 75 76 77 78 79 80 81
82 83 84 85 86 87 88 89 90 91 92 93 94 95]
[96 97 98 99]
```

可以看到，最后一个批次只有 4 个元素，我们不会收到任何错误。因此，你不必担心这一点，并且可以选择适合你的问题的任何小批量大小。

- training_epochs：我们想要的周期数。
- features：包含特征的张量。
- classes：包含标签的张量。
- logging_step：它告诉函数每个 logging_step 周期打印输出代价函数的值。
- learning_r：我们想要使用的学习率。

注释　用超参数作为输入来编写函数是常见的做法，这样就可以使用不同的超参数测试不同的模型，并检查哪一个更好。

3.7　错误预测示例

一个使用批量梯度下降算法的模型有一个具有 5 个神经元的隐藏层，以学习率为 0.001 运行该模型 1000 个周期时，在训练集上会取得 82.3% 的准确率。你可以通过在隐藏层中使用更多神经元来提高准确率。例如，使用 50 个神经元，运行 1000 个周期，学习率为 0.001，这将使你在训练集上达到 86.4% 的准确率，在测试集上达到 86.1% 的准确率。查看一些图像分类错误的例子很有意思，这样可以从错误中了解一些东西。图 3-18 显示每个类的图像被错误分类的示例。在每个图像上，会报告 True（标记为“True:”）类和预测（标记为“Pred :”）类。这里使用的模型有一个隐藏层，隐藏层有 5 个神经元，已经运行了 1000 个周期，学习率为 0.001。

有些错误是可以理解的，例如图中左下角的错误，衬衫被错误地归类为外套。也很难确定商品的归属，我很容易犯同样的错误。另一方面，被错误分类的箱包对人来说却很容易分辨。

3.8　权重初始化

如果尝试运行代码，你将意识到算法的收敛性很大程度上取决于权重的初始化方式。你可能记得，我们使用以下代码行来初始化权重：

```
W1 = tf.Variable(tf.truncated_normal([n1, n_dim], stddev=.1))
```

但为什么选择 0.1 作为标准差？

你肯定想知道为什么。在前面的章节中，我希望你专注于理解这样的网络是如何工作的，而不用分散精力去讨论其他信息，但是现在是时候更仔细地研究这个问题了，因为它在有很多层时扮演着重要的角色。基本上，我们使用较小的标准差来初始化权重，以防止梯度下降算法爆炸和开始返回 nan。举个例子，对于第一层的第 i 个神经元，必须计算激活函数 ReLU 的值（如果你忘记了原因，请参阅本章开头的讲解），如下所示：

$$z_i = \sum_{j=1}^{n_x} \left[w_{ij}^{[1]} x_j + b_i^{[1]} \right]$$

True: (2)Pullover- Pred: (4) Coat

True: (4) Coat- Pred: (6) Shirt

True: (0)T-shirt/top-Pred: (2) Pullover

True: (2)Pullover-Pred: (6) Shirt

True: (8)Bag-Pred: (2) Pullover

True: (3)Dress-Pred: (4) Coat

True: (2)Pullover-Pred: (4) Coat

True: (3)Dress-Pred: (6) Shirt

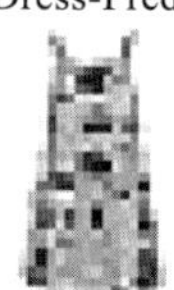

True: (6)Shirt-Pred: (4) Coat

True: (6)Shirt-Pred: (0) T-shirt/top

图 3-18 每个类被错误分类的图像示例

通常在深度网络中，权重的数量非常大，因此可以很容易想象，如果 $w_{ij}^{[1]}$ 很大，那么 z_i 也相当大，激活函数就有可能返回 nan 值，因为函数的参数太大，以至于 Python 无法正确计算结果。所以，应该使得 z_i 足够小，以避免神经元的输出发生爆炸；又要足够大，以避免输出消退而使收敛成为一个非常缓慢的过程。

该问题已被广泛研究[⊖]。根据你使用的激活函数，有不同的初始化策略。表 3-4 列出了一些策略，并假设权重初始化符合正态分布，均值为 0，采用标准差。(请注意，标准差取决于你要使用的激活函数。)

⊖ 例如，参见 Xavier Glorot 和 Yoshua Bengio 的 “Understanding the Difficulty of Training Deep Feedforward Neural Networks”。

表 3-4　不同的初始化策略，取决于激活函数

激 活 函 数	给定层的标准差 σ
Sigmoid	$\sigma=\sqrt{\frac{2}{n_{\text{inputs}}+n_{\text{outputs}}}}$ 通常称为 Xavier 初始化
ReLu	$\sigma=\sqrt{\frac{4}{n_{\text{inputs}}+n_{\text{outputs}}}}$ 通常称为 He 初始化

在第 l 层，其输入的个数也就是前面 $l-1$ 层的神经元个数，其输出的个数是后续第 $l+1$ 层的神经元个数。所以，我们有

$$n_{\text{inputs}}=n_{l-1}$$

和

$$n_{\text{outputs}}=n_{l+1}$$

通常，诸如前面讨论过的深层网络将有多个层，所有层都有相同数量的神经元。因此，对于大多数层，有 $n_{l-1}=n_{l+1}$，因此，对于 Xavier 初始化，有

$$\sigma_{\text{Xavier}}=\sqrt{1/n_{l+1}}\quad 或\quad \sqrt{1/n_{l-1}}$$

对于 ReLU 激活函数，其 He 初始化有

$$\sigma_{\text{He}}=\sqrt{2/n_{l+1}}\quad 或\quad \sqrt{2/n_{l-1}}$$

让我们来看看 ReLU 激活函数（本章中我们用过）。正如所探讨的，每一层有 n_l 个神经元。例如，对于第 3 层，权重的初始化方式可能是：

```
stddev = 2 / np.sqrt(n4+n2)
W3=tf.Variable(tf.truncated_normal([n3,n2], stddev = stddev)
```

或者，如果所有层都有相同数量的神经元，因此，n2=n3=n4，可以简单地使用以下代码：

```
stddev = 2 / np.sqrt(2.0*n2)
W3=tf.Variable(tf.truncated_normal([n3,n2], stddev = stddev)
```

通常，为了使网络的评估和构建更容易，对于 ReLU 激活函数，所使用的最典型的权重初始化形式是：

$$\sigma_{\text{He}}=\sqrt{2/n_{l-1}}$$

和

$$\sigma_{\text{Xavier}}=\sqrt{1/n_{l-1}}$$

例如，对于 sigmoid 激活函数，我们之前对一层网络的权重初始化使用过的代码如下所示：

```
W1 = tf.Variable(tf.random_normal([n1, n_dim], stddev= 2.0 / np.sqrt
(2.0*n_dim)))
b1 = tf.Variable(tf.ones([n1,1]))
```

```
W2 = tf.Variable(tf.random_normal([n2, n1], stddev= 2.0 / np.sqrt(2.0*n1)))
b2 = tf.Variable(tf.ones([n2,1]))
```

使用此初始化方法可以大幅提高训练速度，并且这是许多库初始化权重的标准方法（例如，Caffe 库）。

3.9 有效添加多个层

每次重复输入所有这些代码有点单调乏味，而且容易出错。通常，人们会定义一个创建层的函数。使用以下代码可以轻松完成此操作：

```
def create_layer (X, n, activation):
    ndim = int(X.shape[0])
    stddev = 2 / np.sqrt(ndim)
    initialization = tf.truncated_normal((n, ndim), stddev = stddev)
    W = tf.Variable(init)
    b = tf.Variable(tf.zeros([n,1]))
    Z = tf.matmul(W,X)+b
    return activation(Z)
```

我们来解释这段代码：

- 首先，获得输入的维度，以便能够正确定义权重矩阵。
- 然后，使用上一节中讨论的 He 初始化方法来初始化权重。
- 接着，创建权重 W 和偏差 b。
- 然后，计算 Z 的值并返回在 Z 上计算的激活函数。（注意，在 Python 中，可以将函数作为参数传递给其他函数。在这个例子中，激活函数是 tf.nn.relu。）

因此，为了创建网络，可以简单地编写构造代码（在这个例子中，有两层），如下所示：

```
n_dim = 784
n1 = 300
n2 = 300
n_outputs = 10

X = tf.placeholder(tf.float32, [n_dim, None])
Y = tf.placeholder(tf.float32, [10, None])

learning_rate = tf.placeholder(tf.float32, shape=())

hidden1 = create_layer (X, n1, activation = tf.nn.relu)
hidden2 = create_layer (hidden1, n2, activation = tf.nn.relu)
outputs = create_layer (hidden2, n3, activation = tf.identity)
y_ = tf.nn.softmax(outputs)

cost = - tf.reduce_mean(Y * tf.log(y_)+(1-Y) * tf.log(1-y_))
optimizer = tf.train.GradientDescentOptimizer(learning_rate).minimize(cost)
```

要运行该模型，如前所述，需要再定义一个 model() 函数：

```
def model(minibatch_size, training_epochs, features, classes, logging_step
= 100, learning_r = 0.001):
    sess = tf.Session()
    sess.run(tf.global_variables_initializer())

    cost_history = []
    for epoch in range(training_epochs+1):
        for i in range(0, features.shape[1], minibatch_size):
            X_train_mini = features[:,i:i + minibatch_size]
            y_train_mini = classes[:,i:i + minibatch_size]

            sess.run(optimizer, feed_dict = {X: X_train_mini, Y: y_train_
            mini, learning_rate: learning_r})
        cost_ = sess.run(cost, feed_dict={ X:features, Y: classes,
        learning_rate: learning_r})
        cost_history = np.append(cost_history, cost_)

        if (epoch % logging_step == 0):
                print("Reached epoch",epoch,"cost J =", cost_)

    return sess, cost_history
```

现在这段代码更容易理解，可以使用它创建任意大小的网络。

使用上述函数，可以很容易地运行多个模型并进行比较，正如我在图 3-19 中所做的那样，该图解释了 5 种不同的测试模型。

- 1 层和每层 10 个神经元
- 2 层和每层 10 个神经元
- 3 层和每层 10 个神经元
- 4 层和每层 10 个神经元
- 4 层和每层 100 个神经元

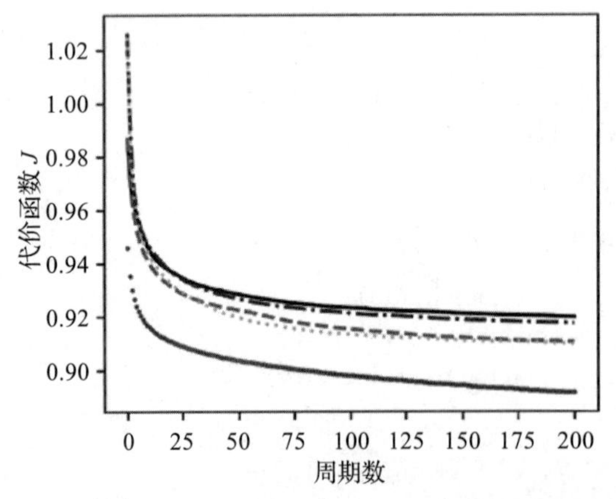

图 3-19　5 个模型的代价函数与周期数的关系

你肯定很惊讶，有4层而每层有100个神经元的模型看起来比其他模型好得多，开始进入过拟合状态时，训练集上的准确率为94%，验证集上为88%（仅在200个周期之后）。

3.10 增加隐藏层的优点

建议在做模型训练的时候，尝试改变层数、神经元数量、权重初始化方式等等。如果投入一些时间，则可以在几分钟的运行时间内达到90%以上的准确率，但这需要做一些工作。如果尝试训练多个模型，你可能会意识到，在这个例子中，使用几个层似乎不会比只有一层的网络多产生效益，这是常见情况。

从理论上讲，单层网络可以接近你可以想象的每个函数，但所需的神经元数量可能非常大，因此，模型变得不那么有用。问题在于，接近函数的能力并不意味着网络能够学会这样做，例如，由于涉及的神经元数量或所需时间。

经验表明，具有更多层的网络需要数量更少的神经元才能达到相同的结果，并且通常可以更好地推广到任何未知数据。

注释 从理论上讲，不需要在网络中拥有多个层，但实际上，你应该这样做。尝试多个层并且每个层都有多个神经元的网络几乎都是好主意，胜过由大量神经元填充的一层网络。关于如何确定多少神经元或层是最佳方案，没有固定的规则。你应该尝试从少量的层和神经元开始，然后递增，直到结果不再改善为止。

此外，拥有更多层可能允许网络学习输入数据的不同特征。例如，一层可以学习识别图像的垂直边缘，而另一层可以识别图像的水平边缘。请记住，在本章中，已经讨论了每一层与所有其他层相同（至少是神经元数相同）的网络。稍后你将在第4章中看到，如何构建其中每一个层执行完全不同的任务并且结构也与另一个不同的网络，使得这种网络对于本章前面讨论过的某些任务更加强大。

你可能还记得在第2章中，我们试图预测波士顿地区房屋的售价。在这种情况下，具有多层的网络可能会更好揭示房屋属性与价格的关系。例如，第一层可能揭示基本关系，比如较大的房屋价格较高；第二层可能会揭示更复杂的关系，比如浴室数量较少的大房子售价较低。

3.11 比较不同网络

现在你应该知道如何用大量的层或神经元构建神经网络了。但是，在不知道哪些模型值得尝试的情况下，很容易在可能的模型森林中迷路。假设你的网络一开始（正如在前面的章节中那样）就有包含五个神经元的一个隐藏层，另外一个层有十个神经元（对应我们的

“softmax”函数)，并采用“softmax”神经元。另外假设你已达到一定的准确率，并想尝试不同的模型。首先，你应试着增加隐藏层中神经元的数量，以确定你想要达到什么目标。在图3-20中，我绘制了代价函数图，它随着神经元数量的不同而减少。

该计算采用了小批量梯度下降算法，小批量大小为50，隐藏层分别具有1、5、15和30个神经元，学习率为0.05。可以看到，从一个神经元变化到五个神经元立即使收敛更快，但进一步增加神经元的数量并没有带来太大的改善。例如，将神经元从15增加到30后几乎没有任何改善。

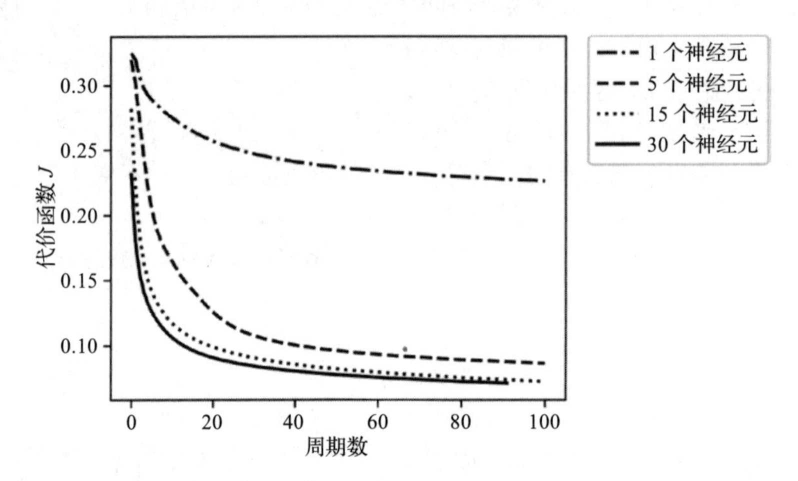

图3-20　具有一个隐藏层的神经网络的代价函数递减vs周期，网络分别具有1、5、15和30个神经元，如图例中所示。该计算采用小批量梯度下降进行，小批量大小为50，学习率为0.05

我们首先来找一种比较这些网络的方法。仅比较神经元的数量可能会产生误导，这一点我将很快向你展示。请记住，你的算法要尽量找到权重和偏差的最佳组合，以便最大限度地降低代价函数。但是我们的模型中有多少可学习的参数？我们有权重和偏差。我们的理论讨论中提到过，可以将一定数量的权重与每一层相关联，并且我们将用 $Q^{[l]}$ 表示第 l 层中的可学习的参数数量，该数量由矩阵 $W^{[l]}$ 中的元素总数得出，即 $n_l n_{l-1}$（根据定义有 $n_0=n_x$）加上偏差数（在每一层有 n_l 个偏差）。那么，$Q^{[l]}$ 可以表示为

$$Q^{[l]}=n_l n_{l-1}+n_l=n_l(n_{l-1}+1)$$

这样，网络中可学习的参数总数（在这里用 Q 表示）可以写成：

$$Q=\sum_{j=1}^{L} n_1(n_{l-1}+1)$$

其中，根据定义 $n_0=n_x$。请注意，网络的参数 Q 强烈依赖于架构。可以通过一些例子来计算它，以便你能明白我的意思（表3-5）：

表 3-5 不同网络架构的 Q 值比较

网络架构	参数 Q（可学习的参数数）	神经元数
网络 A：784 个特征，2 层：$n_1=15, n_2=10$	$Q_A=15(784+1)+10*(15+1)=11935$	25
网络 B：784 个特征，16 层：$n_1=n_2=\cdots=n_{15}=1, n_{16}=10$	$Q_B=1*(784+1)+1*(1+1)+\cdots+10*(1+1)=923$	25
网络 C：784 个特征，3 层：$n_1=10, n_2=10, n_3=10$	$Q_C=10*(784+1)+10*(10+1)+10*(10+1)=8070$	30

我想请你注意网络 A 和 B，两者都有 25 个神经元，但参数 Q_A 比 Q_B 大得多（超过十倍）。可以很容易地想象到，即使神经元的数量相同，网络 A 在学习上也会比网络 B 更灵活。

注释 如果我告诉你这个数字 Q 是衡量网络复杂程度或网络质量的标准，那就是误导你了。因为情况并非如此，很可能在所有神经元中，只有少数神经元会发挥作用。因此，只按照我告诉你的方式计算并不全面。关于所谓的深度神经网络的有效自由度问题，人们进行了大量的研究，但这超出了本书的范围。尽管如此，在决定你要测试的模型集是否具有合理的复杂性时，该参数将提供一个很好的经验法则。

检查你要测试的模型的 Q 值可能会给你一些你应该忽略的提示以及你应该尝试的提示。例如，让我们看一下我们在图 3-20 中测试过的情况，并计算每个网络的参数 Q（表 3-6）。

表 3-6 不同网络架构的 Q 值比较

网络架构	参数 Q	神经元数
784 个特征，1 层有 1 个神经元，1 层有 10 个神经元	$Q=1*(784+1)+10*(1+1)=895$	11
784 个特征，1 层有 5 个神经元，1 层有 10 个神经元	$Q=5*(784+1)+10*(5+1)=3985$	15
784 个特征，1 层有 15 个神经元，1 层有 10 个神经元	$Q=15*(784+1)+10*(15+1)=11\,935$	25
784 个特征，1 层有 30 个神经元，1 层有 10 个神经元	$Q=30*(784+1)+10*(30+1)=23\,860$	40

从图 3-20 可以看出，我们选择具有 15 个神经元的模型作为我们的最佳模型。现在，让我们假设我们想要尝试一个具有 3 层的模型，这些模型都具有相同数量的神经元，它们应该比我们（目前）具有 1 层和 15 个神经元的候选模型更有竞争性（可能更好）。我们应该选择什么数字作为三层神经元数量的起始值？让我们将模型 A 表示为具有 1 层 15 个神经元的模型，并且将 B 表示为具有 3 层的模型，其中每层中具有（当前）未知数量的神经元，用 n_B 表示。我们可以轻松地计算两个网络的参数 Q：

$$Q_A=15*(784+1)+10*(15+1)=11935$$

和

$$Q_B=n_B*(784+1)+n_B*(n_B+1)+n_B*(n_B+1)+10*(n_B+1)=2n_B^2+797n_B+10$$

n_B 的值是多少才能满足 $Q_B \approx Q_A$？我们可以很容易地解方程。

$$2n_B^2+797n_B+10=11\,935$$

你应该能够求解这个二次方程，所以我只在这里给出答案（提示：请尝试对它求解）。这个方程求解结果为 n_B=14.4，但由于我们不能有 14.4 个神经元，我们将不得不使用最接近的整数，即 n_B=14。对于 n_B=14，我们将得到 Q_B=11 560，这是一个非常接近 11 935 的值。

注释 请让我再说一遍。两个网络具有相同数量的可学习参数并不意味着它们可以达到相同的准确率。这甚至不意味着，如果其中一个网络学得很快，第二个就能学习！

然而，我们的模型有 3 层，每层 14 个神经元，可以作为进一步测试的很好起点。

让我们来讨论一下在处理复杂数据集时另一个重要的观点。来看我们的第一层，假设使用 Zalando 数据集，并创建了一个有两层的网络：第一层有一个神经元，第二层有很多神经元。数据集所具有的所有复杂特征可能会在第一个神经元中丢失，因为它将所有特征组合在一个单独的值中，并将相同的确切值传递给第二层的所有其他神经元。

3.12 选择正确网络的技巧

我们已经讨论了很多案例，并给出很多公式，但具体来说应当如何设计网络呢？

不幸的是，关于如何设计网络没有固定的规则。但可以考虑以下技巧：

- 在考虑要测试的一组模型（或网络架构）时，一个好的经验法则是从不太复杂的模型开始，然后转向更复杂的模型。另一个是评估参数 Q 的使用的相对复杂性（以确保你正朝着正确的方向前进）。
- 如果无法获得良好的准确率，请检查任何一层，看看是否具有特别少的神经元，这个层可能会严重影响网络从复杂数据集中学习的有效性。例如，图 3-20 中的一个神经元就是这样的例子，该模型无法达到代价函数的低值，因为网络太简单，无法从像 Zalando 那样复杂的数据集中学习。
- 请记住，神经元数量的低或高总是与你拥有的特征数量相关。如果数据集中只有两个特征，那么一个神经元可能会很精确，但如果有几百个（比如在 Zalando 数据集中 n_x=784），就需要多个神经元。
- 需要哪种架构还取决于你想要做什么。通过查阅在线文献，了解有关特定问题其他人已经发现了什么，这是很值得的。例如，众所周知对于图像识别采用卷积网络非常好，因此对于图像识别，采用卷积网络将是一个很好的选择。

注释 当从具有 L 层的模型转到具有 L+1 层的模型时，最好从新模型开始，每层中使用略低数量的神经元，然后逐步增加它们。请记住，更多的层或许能更有效地学习复杂的特征，所以如果幸运的话，更少的神经元就足够了，这是值得尝试的事情。对于所有模型，请始终跟踪你的优化指标（还记得第 2 章中讲过的吗？）。当你不再获得很多改进时，就可能应当尝试完全不同的架构（可能是卷积神经元网络等）。

CHAPTER 4

第4章

训练神经网络

使用 TensorFlow 构建复杂的网络非常简单，正如你现在可能已经意识到的那样。几行代码足以构建具有数千（甚至更多）参数的网络。现在应该清楚，在训练这种网络时会出现问题。测试超参数是困难、不稳定和缓慢的，因为超过几百个周期的运行可能需要数小时。这不仅是一个性能问题，否则，使用越来越快的硬件就足够了。问题在于，收敛过程（学习）通常根本不起作用，它或停止，或发散，或者永远不会接近代价函数的最小值。我们需要能使训练过程高效、快速和可靠的方法。你将看到有助于训练复杂网络的两个主要策略：动态学习率衰减和比普通梯度下降（GD）算法更好的优化器（如 RMSProp、Momentum 和 Adam）。

4.1 动态学习率衰减

我曾多次提到学习率 γ 是一个非常重要的参数，选择错误会导致模型无法执行。回头再次参考图 2-12，它向你展示了选择太大的学习率将使你的梯度下降算法在最小值附近振荡，无法收敛。不讨论这个，我们再给出第 2 章中在研究梯度下降算法时所描述的权重和偏差更新公式。（记住：我用两个权重 w_0 和 w_1 描述算法。）

$$w_{0,[n+1]} = w_{0,[n]} - \gamma \frac{\partial J(w_{0,[n]}, w_{1,[n]})}{\partial w_0}$$

$$w_{1,[n+1]} = w_{1,[n]} - \gamma \frac{\partial J(w_{0,[n]}, w_{1,[n]})}{\partial w_1}$$

提醒一下，以下是表示符号的概览。（如果你不记得梯度下降的工作原理，请再次参考第 2 章。）

- $w_{0,[n]}$：第 n 次迭代的权重 0
- $w_{1,[n]}$：第 n 次迭代的权重 1
- $J(w_{0,[n]},\ w_{1,[n]})$：第 n 次迭代的代价函数
- γ：学习率

为了展示将要讨论的内容的效果，我们来研究 2.1.5 节中描述的相同问题。在 γ=2 的代价函数的曲线上绘制权重 $w_{0,n}, w_{1,n}$（见图 4-1），以显示（如第 2 章所述）权重值在（$w_{0,n}, w_{1,n}$）的最小值附近如何振荡。在这里，学习率太大的问题清楚可见。算法无法收敛，因为它所采取的步骤太大而无法接近最小值。图 4-1 中的点表示不同的估计值 W_n。最小值由大约在图像中间的圆圈表示。

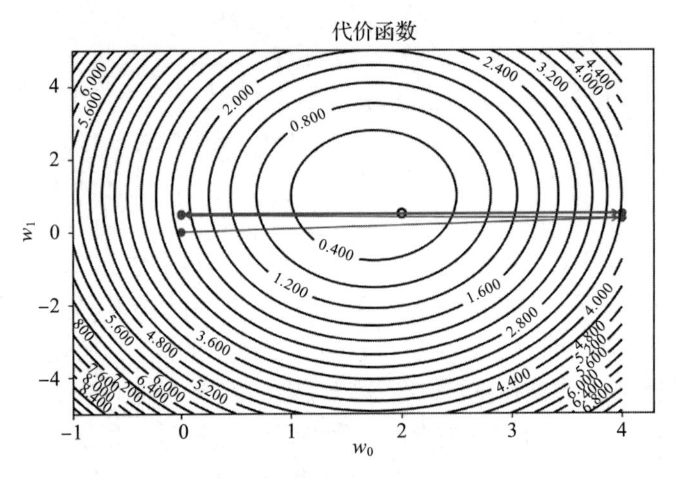

图 4-1　梯度下降算法的示意图。在这里，学习率 γ=2

但你可能已经注意到，在我们的算法中，我们做出了一个非常重要的决定（但没有明确说明）：保持每次迭代的学习率不变。但是，没有理由这样做，相反，这是一个非常糟糕的主意。直观地说，一个大的学习率会在开始时使收敛很快移动，但是一旦达到最小值附近，你就会想要使用一个小得多的学习率，以便允许算法以最有效的方式向最小值收敛。我们希望学习率开始（相对）大，然后随着迭代进行而减小。但它应该如何减少？当今有很多种方法可供使用，在下一节中，我们将介绍最常用的方法以及如何在 Python 和 TensorFlow 中实现它们。我们将使用图 4-1 和图 2-12 所展示的相同问题，并比较不同算法的行为。请花一些时间来回顾第 2 章关于梯度下降的部分，在阅读下一部分之前，先弄清楚那些知识。

4.1.1　迭代还是周期

在研究各种方法之前，我想先谈谈这个问题：我们谈论的迭代是什么？它们是周期吗？从技术上讲，情况并非如此。迭代发生在更新权重时。例如，在小批量梯度下降情况下，

处理完每个小批量（更新权重）即进行一次迭代。来看第 3 章中的 Zalando 数据集：60 000 个训练案例和 50 个小批量大小。在这个例子中，你将在一个周期内进行 1200 次迭代。降低学习率的重要因素是你对权重执行的更新次数，而不是周期数。如果你在 Zalando 数据集上使用随机梯度下降（SGD）（在每次观察后更新权重），你将有 60 000 次迭代，并且在减少学习率方面，你可能需要比使用小批量梯度下降算法减少得更多，因为它被更频繁地更新。在批量梯度下降的例子中，在处理完一次训练数据后更新权重，因此，就会恰好在每个周期更新一次学习率。

注释 动态学习率衰减中的迭代是指算法中更新权重的步骤。例如，如果你在第 3 章中的 Zalando 数据集上使用 SGD，小批量大小为 50，则在一个周期（处理完 60 000 个训练样本）中，将进行 1200 次迭代。

这对于正确理解非常重要。这样，你可以为学习率衰减正确选择不同算法的参数。如果你认为学习率只在每个周期之后更新而进行算法选择，则可能会犯大错。

注释 对于每个动态减少的算法，学习率将引入必须优化的新超参数，从而为模型选择过程增加一些复杂性。

4.1.2 阶梯式衰减

阶梯式衰减方法是最基本的方法，根据实际工作情况，它有两类：一是在代码中手动降低学习率，二是对变化进行硬编码。例如，如何才能使图 4-1 中的 GD 算法从 $\gamma=2$ 开始收敛？我们来看下面的衰减函数（用 j 表示迭代次数）：

$$\gamma = \begin{cases} 2 & j < 4 \\ 0.4 & j \geq 4 \end{cases}$$

简单地用 Python 代码实现如下：

```
gamma0 = 2.0
if (j < 4):
        gamma = gamma0
    elif j>=4:
        gamma = gamma0 /5.0
```

应用以上代码可以得到一个收敛算法（见图 4-2）。这里，已经选择了 $\gamma_0=2$ 作为初始学习率，并且从迭代 4 开始，使用 $\gamma=0.4$。用点表示不同的估计值 W_n，最小值由大约在图像中间的圆圈表示。该算法现在能够收敛。每个点都标有迭代编号，以便更轻松地跟踪权重更新。

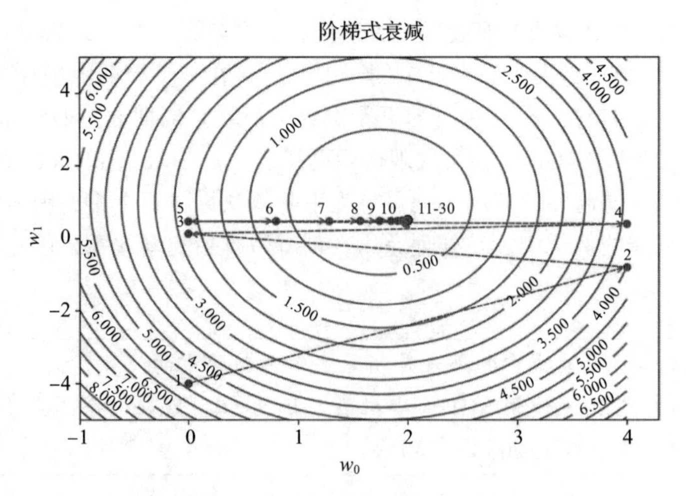

图 4-2　使用阶梯式衰减方法的梯度下降算法示意图

开始的收敛幅度很大，然后，在迭代 4 将学习率降低到 0.4 时，它们变得更小，并且 GD 能够收敛到最小值。通过这个简单的修改，我们取得了不错的结果。问题在于，在处理复杂的数据集和模型时（例如在第 3 章中所做的那样），这个过程需要（如果有效）许多测试。你将不得不多次降低学习率，而找到正确的迭代和学习率降低值是一项非常具有挑战性的任务，以至于除非处理非常简单的数据集和网络，否则实际上是不可能的。该方法也不是很稳定，并且取决于你拥有的数据，可能需要连续调整。参见表 4-1 中的其他超参数。

表 4-1　其他超参数说明

超　参　数	示　　例
算法更新学习率的迭代数	这个例子中，迭代数是 4
每次变化后学习率的值（多个值）	在这个例子中，迭代 1 到 3，γ=2；从迭代 4 开始，γ=0.4

4.1.3　步长衰减

能够比较自动化一点的方法是所谓的步长衰减。该方法是每隔一定次数的迭代后使学习率降低一个常数因子。在数学上，它可以写成：

$$\gamma = \frac{\gamma_0}{\lfloor j/D+1 \rfloor}$$

其中 $[a]$ 表示 a 的整数部分，D（在下面代码中用 epoch_drop 表示它）是一个可以调节的整数常量。例如，使用以下代码可再次给出一个收敛算法：

```
epochs_drop = 2
gamma = gamma0 / (np.floor(j/epochs_drop)+1)
```

在图 4-3 中，初始学习率是 γ_0=2，每隔 2 次迭代学习率根据 $\gamma_0/[j/2+1]$ 进行衰减，用点标记不同的估计值 w_n。最小值由圆圈表示，大约在图像的中间。该算法现在能够收敛。每个点都标有迭代编号，以便更轻松地跟踪权重更新。

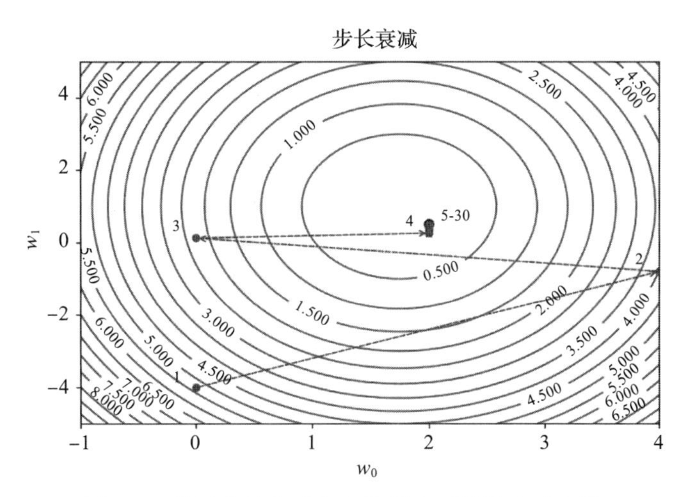

图 4-3　使用步长衰减方法的梯度下降算法示意图

弄明白学习率下降的速度非常重要。你不希望只经过几次迭代学习率接近于零，如果这样，收敛永远不会成功。在图 4-4 中，可以看到 D 在三个值的情况下学习率下降的速度比较。

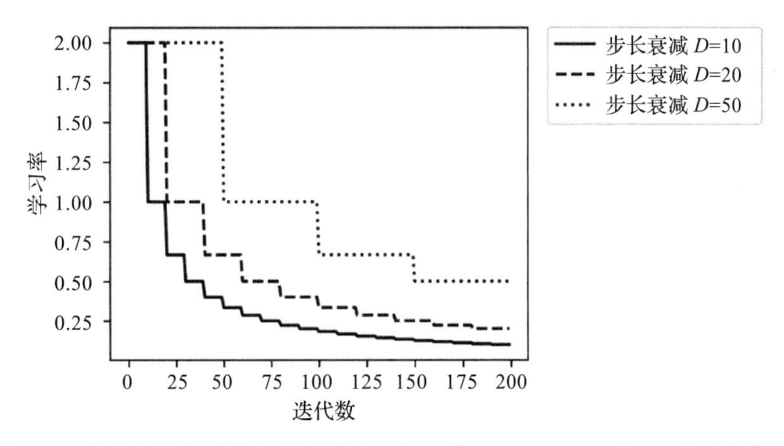

图 4-4　使用步长衰减算法的情况下三个 D 值 10、20、50 对应的学习率降低

请注意，例如，如果 D=10，仅 100 次迭代后学习率大约降低到原值 1/10！如果学习率下降得太快，可能会看到收敛只在几次迭代后就停止了。应该尽力弄明白 γ 衰减得到底有多快。

注释　一种感受学习率下降速度的好方法是，尝试确定在多少次迭代后 γ 是初始值的 1/10。请记住，如果在 $10D$ 次迭代后得到 $\gamma=\gamma_0/10$，则仅在 $100D$ 次迭代后得到 $\gamma=\gamma_0/100$，10^3D 次迭代后得到 $\gamma=\gamma_0/10^3$，以此类推。如果发生这种情况，只需通过 D 的几个值来正确测试学习率就可以解决所要研究的问题。

我们考虑一个具体的例子。假设正在使用 1e+5 个样本和 5000 个周期来训练模型，小批量大小为 50，起始学习率为 $\gamma_0=0.2$。如果你不假思索地选择 $D=10$，那么在仅仅 100 个周期之后有

$$\gamma=\frac{\gamma_0}{20000}=\frac{0.2}{20000}=10^{-5}$$

如果继续如此迅速地降低学习率，那么使用 5000 个周期也无法获得太多收益。参见表 4-2 中的其他超参数。

表 4-2　其他超参数说明

超　参　数	示　　例
参数 D	$D=10$

4.1.4　逆时衰减

更新学习率的另一种方法是使用所谓的逆时衰减，公式为：

$$\gamma=\frac{\gamma_0}{1+\nu j}$$

其中，ν 是一个称为衰减率的参数。在图 4-5 中，可以看到 ν 在等于 0.01、0.1 和 0.8 时所对应的学习率下降比较。在图 4-5 中，还可以看出三个不同 ν 值所对应的学习率是如何降低的。请注意，y 轴是以对数尺度绘制的，这样可以使变化的实体更容易比较。

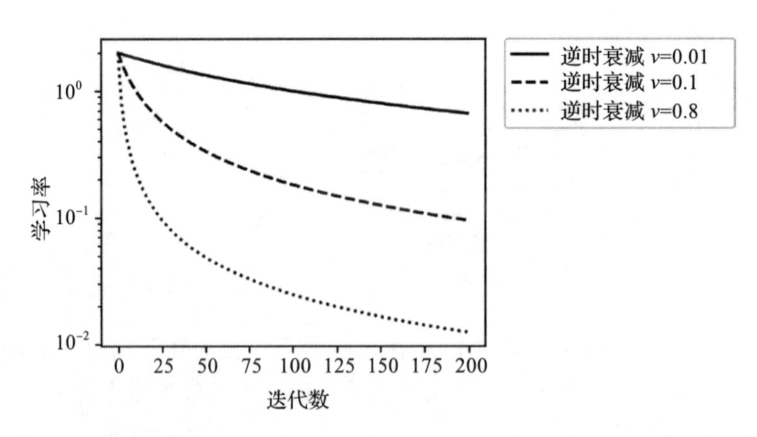

图 4-5　使用逆时衰减的情况下 ν 在等于 0.01、0.1 和 0.8 时对应的学习率降低情况

该方法也能使第 2 章讨论的 GD 算法收敛。在图 4-6 中，可以看到在选择 v=0.2 时，仅经过几次迭代后权重就收敛到最小值位置。在图 4-6 中，初始学习率为 γ_0=2，逆时衰减算法 v=0.2。不同的估计值 w_n 用点标记，最小值由大约在图像中间的圆圈表示。该算法现在能够收敛。每个点都标有迭代编号，以便更轻松地跟踪权重更新。

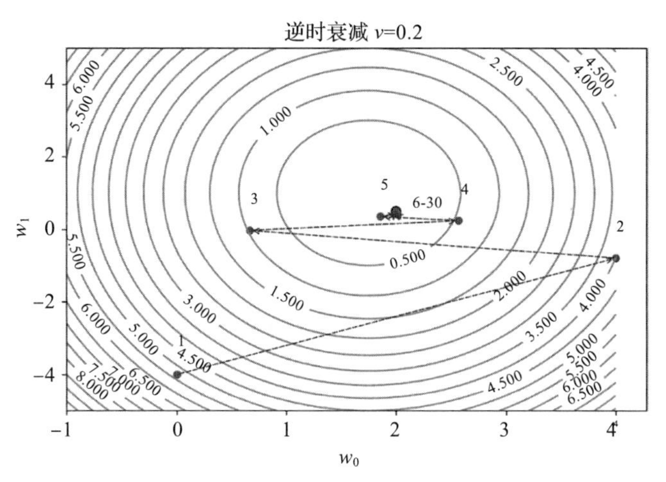

图 4-6　使用逆时衰减的情况下 v=0.2 的梯度下降算法示意图

如果为 v 选择更大的值，看看会发生什么是非常有趣的。在图 4-7 中，选择 γ_0=2 作为初始学习率，并且使用 v=1.5 的逆时衰减算法。不同的估计值 w_n 用点标记。最小值由大约在图像中间的圆圈表示。该算法现在能够收敛。每个点都标有迭代编号，以便更轻松地跟踪权重更新。

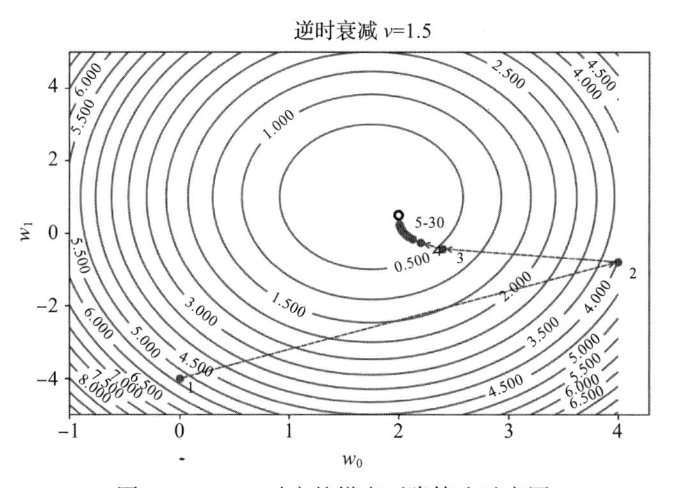

图 4-7　v=1.5 对应的梯度下降算法示意图

我们在图 4-7 中观察到的结果是非常有意义的。增加 v 会使学习率降低得更快，因此，需要更多步骤才能达到最小值，因为与图 4-6 相比学习率越来越小。我们可以比较两个 v 值下代价函数的行为。在图 4-8 中，可以在图（A）中看到代价函数与周期数的对应关系。乍一看，两者似乎同样快速地收敛，但是在图（B）中围绕 $J=0$ 进行缩放，就可以清楚地看到，当 $v=0.2$ 时，收敛速度要快得多，因为学习率比 $v=1.5$ 时大得多。参见表 4-3 中的其他超参数。

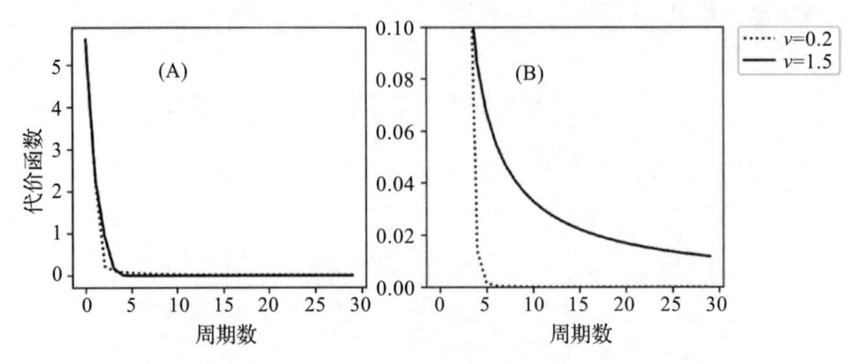

图 4-8　代价函数 vs 周期数。图（A）绘制了代价函数值的整个范围。图（B）是放大后 $J=0$ 附近的区域，来显示对于较小的 v 值，代价函数如何更快地减小

表 4-3　其他超参数说明

超　参　数	示　　例
衰减率 v	$v=0.2$

4.1.5　指数衰减

降低学习率的另一种方法称为指数衰减，它依据的公式如下：

$$\gamma=\gamma_0 v^{j/T}$$

请参阅图 4-9 来了解学习率的速度。请注意，y 轴以对数尺度进行绘制，以便更容易比较实体的变化情况。注意，在 $v=0.01$ 的情况下，在 200 次迭代（不是周期）之后，学习率已经减少到开始时的 1/1000！

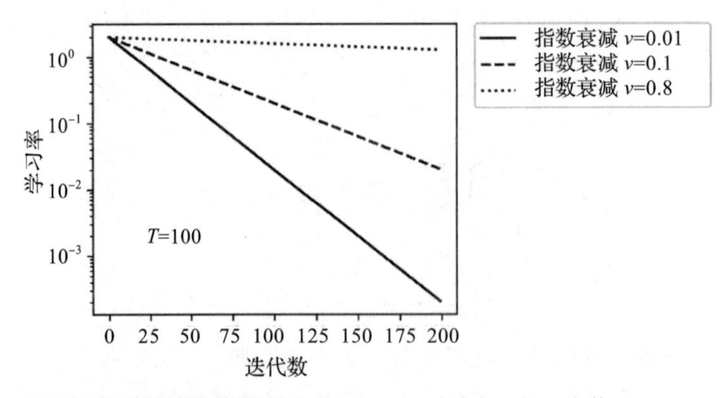

图 4-9　使用指数衰减算法降低学习率，$T=100$，对应 v 的三个值：0.01、0.1 和 0.8

可以使这个方法中 v=0.2 和 T=3 以应用于我们的问题，结果，算法再次收敛。在图 4-10 中，选择 γ_0=2 作为初始学习率，并且使用 v=0.2 和 T=3 的指数衰减算法。不同的估计值 w_n 用点标记。最小值由大约在图像中间的圆圈表示。该算法现在能够收敛。每个点都标有迭代编号，以便更轻松地跟踪权重更新。参见表 4-4 中的其他超参数。

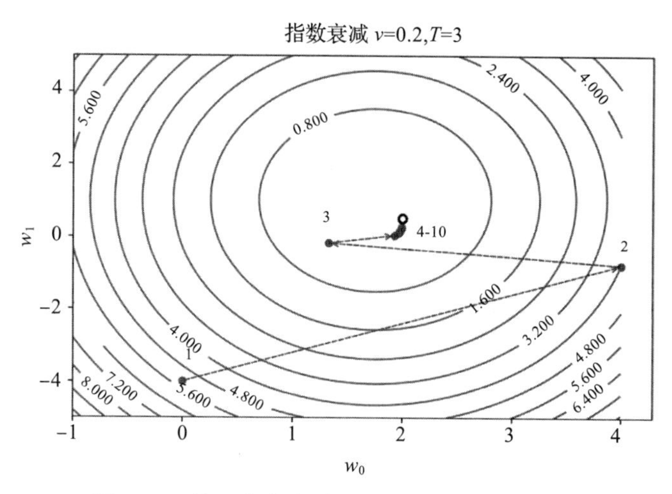

图 4-10　使用指数衰减的梯度下降算法示意图

表 4-4　其他超参数说明

超　参　数	示　　例
衰减率 v	v=0.2
衰减步数 T	T=3

4.1.6　自然指数衰减

降低学习率的另一种方法称为自然指数衰减，它依据的公式如下：

$$\gamma=\gamma_0 e^{-vj}$$

这个方法特别有趣，因为它可以让你学到一些重要的东西。首先考虑图 4-11，比较 v 的不同值如何与学习率的不同降低速度相关。

我想提醒你注意 y 轴上的值（注意它使用对数尺度）。对于 v=0.8，在 200 次迭代之后，学习率变为初始值的 10^{-64}，几乎是 0。这意味着再经过几次迭代之后，不会再发生更新，因为学习率太小了。关于 10^{-64} 到底是多小，要知道氢原子的直径大约是 10^{-11} 米！所以，除非非常小心地选择 v，否则很容易出错。

来看图 4-12，其中绘制了权重，因为它们是用 GD 算法更新的，学习率的两个值分别为 0.2（虚线）和 0.5（实线）。

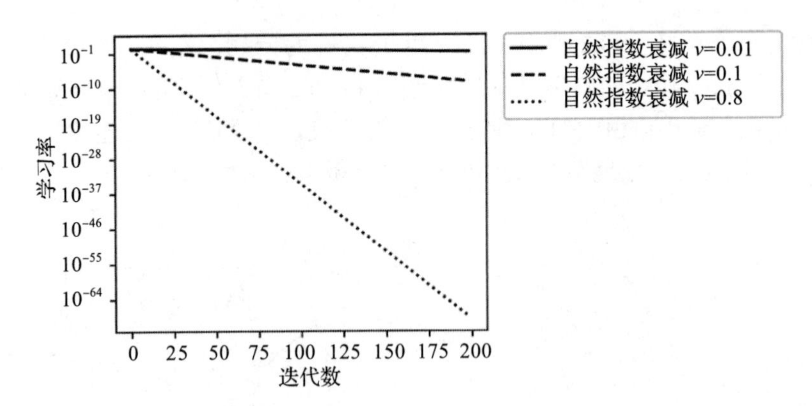

图 4-11　使用自然指数衰减算法降低学习率，v 等于 0.01、0.1 和 0.8，且 T=100。请注意，y 轴以对数尺度绘制，以便更容易地比较实体的变化情况。注意，在 v=0.8 时，在 200 次迭代（不是周期）之后，学习率已经是开始时的 10^{-64}

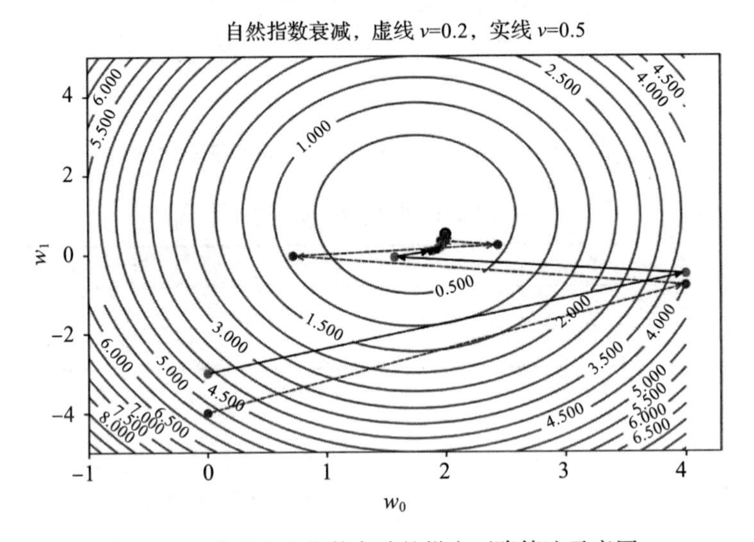

图 4-12　使用自然指数衰减的梯度下降算法示意图

为了检查收敛性，我们需要放大最小值，如图 4-13 所示。为什么最小值似乎位于相对于轮廓线（见图 4-12）的不同位置，这是因为轮廓线不相同，在图 4-13 中，更接近最小值。

现在我们看到一些有意义的东西。实线对应 v=0.5；因此，学习率下降得很快，并且无法达到最小值。事实上，7 次迭代之后，γ=0.06；20 次迭代之后，$\gamma=9\cdot10^{-5}$，这是一个很小的值，以至于收敛不能再以合理的速度进行下去！同样，通过这两个参数来测试代价函数的减少情况，也是非常有效的（见图 4-14）。

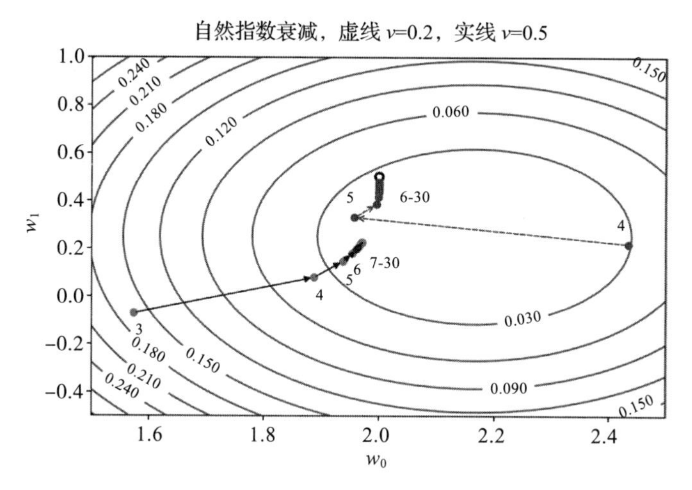

图 4-13 梯度下降算法示意图放大最小值附近区域的效果。这里使用了与图 4-12 中相同的方法和参数

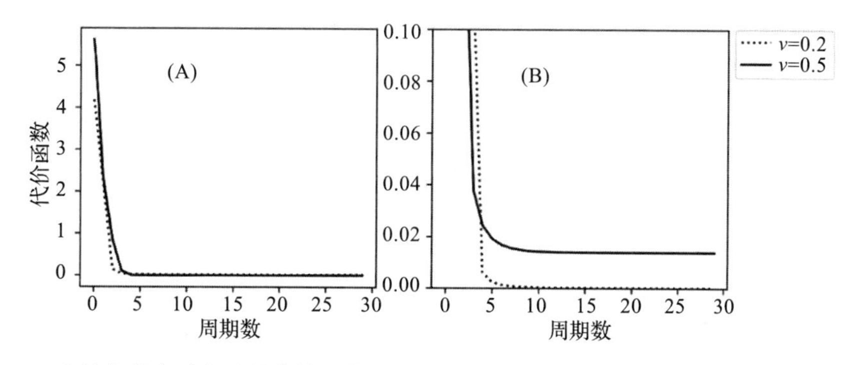

图 4-14 自然指数衰减方法的代价函数 vs 周期数，其中 v 的两个值是 0.2 和 0.5。在图（A）中，绘制了代价函数假设的整个值范围。在图（B）中，J=0 周围的区域已被放大，以便显示对于较小的 v 值代价函数如何更快地减小

从图（B）可以看出，v=0.5 对应的代价函数没有达到零就几乎恒定不变了，因为学习率太小。你可能认为通过使用更多迭代，该方法最终会收敛，但事实并非如此。参考图 4-15，可以看到该收敛过程实际上已经停止了，因为学习率在一段时间后几乎为零。图中，选择的初始学习率是 γ_0=2，指数衰减算法中使用 v=0.5，GD 无法到达最小值。不同的估计值 w_n 用点标记。最小值由大约在图像中间的圆圈表示。该算法现在能够收敛。每个点都标有迭代编号，以便更轻松地跟踪权重更新。

我们来看在 v=0.5 的情况下这个过程中学习率的变化情况（见图 4-16）。检查沿 y 轴的值，在大约 175 次迭代后，学习率达到 10^{-40}。实际上，它就是零。无论你运行多少次迭代，GD 算法都不会再更新权重。

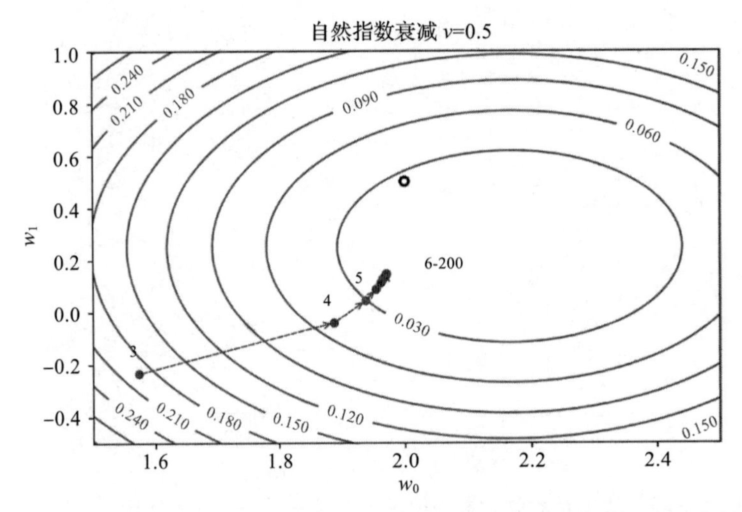

图 4-15　进行 200 次迭代后梯度下降算法示意图放大最小值附近区域的效果

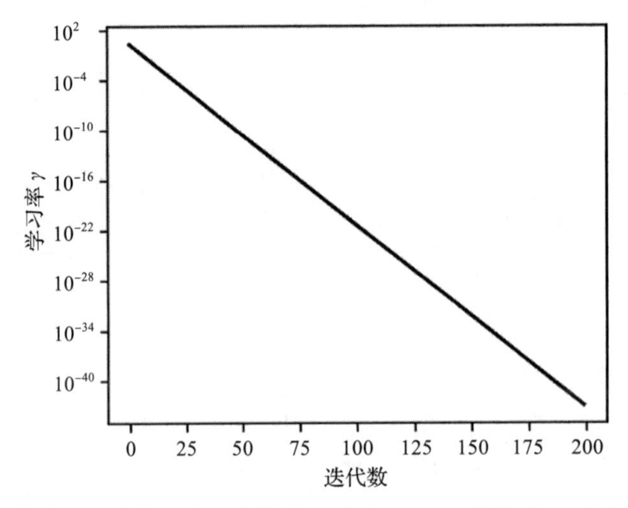

图 4-16　自然指数衰减的代价函数 vs 周期数，其中 v=0.5。请注意，y 轴以对数尺度绘制，以便更突出显示 γ 的变化情况

最后，我们将这些方法放在同一个图中来进行比较，以了解相对行为。在图 4-17 中，可以看到在不同参数的情况下每种方法的学习率衰减情况。

注释　你应当已经了解学习率的下降有多快，并明白如何避免它几乎变为零并完全阻止收敛继续。

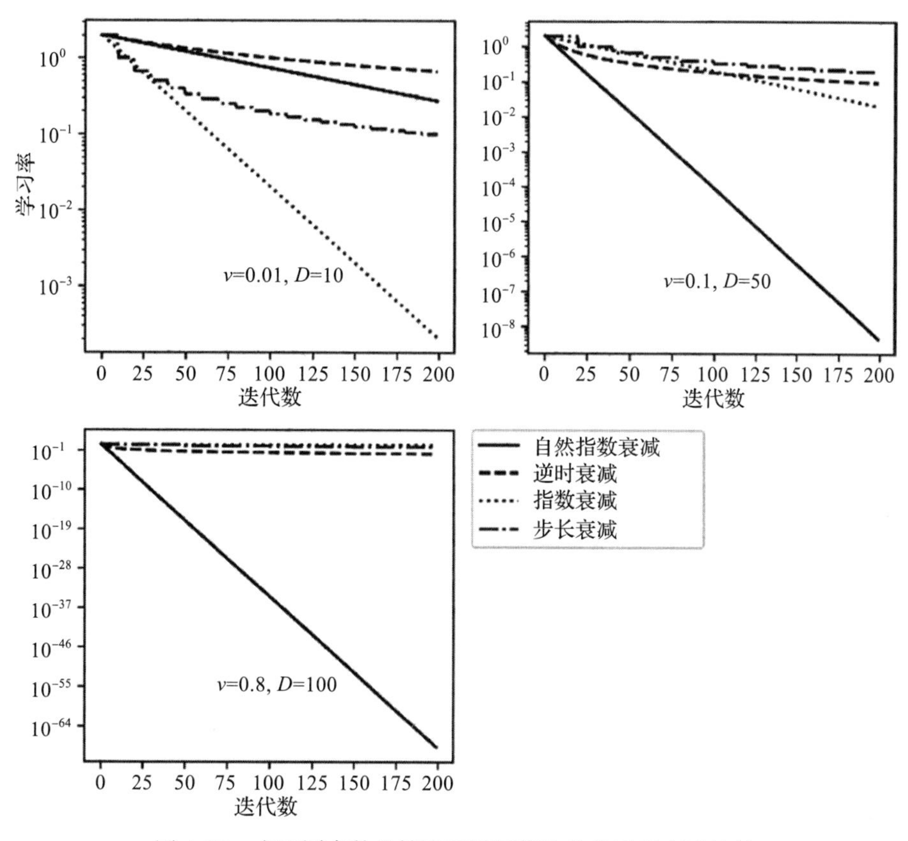

图 4-17　在不同参数的情况下不同算法的学习率衰减比较

4.1.7 TensorFlow 实现

下面简要介绍如何用 TensorFlow 实现上述方法，因为有一些细节你应该知道。在 TensorFlow 中，可以找到以下函数来执行动态学习率衰减：

- 指数衰减→ tf.train.exponential_decay (https://goo.gl/fiE2ML)
- 逆时衰减→ tf.train.inverse_time_decay (https://goo.gl/GXK6MX)
- 自然指数衰减→ tf.train.natural_exp_decay (https://goo.gl/cGJe52)
- 步长衰减→ tf.train.piecewise_constant (https://goo.gl/bL47ZD)
- 多项式衰减→ tf.train.polynomial_decay (https://goo.gl/zuJWNo)

多项式衰减是一种稍微复杂的降低学习率的方法。这个问题尚未讨论过，因为它很少使用，但可以阅读 TensorFlow 网站上的文档，了解它的工作原理。

TensorFlow 使用附加参数来提供更多灵活性。例如，对于逆时衰减方法，学习率衰减公式是：

$$\gamma = \frac{\gamma_0}{1+vj}$$

其中有两个参数 γ_0 和 v。TensorFlow 使用三个参数：

$$\gamma = \frac{\gamma_0}{1+\frac{vj}{v_{ds}}}$$

其中，v_{ds} 在 TensorFlow 代码中记为 decay_step。在 TensorFlow 官方文档中，你会找到这个公式对应的 Python 代码：

```
decayed_learning_rate = learning_rate / (1 + decay_rate * global_step /
decay_step)
```

它将 TensorFlow 语言与我们的表示法相关联，如下所示：

- global_step → j（迭代数）
- decay_rate → v
- decay_step → v_{ds}
- learning_rate → γ_0（初始学习率）

你可能会问自己为什么要使用此附加参数。从数学上讲，该参数是多余的。我们可以简单地设置 v 为 v/v_{ds} 的同样值，并会得到同样的结果。实际问题是，j（迭代次数）变得非常快，因此，v 可能需要设为非常小的值，以便能够获得合理的学习率衰减。参数 v_{ds} 的作用是对迭代数进行缩放。例如，可以设置参数 $v_{ds}=10^5$，从而使学习率的衰减在 10^5 次迭代的规模上发生，而不是在任何单一迭代中产生。如果数据集的规模很大，有 10^8 量级的样本数，可以使用大小为 50 的小批量，则每个周期内可以进行 $2 \cdot 10^6$ 次迭代。假设你希望在 100 个周期之后学习率是初始值的 1/5，就需要设置 $v=2 \cdot 10^{-8}$，设置这样相当小的值是非常重要的，当然具体取决于数据集的规模和小批量大小。如果你想“归一化”迭代次数，可以选择一个在选择更改（例如）小批量大小时保持不变的 v 值。还有一个额外的实际原因（比我刚刚讨论过的原因更重要）：TensorFlow 函数还有一个附加参数 staircase（阶梯），它可以采用 True 或 False 值。如果设置为 True，则使用以下函数：

$$\gamma = \frac{\gamma_0}{1+v\left\lfloor\frac{j}{v_{ds}}\right\rfloor}$$

因此，只能在每 v_{ds} 次迭代时获得更新，而不是连续更新。如图 4-18 所示，可以看到 200 次迭代对应的 $v=0.5$ 和 $v_{ds}=20$ 的区别。你可能希望在更新之前让学习率保持 10 个周期不变。

函数 tf.train.inverse_time_decay、tf.train.natural_exp_decay 和 tf.train.polynomial_decay 需要相同的参数。它们以相同的方式工作，附加参数的目的就是我刚才描述的内容。在 TensorFlow 中实现这些方法时，如果需要此附加参数，请不要混淆。我将介绍如何实现逆时衰减，所有其他衰减类型的工作方式也完全相同。需要以下额外的代码：

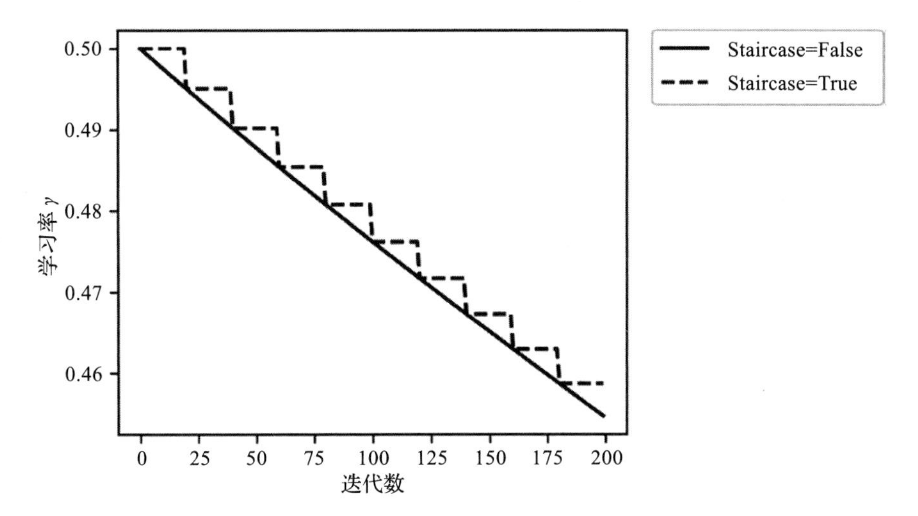

图 4-18 使用 TensorFlow 获得的两个 staircase 变量值（True 和 False）对应的学习率衰减过程

```
initial_learning_rate = 0.1
decay_steps = 1000
decay_rate = 0.1
global_step = tf.Variable(0, trainable = False)
learning_rate_decay = tf.train.inverse_time_decay(initial_learning_rate,
global_step, decay_steps, decay_rate)
```

然后，必须修改用于指定你正在使用的优化器的代码行。

```
optimizer = tf.train.GradientDescentOptimizer(learning_rate_decay).
minimize(cost, global_step = global_step)
```

唯一的区别是 minimize 函数中的附加参数：global_ step = global_step。minimize 函数将在每次更新时使用迭代次数更新 global_step 变量。就是这样的，其他函数的工作方式与此相同。

唯一的区别是函数 piecewise_constant，它需要不同的参数：x、boundaries 和 values。例如（来自 TensorFlow 文档）：

…use a learning rate that's 1.0 for the first 100000 steps, 0.5 for steps 100001 to 110000, and 0.1 for any additional steps（…前 100000 步使用学习率 1.0，100001 到 110000 步使用 0.5，其他步使用 0.1）

这就需要：

```
boundaries = [100000, 110000]
values = [1.0, 0.5, 0.1]
```

代码为：

```
boundaries = [b1,b2,b3, ..., bn]
values = [l1,l12,l23,l34, ..., ln]
```

该代码将在 b_1 迭代之前给出学习率 l_1，在 b1 和 b2 迭代之间给出 l_{12}，在 b_2 和 b_3 迭代之间给出 l_{23}，等等。请记住，使用此方法，必须手动设置代码中的所有值和边界。如果想测试每个组合以确定它是否运行良好，将需要很大的耐心。TensorFlow 中步长衰减算法的实现如下所示：

```
global_step = tf.Variable(0, trainable=False)
boundaries = [100000, 110000]
values = [1.0, 0.5, 0.1]
learning_rate = tf.train.piecewise_constant(global_step, boundaries,
values)
```

4.1.8　将方法应用于 Zalando 数据集

下面尝试将刚介绍的方法应用到实际场景中。为此，我们将使用第 3 章中使用的 Zalando 数据集。请再次查看第 3 章，以了解如何加载数据集以及如何准备数据。在本章的最后，我们编写了函数来构建一个包含许多层的模型和一个训练该模型的函数。让我们考虑一个有 4 个隐藏层的模型，每个隐藏层包含 20 个神经元。我们将比较模型的学习过程，初始学习率为 0.01，并保持不变，然后应用逆时衰减算法，初始设置 γ_0=0.1，ν=0.1，ν_{ds}=10^3（如图 4-19 所示）。

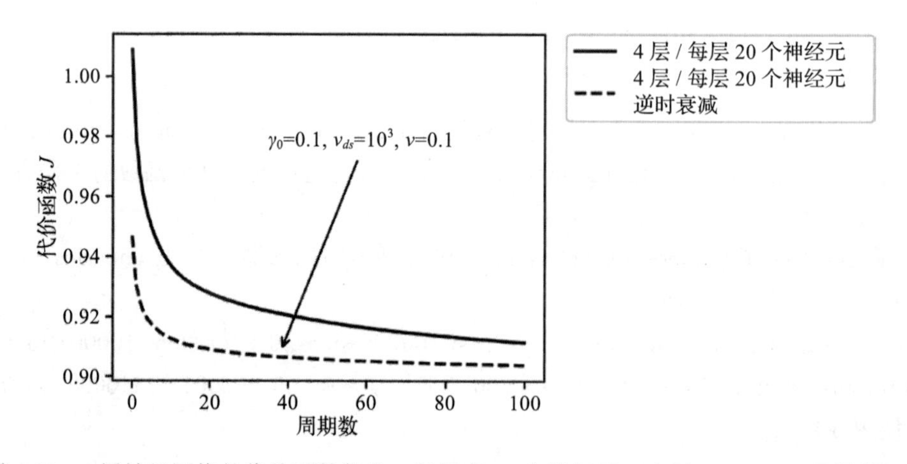

图 4-19　4 层神经网络的代价函数行为，每层有 20 个神经元，应用于 Zalando 数据集。其中实线对应的模型的学习率是常量 γ=0.01。虚线对应的神经网络应用逆时衰减算法，γ_0=0.1，ν=0.1，ν_{ds}=10^3

因此，即使起始学习率提高10倍，该算法也非常高效。在一些研究论文中已经证明，应用动态学习率可以使学习更快、更有效，正如在本示例中指出的那样。

注释 除非你在训练期间使用包含学习率变化的优化算法（将在下一部分进行介绍），否则使用动态学习率衰减算法通常是个好主意。这可使学习稳定，通常情况下速度更快，缺点是需要调整更多的超参数。

通常情况下，当使用动态学习率衰减时，最好从比通常使用的初始学习率 γ_0 更大的值开始。因为 γ 会减少，这通常不会产生问题，并且会使开始时的收敛更快。正如你现在所期望的那样，关于哪种方法可以更好地工作，并没有固定的规则。每个实例和数据集都是不同的，并且总是需要通过一些测试来判断哪个参数值能产生最佳结果。

4.2 常用优化器

到目前为止，我们已经使用梯度下降来最小化代价函数，这不是最有效的方法，但可以对该算法进行一些修改，使其更快、更有效。这是一个非常活跃的研究领域，你会发现基于不同思想的大量算法可以使学习更快。我将在这里介绍最有启发性和最有名的算法：Momentum、RMSProp 和 Adam。S. Ruder 在题为“*An overview of gradient descent optimization algorithms*”的论文中提供了其他材料，你可以参考以研究最奇特的算法。该文不适合初学者，需要很深的数学背景，但它概述了 Adagrad、Adadelta 和 Nadam 等不寻常的算法。此外，它还论述了在 Hogwild！、Downpour SGD 等环境中适用的权重更新方案。当然，它值得你花时间阅读。

为了理解 Momentum（包括 RMSProp 和 Adam）的基本概念，首先必须了解什么是指数加权平均。

4.2.1 指数加权平均

假设你正在测量值 θ（可能是你所处的环境温度），例如一天一次测量变化值。你将得到一系列测量值，记为 θ_i,i 的值为 1 到固定值 N。如果感兴趣，请跟我一起来，当然一开始，感觉这没有多大意义，但是，随后就有意思了。我们递归地定义值 v_n 为

$$
\begin{aligned}
&v_0=1\\
&v_1=\beta v_0+(1-\beta)\theta_1\\
&v_2=\beta v_1+(1-\beta)\theta_2\\
&\cdots\cdots
\end{aligned}
$$

其中，β 是实数，满足 $0<\beta<1$。一般地，第 n 个值表示为

$$v_n=\beta v_{n-1}+(1-\beta)\theta_n$$

现在，让我们将所有项，包括 v_1、v_2 等，表示为 β 和 θ_i 的函数（所以，这不是递归）。对于 v_2，有

$$v_2=\beta(\beta v_0+(1-\beta)\theta_1)+(1-\beta)\theta_2=\beta^2+(1-\beta)(\beta\theta_1+\theta_2)$$

对于 v_3，有

$$v_3=\beta^3+(1-\beta)[\beta^2\theta_1+\beta\theta_2+\theta_3]$$

一般地，有

$$v_n=\beta^n+(1-\beta)[\beta^{n-1}\theta_1+\beta^{n-2}\theta_2+\cdots+\theta_n]$$

或者，更简洁地（去掉上面三个点），有

$$v_n=\beta^n+(1-\beta)\sum_{i=1}^{n}\beta^{n-i}\theta_i$$

现在让我们试着理解这个公式的含义。首先，要注意到，如果选择 $v_0=0$，值 β^n 会消失。现在设置 $v_0=0$，看看公式还剩下什么：

$$v_n=(1-\beta)\sum_{i=1}^{n}\beta^{n-i}\theta_i$$

能理解吗？现在有点意思了。让我们定义两个序列之间的卷积[⊖]。考虑两个序列 x_n 和 h_n，两者之间的卷积（用符号 * 表示）定义为：

$$x_n*h_n=\sum_{k=-\infty}^{\infty}x_k h_{n-k}$$

现在，因为 θ_i 只有数量有限的测量值，有

$$\theta_k=0 \quad k>n,\ k\leqslant 0$$

因此，可以将 v_n 写成卷积形式：

$$v_n=\theta_n*b_n$$

其中，我们定义

$$b_n=(1-\beta)\beta^n$$

为了理解平均值的含义，我们将 θ_n、b_n 和 v_n 绘制在一起。为了这样做，我们假设 θ_n 具有高斯形状（与具体的形式无关，仅用于说明目的），取 β=0.9（见图 4-20）。

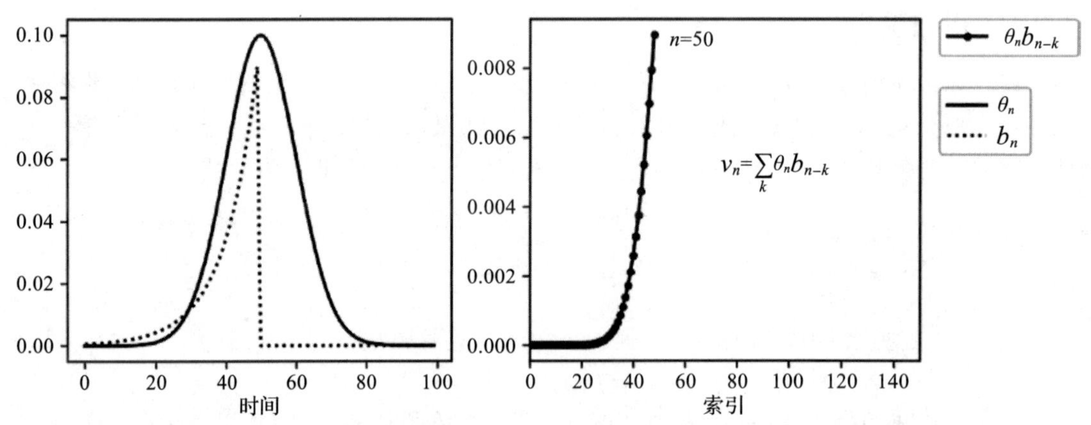

图 4-20　左图实线绘制 θ_n，虚线绘制 b_n，右图绘制在 n=50 的情况下必须求和得到 v_n 的点

⊖　一般而言，序列是枚举的对象集合。

现在，我们来简单讨论一下图 4-20。高斯曲线（θ_n）将与 b_n 进行卷积以获得 v_n。其结果可以在右边的图中看到。对于 i=1，…，50，所有项（$1-\beta$）$\beta^{n-i}\theta_i$（在右边绘制）将被求和以获得 v_{50}。直观地说，v_n 是 n=1，…，50 的所有 θ_n 的平均值。然后，每个项乘以一个项（b_n），对于 n=50，该项为 1，然后朝向 1 迅速减小。基本上，这是一个加权平均值，权重呈指数级减小（因此得名）。距离 n=50 越远的项越不相关，而越接近 n=50 的项权重越大。这也是移动平均。对于每个 n，将所有前面的项求和，并且每项乘以权重（b_n）。

我现在想告诉你因子 $1-\beta$ 为什么在 b_n 中。为什么不使用 β^n？原因很简单，b_n（n 为正）之和等于 1。让我们来看这是为什么。来看下面的公式：

$$\sum_{k=1}^{\infty} b_k = (1-\beta)\sum_{k=1}^{\infty}\beta^n = (1-\beta)\lim_{N\to\infty}\frac{1-\beta^{N+1}}{1-\beta} = (1-\beta)\frac{1}{1-\beta} = 1$$

其中，对 $\beta<1$ 有 $\lim_{N\to\infty}\beta^{N+1}=0$，且对于几何级数，有

$$\sum_{k=1}^{n} ar^{k-1} = \frac{a(1-r^n)}{1-r}$$

我们描述的用于计算 v_n 的算法只不过是量 θ_i 的卷积，且该级数的和等于 1 并且具有形式（$1-\beta$）β^i。

注释 量 θ_n 的指数加权平均 v_n 是 θ_i 和 $b_n=(1-\beta)\beta^n$ 的卷积 $v_n=\theta_n*b_n$，其中 b_n（n 为正）之和为 1。它具有移动平均的直观含义，其中每个项乘以由 b_n 给出的权重。

随着选择的 β 越来越小，能看出其权重明显不同于 0 的点 θ_n 越来越少，如图 4-21 所示，其中绘制了不同 β 值的 b_n。

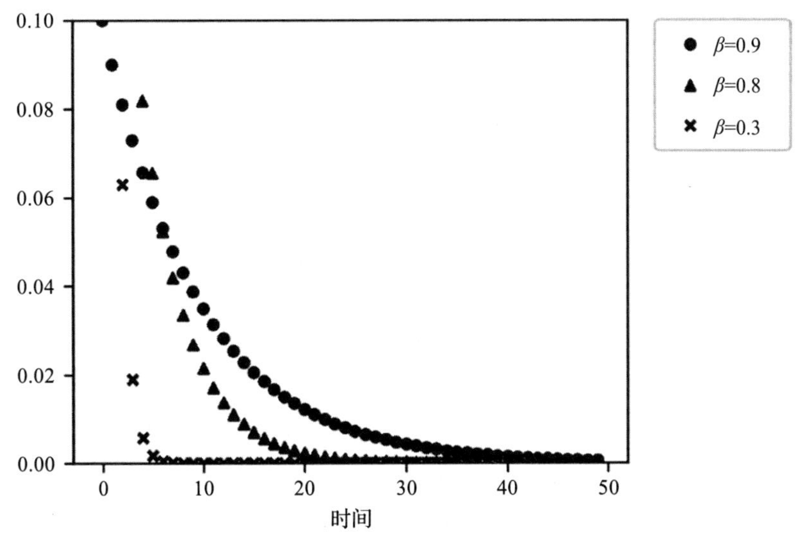

图 4-21 β 为三个值 0.9、0.8 和 0.3 对应的 b_n。注意，当 β 越来越小时，能看出明显不同于 0 的点越来越少

此方法是 Momentum 优化器和更高级学习算法的核心，你将在下一节中看到它在实践中的工作原理。

4.2.2 Momentum

你可能还记得在简单的梯度下降算法中，权重更新的计算方程：

$$\begin{cases} \boldsymbol{w}_{[n+1]} = \boldsymbol{w}_{[n]} - \gamma \nabla_w J(\boldsymbol{w}_{[n]}, b_{[n]}) \\ b_{[n+1]} = b_{[n]} - \gamma \dfrac{\partial J(w_{[n]}, b_{[n]})}{\partial_b} \end{cases}$$

Momentum 优化器深层次的思想是使用梯度校正的指数加权平均值，然后将它们用于权重更新。以更数学化的角度来看，就是计算：

$$\begin{cases} \boldsymbol{v}_{w,[n+1]} = \beta \boldsymbol{v}_{w,[n]} + (1-\beta) \nabla_{\boldsymbol{w}} J(\boldsymbol{w}_{[n]}, b_{[n]}) \\ v_{b,[n+1]} = \beta_{vb,[n]} + (1-\beta) \dfrac{\partial J(\boldsymbol{w}_{[n]}, b_{[n]})}{\partial b} \end{cases}$$

然后，使用下面的公式进行更新：

$$\begin{cases} \boldsymbol{w}_{[n+1]} = \boldsymbol{w}_{[n]} - \gamma \boldsymbol{v}_{w,[n]} \\ b_{[n+1]} = b_{[n]} - \gamma v_{b,[n]} \end{cases}$$

其中，一般 $\boldsymbol{v}_{w,[0]}=0$ 和 $v_{b,[0]}=0$。这意味着，正如你现在可以从上一节中关于指数加权平均的讨论中所理解的那样，我们不是使用关于权重的代价函数的导数，而是使用导数的移动平均值来更新权重。通常，经验表明理论上可以忽略偏差校正。

注释　Momentum 算法使用代价函数的导数相对于权重更新的权重的指数加权平均值。以这种方式，不仅使用了给定迭代的导数，而且考虑过去的行为。算法可能会在最小值附近振荡，而不是直接收敛。该算法可以比标准梯度下降更有效地远离停滞。

有时候，你会在书籍或博客中发现一个略有不同的表述（为了简洁，我在这里仅提供权重的公式 $\boldsymbol{w}$）。

$$\boldsymbol{v}_{w,[n+1]}=\gamma \boldsymbol{v}_{w,[n]}+\eta \nabla_w J(\boldsymbol{w}_{[n]}, b_{[n]})$$

思想与意义还是同样的，它们仅仅在数学公式上有细微区别。我发现，通过序列卷积和权重平均值的内容，我介绍的方法很容易直观地理解，比第二个公式理解起来更容易。你会看到，另外一个公式（在 TensorFlow 中使用了一个）就是：

$$\boldsymbol{v}_{w,[n+1]}=\eta^t v_{w,[n]}+\nabla_{\mathbf{w}} J(\boldsymbol{w}_{[n]}, b_{[n]})$$

其中，η^t 在 TensorFlow 中称为 Momentum（上标 t 表示 TensorFlow 使用这个变量）。在这个公式中，权重更新通过下面这个公式来实现：

$$\boldsymbol{w}_{[n+1]}=\boldsymbol{w}_{[n]}-\gamma^t v_{w,[n+1]}=\boldsymbol{w}_{[n]}-\gamma^t(\eta^t v_{w,[n]}+\nabla_{\mathbf{w}} J(\boldsymbol{w}_{[n]}, b_{[n]}))=\boldsymbol{w}_{[n]}-\gamma^t\eta^t v_{w,[n]}-\gamma^t\ \nabla_{\mathbf{w}} J(\boldsymbol{w}_{[n]}, b_{[n]})$$

其中，再说一次，上标 t 表示该变量就是 TensorFlow 中使用的变量。尽管看起来不同，实际上它完全等同于我在本小节开始给出的公式。

$$\boldsymbol{w}_{[n+1]}=\boldsymbol{w}_{[n]}-\gamma\beta v_{w,[n]}-\gamma(1-\beta)\ \nabla_{\mathbf{w}}J(\boldsymbol{w}_{[n]}, b_{[n]})$$

如果我们选择下面的等式，则 TensorFlow 公式以及我前面介绍的那个公式是等同的。

$$\begin{cases} \eta=\dfrac{\beta}{1-\beta} \\ \gamma^{t}=\gamma(1-\beta) \end{cases}$$

只需简单比较这两个不同公式在权重更新问题上的区别就可以看出来，这两个公式是一致的。典型情况下，在 TensorFlow 实现中使用的 η 值大约是 η=0.9，且一般情况下工作良好。

TensorFlow 中实现 Momentum 是相当容易的。仅仅需要用 tf.train.MomentumOptimizer (learning_rate = learning_rate, momentum = 0.9) 代替 GradientDescentOptimizer。

Momentum 几乎总是比普通的梯度下降算法速度更快。

注释 比较不同优化器中的不同参数是错误的做法。例如，学习率在不同的算法中具有不同的意义。你要比较的东西应该是在无论选择什么参数的情况下几个优化器所能达到的最佳收敛速度。对于相同的学习率，将学习率为 0.01 的 GD 与 Adam（稍后介绍）进行比较没有多大意义。你应该比较不同的优化器，看看它们在取得最佳和最快收敛效果的参数下哪个最优，以确定使用哪一个优化器。

在图 4-22 中，可以看到上一节中讨论的关于普通梯度下降（γ=0.05）和 Momentum（γ=0.05 和 η=0.9）的问题的代价函数。可以看到 Momentum 优化器在最小值附近发生振荡。在 y 轴上很难看到的是，使用 Momentum 的情况下 J 达到了更低的值。

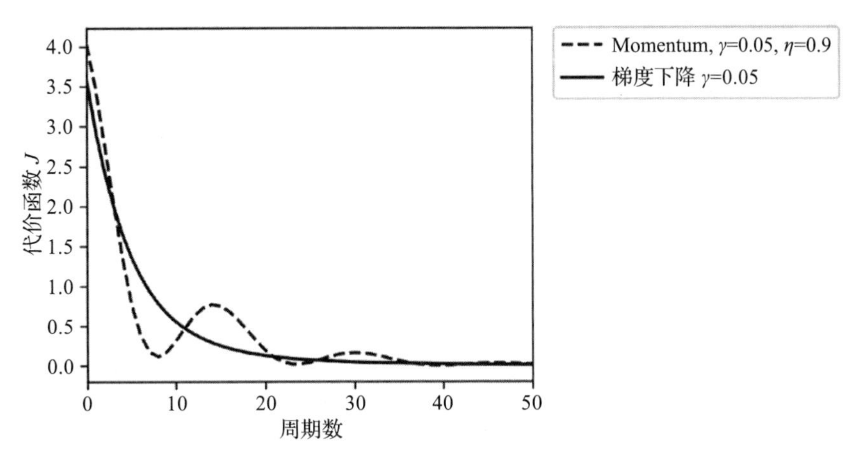

图 4-22 代价函数与普通梯度下降（γ=0.05）和 Momentum（γ=0.05 和 η=0.9）的周期数比较，可以看到 Momentum 优化器在最小值附近发生振荡

更有趣的是查看 Momentum 优化器如何沿代价函数曲面选择其路径。在图 4-23 中，可以看到代价函数的 3D 曲面图。连续实线是梯度下降优化器选择的路径，该路径沿着最大陡度延伸，如预期的那样。虚线是 Momentum 优化器在最小值附近振荡时选择的路径。

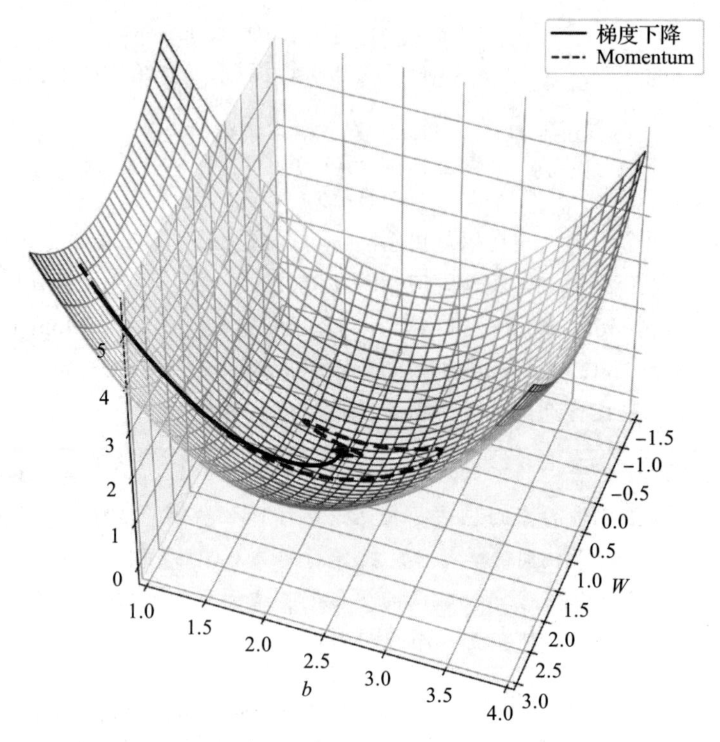

图 4-23　代价函数 J 的三维曲面图。连续实线是梯度下降优化器选择的路径，该路径沿着最大陡度延伸，如预期的那样。虚线是 Momentum 优化器在最小值附近振荡时选择的路径

我想使你相信 Momentum 在融合方面更快、更好。为此，让我们在权重平面中考查两个优化器的行为方式。在图 4-24 中，可以看到两个优化器选择的路径。在右图中，可以看到最小值附近的放大效果。你可以看到梯度下降在 100 个周期后无法到达最小值，尽管它似乎选择了更直接的路径趋向最小值。它变得非常接近，但不够近。Momentum 优化器在最小值附近振荡并非常有效地到达它。

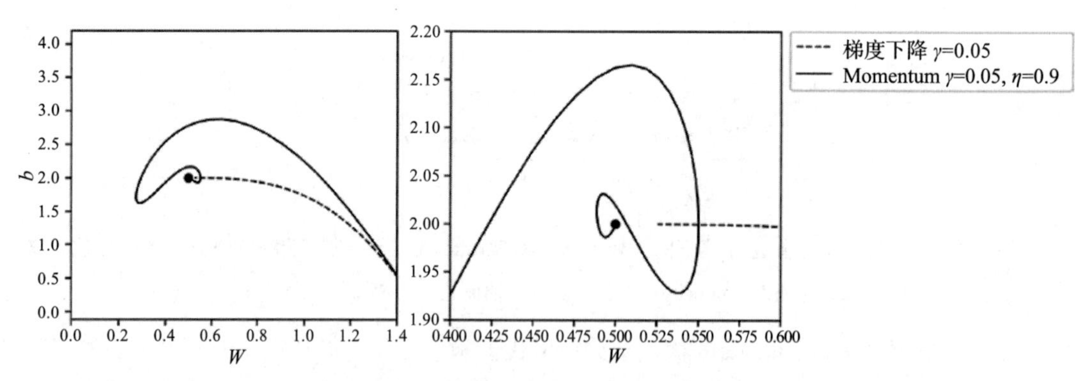

图 4-24　两个优化器选择的路径。右图显示最小值附近的放大效果。可以看到 Momentum 在它周围振荡后到达最小值，而 GD 无法在 100 个周期内达到最小值

4.2.3 RMSProp

让我们来看有点复杂的东西，通常这也是更有效的。我们会先给出该数学公式，然后与到目前为止我们所见的其他公式进行比较。每次迭代，我们需要计算：

$$\begin{cases} \boldsymbol{S}_{w,[n+1]} = \beta_2 \boldsymbol{S}_{w,[n]} + (1-\beta_2)\nabla_w J(\boldsymbol{w},b) \circ \nabla_w J(\boldsymbol{w},b) \\ S_{b,[n+1]} = \beta_2 S_{b,[n]} + (1-\beta_2)\dfrac{\partial J(w,b)}{\partial b} \circ \dfrac{\partial J(w,b)}{\partial b} \end{cases}$$

其中，符号 $\circ$ 表示逐元素相乘。然后，我们使用以公式进行权重更新：

$$\begin{cases} \boldsymbol{w}_{[n+1]} = \boldsymbol{w}_{[n]} - \dfrac{\gamma \nabla_w J(\boldsymbol{w},b)}{\sqrt{\boldsymbol{S}_{w,[n+1]} + \varepsilon}} \\ b_{[n+1]} = b_{[n]} - \gamma \dfrac{\partial J(w,b)}{\partial b} \dfrac{1}{\sqrt{S_{b,[n]} + \varepsilon}} \end{cases}$$

所以，首先确定 $S_{w,[n+1]}$ 和 $S_{b,[n+1]}$ 的指数权重平均值，然后，用它们来修改用于权重更新的导数。值 ε 的作用（通常 ε=10^{-8}）是在数值 $S_{w,[n+1]}$ 和 $S_{b,[n+1]}$ 变为零的情况下，避免分母变为零。直观的想法是，如果导数很大，则 S 值很大；因此，因子 $1/\sqrt{\boldsymbol{S}_{w,[n+1]}+\varepsilon}$ 或 $1/\sqrt{S_{b,[n]}+\varepsilon}$ 将更小并且学习速度将减慢，反之亦然。因此，如果导数很小，学习速度会更快。对于使学习速度降低的参数来说，该算法将使学习速度更快。在 TensorFlow 中，只需使用以下代码即可轻松使用它：

```
optimizer = tf.train.RMSPropOptimizer(learning_rate, momentum = 0.9).
minimize(cost)
```

我们来看看这个优化器选择的路径。在图 4-25 中，可以看到 RMSProp 在最小值附近振荡。虽然 GD 没有到达它，但 RMSProp 算法可以在到达它之前围绕它做几个循环。

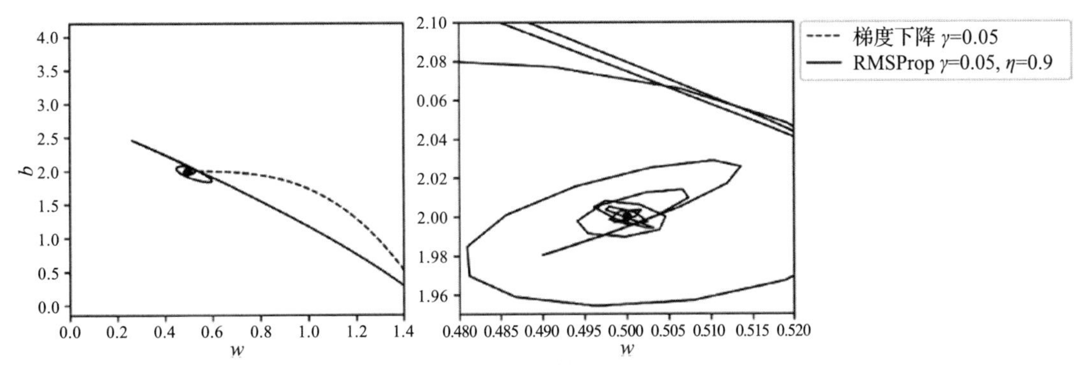

图 4-25　简单梯度下降和 RMSProp 的代价函数达到最小值的路径选择。后者围绕最小值循环，然后到达它。在相同数量的周期下，GD 甚至没有那么接近。请注意右侧图表的比例，其缩放级非常高。我们寻找了一个极端特写（GD 路径在这个尺度上甚至不可见）

在图 4-26 中，可以在 3D 中看到沿代价函数曲面的相同路径。

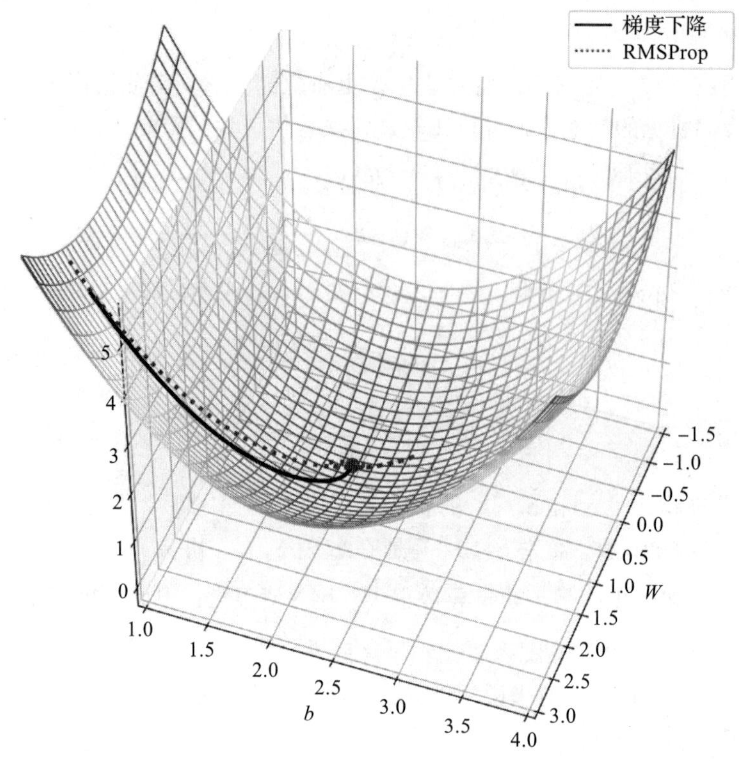

图 4-26　GD（γ=0.05）和 RMSProp（γ=0.05，η=0.9，$\varepsilon=10^{-10}$）沿代价函数的表面选择的路径。圆点表示最小值。RMSProp（特别是在开始时）选择了比 GD 更直接的路径

在图 4-27 中，可以看到 GD、RMSProp 和 Momentum 的路径。可以看到 RMSProp 路径如何更直接地接近最小值。它很快接近它，然后越来越近地振荡。它在开始时略微越过，但随后迅速纠正并返回。

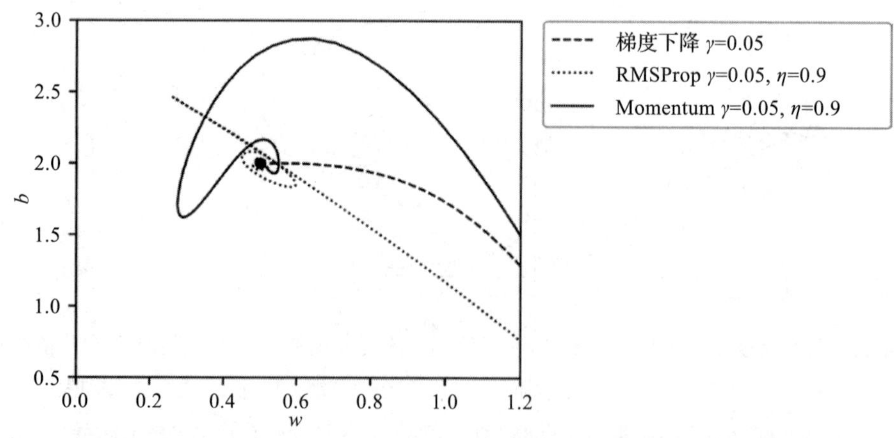

图 4-27　GD、RMSProp 和 Momentum 选择的最小路径。可以看到 RMSProp 趋向最小值的路径更直接。它很快越过最小值，然后越来越近地振荡

4.2.4 Adam

我们要讨论的最后一个算法称为 Adam（自适应矩估计）。它将 RMSProp 和 Momentum 的思想结合在一个优化器中。与 Momentum 一样，它使用过去导数的指数加权平均值；与 RMSProp 一样，它使用过去平方导数的指数加权平均值。

你必须计算 Momentum 和 RMSProp 所需的相同量值，然后必须计算以下量值：

$$\boldsymbol{v}_{w,[n]}^{\text{corrected}} = \frac{\boldsymbol{v}_{w,[n]}}{1-\beta_1^n}$$

$$v_{b,[n]}^{\text{corrected}} = \frac{v_{b,[n]}}{1-\beta_1^n}$$

同样，必须计算：

$$\boldsymbol{S}_{w,[n]}^{\text{corrected}} = \frac{\boldsymbol{S}_{w,[n]}}{1-\beta_2^n}$$

$$S_{b,[n]}^{\text{corrected}} = \frac{S_{b,[n]}}{1-\beta_2^n}$$

在使用 β_1 作为超参数的地方，将在 Momentum 中使用它，并在 RMSProp 中使用 β_2。然后，正如在 RMSProp 中所做的那样，使用以下方程式更新权重：

$$\begin{cases} \boldsymbol{w}_{[n+1]} = \boldsymbol{w}_{[n]} - \dfrac{\gamma \boldsymbol{v}_{w,[n]}^{\text{corrected}}}{\sqrt{\boldsymbol{S}_{w,[n+1]}^{\text{corrected}} + \varepsilon}} \\ b_{[n+1]} = b_{[n]} - \gamma \dfrac{v_{b,[n]}^{\text{corrected}}}{\sqrt{S_{b,[n+1]}^{\text{corrected}} + \varepsilon}} \end{cases}$$

如果直接使用以下代码，TensorFlow 会自动做一切：

```
optimizer = tf.train.AdamOptimizer(learning_rate = learning_rate, beta1 =
0.9, beta2 = 0.999, epsilon = 1e-8).minimize(cost)
```

其中，在这种例子中已选择典型的参数值：γ=0.3，β_1=0.9，β_2=0.999，$\varepsilon=10^{-8}$。请注意，因为该算法使学习率自动适应不同情况，因此我们可以从更高的学习速度开始，以便加速进行收敛。

在图 4-28 中，可以看到 GD 和 Adam 优化器选择的最小路径。Adam 也会在最小值的周围振荡，但它会毫无问题地到达最小值。在右边的图中（围绕最小值进行缩放），可以看到算法如何非常接近最小值。为了让你了解优化器的性能，仅在 200 个周期之后，权重和偏差就达到 0.499983 和 2.00000047，这非常接近最小值（请记住，最小值位于 w=0.5 且 b=2.0 处）。

我没有展示所有优化器，因为你会看到很多循环，而且这没有意义。

4.2.5 应该使用哪种优化器

简而言之，你应该使用 Adam，通常认为它比其他方法更快、更好，但这并不意味着总是如此。最近的研究论文给出了这些优化器如何在新数据集上得到很好推广的方法（例如，请参见 Ashia C. Wilson、Rebecca Roelofs、Mitchell Stern、Nathan Srebro 和 Benjamin Recht 的论文“The Marginal Value of Adaptive Gradient Methods in Machine Learning”。也有其他一些论文认可 GD 的动态学习率下降，这主要取决于你研究的问题。但是，一般来说，Adam 是一个非常好的选择起点。

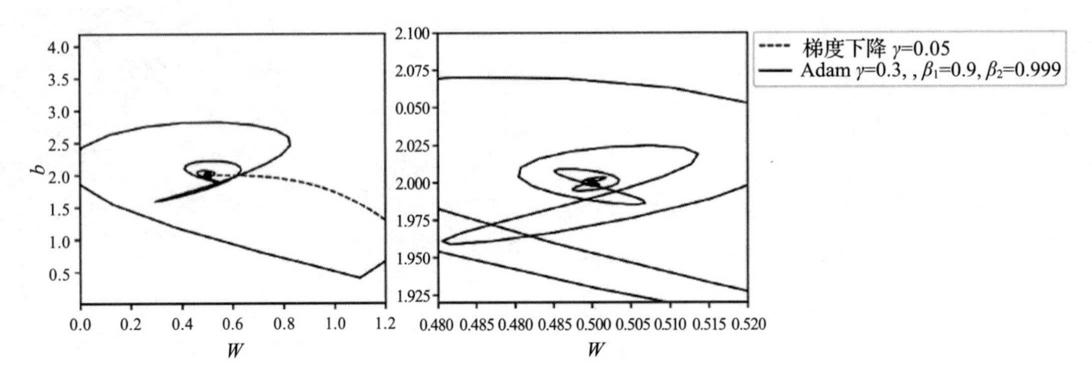

图 4-28　GD 和 Adam 优化器在 200 个周期之后选择的路径。注意 Adam 围绕最小值的循环次数。无论如何，与普通 GD 相比，该优化器非常有效

注释　如果你不确定一开始选择哪个优化器，请使用 Adam。通常认为它比其他方法更快、更好。

为了让你了解 Adam 的优点，我们将其应用于 Zalando 数据集。我们将使用一个有 4 个隐藏层的网络，每个隐藏层有 20 个神经元。我们将使用的模型是第 3 章最后讨论的模型。图 4-29 显示了与 GD 相比，使用 Adam 优化时代价函数的收敛速度。此外，在 100 个周期内，GD 达到 86% 的准确率，而 Adam 达到 90%。请注意，除了优化器之外，我没有更改模型中的任何内容！对于 Adam，我使用了以下代码：

```
optimizer = tf.train.AdamOptimizer(learning_rate = learning_rate,
beta1 = 0.9, beta2 = 0.999, epsilon = 1e-8).minimize(cost)
```

正如我所建议的那样，在大数据集上测试复杂网络时，选择 Adam 优化器是一个很好的起点。但是你不应该只将测试限制在这个优化器上。对其他方法的测试总是值得的，也许另一种方法会更好。

4.3　自己开发的优化器示例

在本章结束之前，我想展示如何使用 TensorFlow 开发自己的优化器。当你想要使用那些不

能直接可用的优化器时，这非常有用。以 Neelakantan 等人的论文[⊖]为例，在他们的研究中，展示了在训练复杂网络时如何将随机噪声添加到梯度中，使得简单的梯度下降变得非常有效。他们展示了如何使用标准 GD 有效地训练 20 层深度网络，甚至从较差的权重初始化开始。

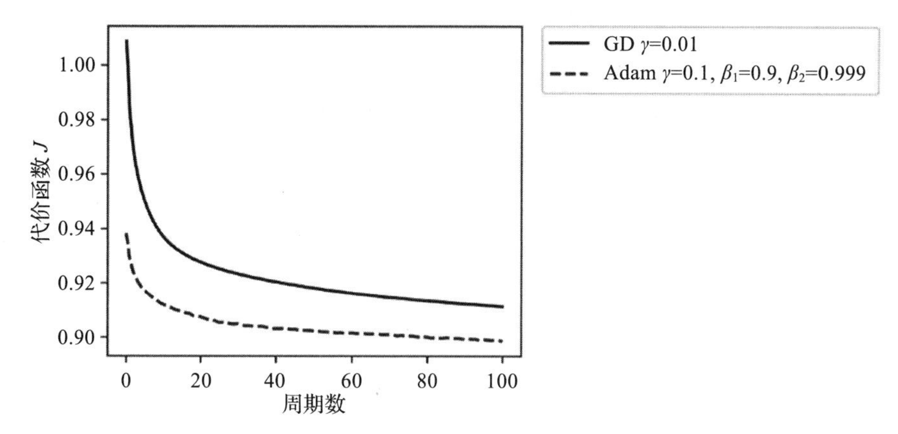

图 4-29 Zalando 数据集用于具有 4 个隐藏层、每个层具有 20 个神经元的网络的代价函数。连续实线为普通 GD，学习率为 $\gamma=0.01$，虚线为 Adam 优化，$\gamma=0.1$，$\beta_1=0.9$，$\beta_2=0.999$，$\varepsilon=10^{-8}$

例如，如果要测试此方法，则不能使用 tf.GradientDescentOptimizer 函数，因为它实现了一个纯 GD，没有文中描述的噪声。要测试它，你必须能够访问代码中的渐变梯度功能部分，向它们添加噪声，然后使用修改的渐变梯度更新权重。我们不会在这里测试他们的方法，这将需要太多的时间并超出本书的范围，但有助于了解如何在不使用 tf.GradientDescentOptimizer 且不手动计算任何导数的情况下开发纯梯度下降算法。

在构建我们的网络之前，必须弄明白想要使用的数据集以及想要解决的问题（回归、分类等），最好用已知的数据集创建新东西。我们使用在第 2 章中使用的 MNIST 数据集，但这一次，我们使用 softmax 函数执行多类分类，就像我们在第 3 章中对 Zalando 数据集所做的那样。在第 2 章中，我详细讨论了如何用 sklearn 加载 MNIST 数据集，所以我们在这里采用不同的（更有效的）方式。TensorFlow 有一种下载 MNIST 数据集的方法，其中包括已经过独热编码的标签。该操作可以通过以下几行代码简单地完成：

```
from tensorflow.examples.tutorials.mnist import input_data
mnist = input_data.read_data_sets("/tmp/data/", one_hot=True)
```

输出为：

```
Successfully downloaded train-images-idx3-ubyte.gz 9912422 bytes.
Extracting /tmp/data/train-images-idx3-ubyte.gz
Successfully downloaded train-labels-idx1-ubyte.gz 28881 bytes.
```

⊖ A. Neelakantan 等人的“Adding Gradient Noise Improves Learning for Very Deep Learning”是在 ICLR 2016 上提交的会议论文，https://arxiv.org/abs/1511.06807。

```
Extracting /tmp/data/train-labels-idx1-ubyte.gz
Successfully downloaded t10k-images-idx3-ubyte.gz 1648877 bytes.
Extracting /tmp/data/t10k-images-idx3-ubyte.gz
Successfully downloaded t10k-labels-idx1-ubyte.gz 4542 bytes.
Extracting /tmp/data/t10k-labels-idx1-ubyte.gz
```

你将在文件夹 c:\tmp\data 中找到这些文件（如果使用 Windows）。如果要更改存储文件的位置，则必须更改函数 read_data_sets 的“/tmp/data”参数。现在，正如你可能还记得的第 2 章中的内容，MNIST 图像是 28×28 像素（总共 784 个像素）的灰度图像，因此每个像素可以取从 0～254 的值。有了这些信息，现在可以构建我们的网络。

```
X = tf.placeholder(tf.float32, [784, None]) # mnist data image of shape
28*28=784
Y = tf.placeholder(tf.float32, [10, None]) # 0-9 digits recognition => 10
classes
learning_rate_ = tf.placeholder(tf.float32, shape=())
W = tf.Variable(tf.zeros([10, 784]), dtype=tf.float32)
b = tf.Variable(tf.zeros([10,1]), dtype=tf.float32)

y_ = tf.nn.softmax(tf.matmul(W,X)+b)
cost = - tf.reduce_mean(Y * tf.log(y_)+(1-Y) * tf.log(1-y_))

grad_W, grad_b = tf.gradients(xs=[W, b], ys=cost)

new_W = W.assign(W - learning_rate_ * grad_W)
new_b = b.assign(b - learning_rate_ * grad_b)
```

上面的 grad_W, grad_b = tf.gradients(xs=[W, b], ys=cost) 代码提供包含成本节点分别相对于 W 和 b 的梯度的张量。TensorFlow 会自动为你计算！如果你有兴趣了解操作方法，请通过 https://goo.gl/XAjRkX 访问 tf.gradients 函数的官方文档。现在我们必须将节点添加到更新权重的计算图中：

```
new_W = W.assign(W - learning_rate_ * grad_W)
new_b = b.assign(b - learning_rate_ * grad_b)
```

当我们要求 TensorFlow 在会话期间计算节点 new_W 和 new_b 时，权重和偏差会得到更新。最后，必须使用（对于小批量 GD）以下代码修改用于计算图形的函数：

```
_, _, cost_ = sess.run([new_W, new_b , cost], feed_dict = {X: X_train_mini,
Y: y_train_mini, learning_rate_: learning_r})
```

通过这种方式，在计算新节点 new_W 和 new_b 时，TensorFlow 会更新权重和偏差。因此，不再需要以下代码：

```
sess.run(optimizer, feed_dict = {X: X_train_mini, Y: y_train_mini,
learning_rate_: learning_r})
```

这是因为我们不再有优化器节点了。完整函数如下：

```
def run_model_mb(minibatch_size, training_epochs, features, classes,
logging_step = 100, learning_r = 0.001):
    sess = tf.Session()
    sess.run(tf.global_variables_initializer())

    total_batch = int(mnist.train.num_examples/minibatch_size)

    cost_history = []
    accuracy_history = []

    for epoch in range(training_epochs+1):
        for i in range(total_batch):
            batch_xs, batch_ys = mnist.train.next_batch(minibatch_size)
            batch_xs_t = batch_xs.T
            batch_ys_t = batch_ys.T
            _, _, cost_ = sess.run([new_W, new_b ,
                                  cost], feed_dict = {X: batch_xs_t,
                                  Y: batch_ys_t, learning_rate_:
                                  learning_r})

        cost_ = sess.run(cost, feed_dict={ X:features, Y: classes})
        accuracy_ = sess.run(accuracy, feed_dict={ X:features, Y: classes})
        cost_history = np.append(cost_history, cost_)
        accuracy_history = np.append(accuracy_history, accuracy_)

        if (epoch % logging_step == 0):
                print("Reached epoch",epoch,"cost J =", cost_)
                print ("Accuracy:", accuracy_)
```

这个函数与我们之前使用的函数略有不同，因为它使用 TensorFlow 的一些函数来让我们的工作更轻松，特别是这行代码：

```
total_batch = int(mnist.train.num_examples/minibatch_size)
```

它计算我们拥有的小批量的总数，因为变量 mnist.train.num_examples 包含我们可以使用的样本数。然后，为获得批量大小，我们使用：

```
batch_xs, batch_ys = mnist.train.next_batch(minibatch_size)
```

这将返回两个张量，即训练输入数据（batch_xs）和独热编码标签（batch_ys）。然后，我们只需转置它们，因为 TensorFlow 返回以样本作为行的数组。我们可以使用下面的代码来实现：

```
batch_xs_t = batch_xs.T
batch_ys_t = batch_ys.T
```

我还在函数中添加了准确率计算，以便更容易地了解我们的工作情况。可以通过下面的 Python 调用来运行模型：

```
sess, cost_history, accuracy_history = run_model (100, 50, X_train_tr,
labels_, logging_step = 10, learning_r = 0.01)
```

得到如下输出结果：

```
Reached epoch 0 cost J = 1.06549
Accuracy: 0.773786
Reached epoch 10 cost J = 0.972171
Accuracy: 0.853371
Reached epoch 20 cost J = 0.961519
Accuracy: 0.869357
Reached epoch 30 cost J = 0.956766
Accuracy: 0.877814
Reached epoch 40 cost J = 0.953982
Accuracy: 0.883143
Reached epoch 50 cost J = 0.952118
Accuracy: 0.886386
```

该模型与使用 TensorFlow 提供的梯度下降优化器的模型的工作方式完全相同。但现在，你可以访问梯度算法，并修改它们，还可以为它们添加噪声（如果你想尝试），等等。在图 4-30 中，可以看到我们使用此模型获得的代价函数行为（右侧）以及准确率与周期（左侧）。

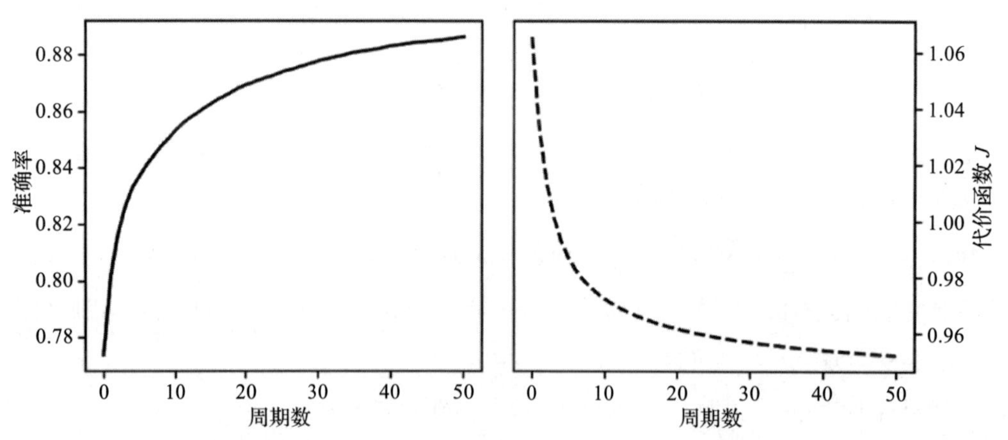

图 4-30　具有一个神经元的神经网络的代价函数行为（右）以及准确率与周期（左），该网络使用通过 tf.gradients 函数开发的梯度下降算法

注释　TensorFlow 是一个很棒的库，因为它可以让你灵活地从零开始构建模型。但重要的是要了解不同方法的工作原理，才能充分利用这个库。你需要非常好地理解算法背后的数学，才能调整它们或开发变体。

CHAPTER 5

第 5 章

正 则 化

在本章中，你将了解在训练深度网络时经常使用的一项非常重要的技术：正则化。你将看到诸如 ℓ_2 和 ℓ_1 方法、Dropout 和 Early Stopping 等技术。你将看到，通过正确应用这些方法，如何帮助避免过拟合问题，并从模型中获得更好的结果。你将看到方法背后的数学背景，以及如何在 Python 和 TensorFlow 中正确实现它。

5.1 复杂网络和过拟合

在前面的章节中，你学习了如何构建和训练复杂的网络。使用复杂网络时遇到的最常见问题之一是过拟合。第 3 章讲述了过拟合的概念。在本章中，你将面临一个过拟合的极端情况，我将讨论一些避免它的策略。研究这个问题的完美数据集是第 2 章中讨论的波士顿住房价格数据集。让我们回顾一下如何获取数据（有关更详细的讨论，请参阅第 2 章），首先引入需要的包：

```
import matplotlib.pyplot as plt
%matplotlib inline

import tensorflow as tf
import numpy as np

from sklearn.datasets import load_boston
import sklearn.linear_model as sk
```

然后，引入数据集：

```
boston = load_boston()
features = np.array(boston.data)
target = np.array(boston.target)
```

该数据集具有13个特征（包含在features NumPy数组中），房价信息包含在target NumPy数组中。与第2章一样，为了归一化特征，我们将使用如下函数：

```
def normalize(dataset):
    mu = np.mean(dataset, axis = 0)
    sigma = np.std(dataset, axis = 0)
    return (dataset-mu)/sigma
```

为了完成我们的数据集准备工作，我们对其进行归一化，然后创建训练和验证数据集：

```
features_norm = normalize(features)
np.random.seed(42)
rnd = np.random.rand(len(features_norm)) < 0.8

train_x = np.transpose(features_norm[rnd])
train_y = np.transpose(target[rnd])
dev_x = np.transpose(features_norm[~rnd])
dev_y = np.transpose(target[~rnd])
```

其中，np.random.seed(42)的作用是为了总是能获得相同的训练和验证数据集（这样，你的结果将是可重现的）。现在，我们重新构造我们需要的数组：

```
train_y = train_y.reshape(1,len(train_y))
dev_y = dev_y.reshape(1,len(dev_y))
```

接下来，我们构建一个复杂的神经网络，它有4层，每层有20个神经元。请定义以下函数以构建每一层：

```
def create_layer (X, n, activation):
    ndim = int(X.shape[0])
    stddev = 2.0 / np.sqrt(ndim)
    initialization = tf.truncated_normal((n, ndim), stddev = stddev)
    W = tf.Variable(initialization)
    b = tf.Variable(tf.zeros([n,1]))
    Z = tf.matmul(W,X)+b
    return activation(Z), W, b
```

注意，这里返回权重张量W和偏差b，在实施正则化时将需要它们。你已经在第3章末尾看到过这个函数，所以应该了解它的作用。我们在这里使用He初始化，因为将使用ReLU激活函数。可以使用以下代码创建网络：

```
tf.reset_default_graph()

n_dim = 13
```

```
n1 = 20
n2 = 20
n3 = 20
n4 = 20
n_outputs = 1

tf.set_random_seed(5)

X = tf.placeholder(tf.float32, [n_dim, None])
Y = tf.placeholder(tf.float32, [1, None])

learning_rate = tf.placeholder(tf.float32, shape=())

hidden1, W1, b1 = create_layer (X, n1, activation = tf.nn.relu)
hidden2, W2, b2 = create_layer (hidden1, n2, activation = tf.nn.relu)
hidden3, W3, b3 = create_layer (hidden2, n3, activation = tf.nn.relu)
hidden4, W4, b4 = create_layer (hidden3, n4, activation = tf.nn.relu)
y_, W5, b5 = create_layer (hidden4, n_outputs, activation = tf.identity)

cost = tf.reduce_mean(tf.square(y_-Y))

optimizer = tf.train.AdamOptimizer(learning_rate = learning_rate, beta1 =
0.9, beta2 = 0.999, epsilon = 1e-8).minimize(cost)
```

在输出层，有一个具有恒等激活功能的神经元用于回归。另外，我们使用 Adam 优化器，如第 4 章所述。现在我们使用以下代码运行模型：

```
sess = tf.Session()
sess.run(tf.global_variables_initializer())

cost_train_history = []
cost_dev_history = []
for epoch in range(10000+1):

    sess.run(optimizer, feed_dict = {X: train_x, Y: train_y, learning_rate:
    0.001})
    cost_train_ = sess.run(cost, feed_dict={ X:train_x, Y: train_y,
    learning_rate: 0.001})
    cost_dev_ = sess.run(cost, feed_dict={ X:dev_x, Y: dev_y, learning_
    rate: 0.001})
    cost_train_history = np.append(cost_train_history, cost_train_)
    cost_dev_history = np.append(cost_test_history, cost_test_)

    if (epoch % 1000 == 0):
        print("Reached epoch",epoch,"cost J(train) =", cost_train_)
        print("Reached epoch",epoch,"cost J(test) =", cost_test_)
```

你可能已经注意到，上述代码与我们之前的做法存在一些差异。为了简化操作，我避免编写某个函数，并简单地对代码中的所有值进行硬编码，因为在这种情况下，我们不需要太多地调整参数。我在这里没有使用小批次，因为我们只有几百个样本，所以使用以下代码计算训练和验证数据集的 MSE（均方误差）:

```
cost_train_ = sess.run(cost, feed_dict={ X:train_x, Y: train_y, learning_
rate: 0.001})
cost_dev_ = sess.run(cost, feed_dict={ X:dev_x, Y: dev_y, learning_rate:
0.001})
```

通过这种方式，我们可以同时检查两个数据集上发生的变化。现在，如果让代码运行并绘制两个 MSE，一个用于训练，用 MSE_{train} 指示；一个用于验证数据集，用 MSE_{dev} 指示，则结果如图 5-1 所示。

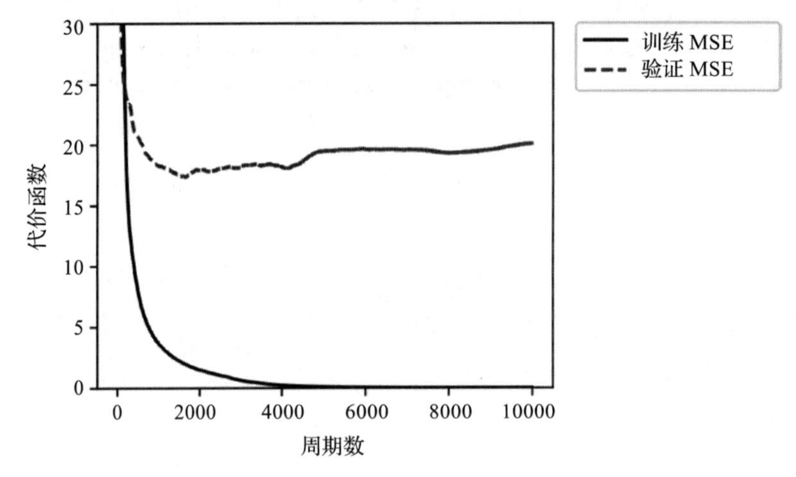

图 5-1　具有 4 层、每层具有 20 个神经元神经网络的训练（实线）和验证数据集（虚线）的 MSE

你将注意到训练误差如何降至零，而开发误差在开始快速下降后保持恒定在大约 20 的值附近。如果你还记得对基本误差分析的介绍，你应该知道这意味着我们处于极端过拟合的状态（$MSE_{train} \ll MSE_{dev}$）。训练数据集上的误差几乎为零，而验证数据集的误差则不是。应用于新数据时，模型根本无法泛化。在图 5-2 中，可以看到绘制的预测值与实际值的关系。你会注意到在左边的图中，训练数据的预测几乎是完美的，而在右边的图中验证数据集的预测不是那么好。你会想起一个完美的模型会得到与测量值完全相等的预测值。因此，在绘制它们时，它们都将位于绘图的 45 度线上，如图 5-2 所示。

在这种情况下，可以做些什么来避免过拟合的问题呢？当然，一种解决方案是降低网络的复杂性，即减少网络的层数和 / 或每层中的神经元数量。但是，正如你可以想象的那样，这种策略非常耗时。你必须尝试多种网络架构才能查看训练误差和开发误差的行为方式。在这种情况下，这仍然是一个可行的解决方案，但如果你正在解决的问题在训练阶段就需要花几天时间，这就可能会非常困难，并且非常耗时。目前已经开发了多种策略来解决这个问题，最常见的是正则化，即这一章的重点。

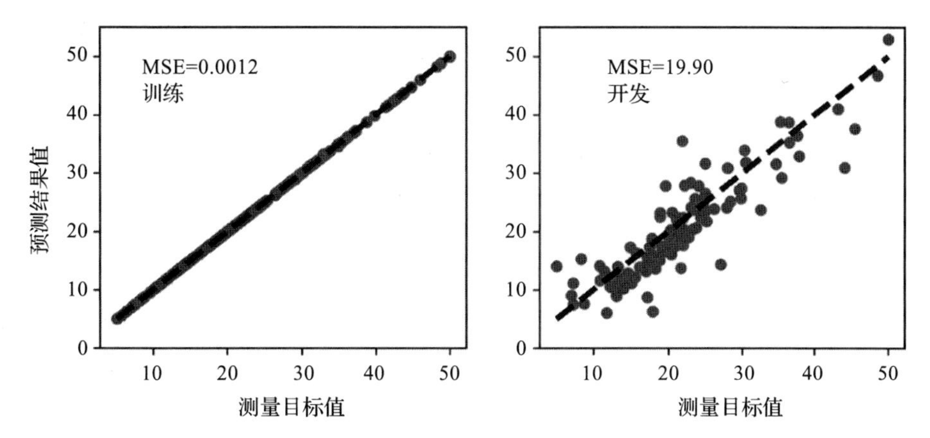

图 5-2 目标变量的预测值和实际值（房价）。你将注意到在左侧图中，对于训练数据的预测几乎是完美的，而在右侧的图中，对于验证数据集的预测更加分散

5.2 什么是正则化

在介绍不同的方法之前，我想快速讨论深度学习社区对正规化（Regularization）一词的理解。随着时间的推移，这个词已经“深入人心”。例如，在传统意义上（从 90 年代开始），该术语仅被保留作为损失函数中的惩罚项（Christopher M. Bishop, *Neural Networks for Pattern Recognition*, New York: Oxford University Press, 1995）。最近这个词已经获得了更广泛的意义。例如，Ian Goodfellow 等人（*Deep Learning*, Cambridge, MA, MIT Press, 2016）将其定义为“我们对学习算法所做的任何修改，旨在减少其测试误差，而不是其训练误差。” JanKukačka 等人（“Regularization for deep learning: a taxonomy”, arXiv:1710.10686vl）则进一步概括该术语，并提供以下定义：“正规化是任何旨在使模型概括得更好（即在测试集上产生更好的结果）的补充技术。”因此，要注意使用该术语的时机，并且能始终准确地用它说明你的意思。

你可能还听说或阅读过关于使用正规化消除过拟合的说法，这也是理解它的一种方式。请记住，过拟合训练数据集的模型并不能很好地泛化适用于新的数据集。也可以在线查找此定义以及所有其他定义。虽然只是定义，但熟悉它们非常重要，这样你才能更好地理解论文或书籍中该概念的含义。这是一个非常活跃的研究领域，为了帮助理解，Kukačka 等人在上面提到的评论文章中列出了 58 种不同的正则化方法。是的，58 种！但重要的是要理解，在他们的一般定义中，SGD（随机梯度下降）也被认为是一种正则化方法，这并不是每个人都同意的。所以要注意，在阅读研究材料时，请检查术语正则化（Regularization）的含义。

在本章中，你将看到三种最常见和众所周知的方法：ℓ_1、ℓ_2 和 Dropout，我将简要讨论 Early Stopping，虽然从技术上讲，这种方法不能解决过拟合。ℓ_1 和 ℓ_2 通过向代价函数添加所谓的正则化项来实现所谓的权重衰减，而 Dropout 是在训练阶段以随机的方式简单地从网络中去除节点。要正确理解这三种方法，我们必须详细研究它们。我们从最有启发性的方法开始：ℓ_2 正则化。

在本章的最后，我们将探讨一些关于如何对抗过拟合并使模型更好地泛化的其他想法。我们不会改变或修改模型或学习算法，而是考虑修改训练数据的策略，使学习更有效。

关于网络复杂性

我想花一些时间简要讨论一下我经常使用的术语：网络复杂性。阅读到这里，或者你已经在别的任何地方了解到，通过正则化，希望降低网络复杂性。但这究竟意味着什么？实际上，给出网络复杂性的定义是相对困难的，以至于没有人这样做。你可以找到关于模型复杂性问题的几篇研究论文（请注意，我没有说“网络复杂性”），而这源于信息理论。你将在本章中看到，例如，不为零的权重数量将随着周期数量、优化算法等发生显著变化，因此，这种不太直观的复杂概念也取决于训练模型的方式。长话短说，网络复杂性这个术语应该只在直观的层面上使用，因为从理论上讲，它是一个非常复杂的概念，对该主题的完整讨论超出了本书的范围。

5.3　ℓ_p 范数

在开始研究 ℓ_1 和 ℓ_2 正则化之前，必须引入 ℓ_p 范数表示法。我们定义向量 x 的 ℓ_p 范数如下（其中分量元素是 x_i）：

$$\| \boldsymbol{x}_p \| = \sqrt[p]{\sum_i |x_i|^p} \quad p \in \mathbb{R}$$

其中对向量 x 的所有分量执行求和。

我们从最具指导性的范式开始：ℓ_2。

5.4　ℓ_2 正则化

作为最常见的正则化方法之一，ℓ_2 正则化包括在代价函数中添加一个项，其目标是有效地降低网络适应复杂数据集的能力。我们先来看该方法背后的数学意义。

5.4.1　ℓ_2 正则化原理

在第 2 章中有过介绍，在进行简单回归时，代价函数是 MSE：

$$J(\boldsymbol{w})=\frac{1}{m}\sum_{i=1}^{m}(y_i-\hat{y}_i)^2$$

其中，y_i 是测量的目标变量，$\hat{y}_i$ 是预测值，$\boldsymbol{w}$ 是网络的所有权重构成的向量，包括偏差，m 是样本数。现在我们定义一个新的代价函数 $\tilde{J}(\boldsymbol{w},b)$：

$$\tilde{J}(\boldsymbol{w})=J(\boldsymbol{w})+\frac{\lambda}{2m}|\boldsymbol{w}\|_2^2$$

添加项是

$$\frac{\lambda}{2m}\|\boldsymbol{w}\|_2^2$$

它被称为正则化项，其实就是 $\boldsymbol{w}$ 的 ℓ_2 范数平方乘以常数因子 $\lambda/2m$。λ 称为正则化参数。

注释　新的正则化参数 λ 是一个新的超参数，你必须调整它以找到最佳值。

现在我们试着直观地了解这个添加项对 GD（梯度下降）算法的影响。我们考虑权重 w_j 的更新方程：

$$w_{j,[n+1]}=w_{j,[n]}-\gamma\frac{\partial\tilde{J}(\boldsymbol{w}_{[n]})}{\partial w_j}=w_{j,[n]}-\gamma\frac{\partial J(\boldsymbol{w}_{[n]})}{\partial w_j}-\frac{\gamma\lambda}{m}w_{j,[n]}$$

由于

$$\frac{\partial}{\partial w_j}\|\boldsymbol{w}\|_2^2=2w_j$$

所以有

$$w_{j,[n+1]}=w_{j,[n]}\left(1-\frac{\gamma\lambda}{m}\right)-\lambda\frac{\partial J(\boldsymbol{w}_{[n]})}{\partial w_j}$$

这是我们必须用于权重更新的公式。与普通 GD 相比，已经知道的差别在于，现在，权重 $w_{j,[n]}$ 乘以常数 $1-\frac{\gamma\lambda}{m}<1$，因此，在趋于 0 的更新过程中，这将具有有效地传递权重值的效果，使网络不那么复杂（直观效果），从而对抗过拟合。让我们试着通过将该方法应用于波士顿住房数据集来了解权重更新的真实情况。

5.4.2　TensorFlow 实现

TensorFlow 中的实现非常简单。请记住，我们必须计算附加项 $\|\boldsymbol{w}\|_2^2$，然后将其添加到代价函数中。模型结构几乎保持不变。我们可以使用以下代码完成：

```
tf.reset_default_graph()

n_dim = 13
n1 = 20
n2 = 20
n3 = 20
n4 = 20
n_outputs = 1

tf.set_random_seed(5)

X = tf.placeholder(tf.float32, [n_dim, None])
Y = tf.placeholder(tf.float32, [1, None])

learning_rate = tf.placeholder(tf.float32, shape=())

hidden1, W1, b1 = create_layer (X, n1, activation = tf.nn.relu)
hidden2, W2, b2 = create_layer (hidden1, n2, activation = tf.nn.relu)
hidden3, W3, b3 = create_layer (hidden2, n3, activation = tf.nn.relu)
hidden4, W4, b4 = create_layer (hidden3, n4, activation = tf.nn.relu)
y_, W5, b5 = create_layer (hidden4, n_outputs, activation = tf.identity)

lambd = tf.placeholder(tf.float32, shape=())
reg = tf.nn.l2_loss(W1) + tf.nn.l2_loss(W2) + tf.nn.l2_loss(W3) + \
        tf.nn.l2_loss(W4) + tf.nn.l2_loss(W5)

cost_mse = tf.reduce_mean(tf.square(y_-Y))
cost = tf.reduce_mean(cost_mse + lambd*reg)

optimizer = tf.train.AdamOptimizer(learning_rate = learning_rate, beta1 =
0.9, beta2 = 0.999, epsilon = 1e-8).minimize(cost)
```

对于新的正则化参数λ，我们创建一个占位符：

```
lambd = tf.placeholder(tf.float32, shape=())
```

请记住，在Python中，lambda是一个保留字，所以不能使用它。这就是使用lambd的原因。然后我们使用有用的TensorFlow函数tf.nn.l2_loss()计算正则化项$\|\boldsymbol{w}\|_2^2$：

```
reg = tf.nn.l2_loss(W1) + tf.nn.l2_loss(W2) + tf.nn.l2_loss(W3) + \
        tf.nn.l2_loss(W4) + tf.nn.l2_loss(W5)
```

然后，将它添加到MSE函数cost_mse：

```
cost_mse = tf.reduce_mean(tf.square(y_-Y))
cost = tf.reduce_mean(cost_mse + lambd*reg)
```

现在，代价张量包含MSE与正则化项之和。然后，只需训练网络并观察发生的情况即可。为了训练网络，我们使用这个函数：

```
def model(training_epochs, features, target, logging_step = 100, learning_r
= 0.001, lambd_val = 0.1):
    sess = tf.Session()
    sess.run(tf.global_variables_initializer())

    cost_history = []
    for epoch in range(training_epochs+1):

        sess.run(optimizer, feed_dict = {X: features, Y: target, learning_
        rate: learning_r, lambd: lambd_val})
        cost_ = sess.run(cost_mse, feed_dict={ X:features, Y: target,
        learning_rate: learning_r, lambd: lambd_val})
        cost_history = np.append(cost_history, cost_)

        if (epoch % logging_step == 0):
                pred_y_test = sess.run(y_, feed_dict = {X: test_x, Y:
                test_y})
                print("Reached epoch",epoch,"cost J =", cost_)
                print("Training MSE = ", cost_)
                print("Dev MSE      = ", sess.run(cost_mse, feed_dict = {X:
                test_x, Y: test_y}))

    return sess, cost_history
```

这一次，输出了来自训练（MSE_{train}）和开发（MSE_{dev}）数据集的 MSE，以检查发生了什么变化。如上所述，应用此方法可使许多权重变为零，从而有效降低网络的复杂性，进而防止过拟合。我们使用以下代码在 $\lambda=0$（没有正则化）和 $\lambda=10.0$ 的情况下运行模型：

```
sess, cost_history = model(learning_r = 0.01,
                                training_epochs = 5000,
                                features = train_x,
                                target = train_y,
                                logging_step = 5000,
                                lambd_val = 0.0)
```

该模型会输出：

```
Reached epoch 0 cost J = 238.378
Training MSE = 238.378
Dev MSE = 205.561
Reached epoch 5000 cost J = 0.00527479
Training MSE = 0.00527479
Dev MSE = 28.401
```

正如预期的那样，在 5000 个周期之后，我们处于极度过拟合的状态（$MSE_{train} \ll MSE_{dev}$）。现在我们试试 $\lambda=10$：

```
sess, cost_history = model(learning_r = 0.01,
                           training_epochs = 5000,
                           features = train_x,
                           target = train_y,
                           logging_step = 5000,
                           lambd_val = 10.0)
```

输出结果为

```
Reached epoch 0 cost J = 248.026
Training MSE = 248.026
Dev MSE = 214.921
Reached epoch 5000 cost J = 23.795
Training MSE = 23.795
Dev MSE = 21.6406
```

现在不再处于过拟合状态，因为两个 MSE 值具有相同的数量级。检查正在进行的操作的最佳方法是研究每层的权重分布。在图 5-3 中，绘制了前 4 层的权重分布。浅灰色直方图表示没有正则化的权重，而较暗（更集中在零附近）区域表示有正则化的权重。忽略第 5 层，因为它是输出层。

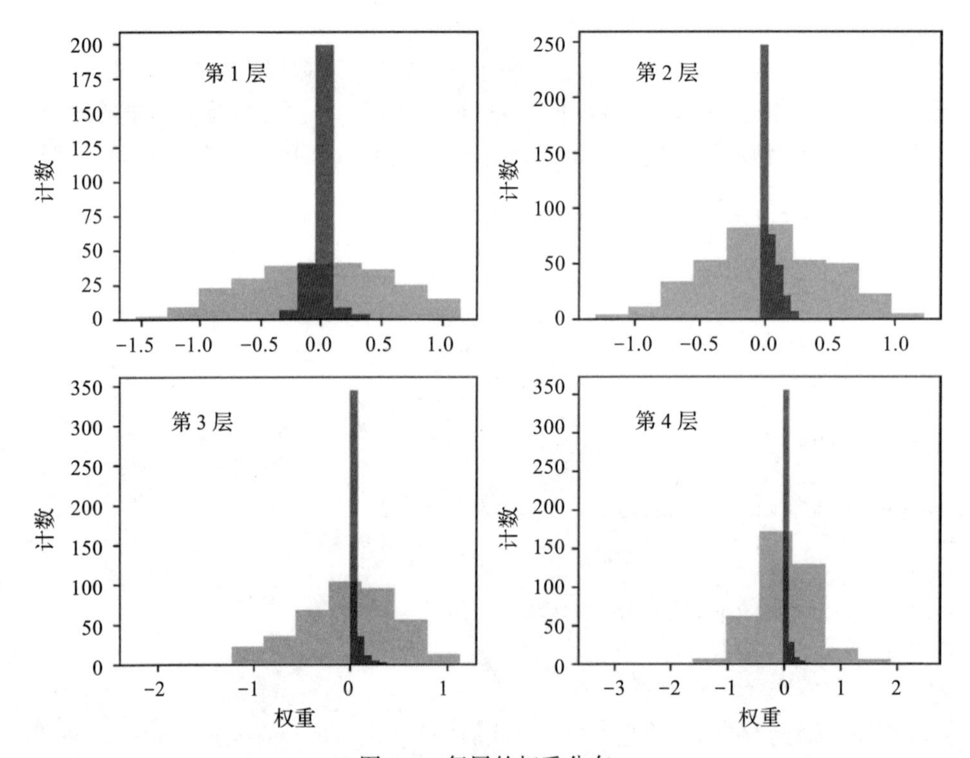

图 5-3 每层的权重分布

可以清楚地看到，应用正则化时权重是怎样更多地集中在零附近的，这意味着它们比没有正则化时小得多。这使得正规化的权重衰减效果非常明显。我想抓住机会再次对网络复杂性进行简要介绍。我说过，这种方法降低了网络的复杂性。我在第 3 章讲过，你可以考虑用可学习的参数的数量来表示网络的复杂性，但我也警告你，这可能会产生误导，现在我想告诉你原因。你还记得第 3 章中提到过网络中可学习的参数总数（如我们在此使用的参数）由以下公式确定：

$$Q=\sum_{j=1}^{L} n_l(n_{l-1}+1)$$

其中，n_l 是第 l 层中神经元的数量，L 是总层数，包括输出层。在我们的例子中，我们有一个输入层，它有 13 个特征；然后有 4 层，每层有 20 个神经元；最后是一个包含 1 个神经元的输出层。因此，Q 由下式给出：

$$Q=20\times(13+1)+20\times(20+1)+20\times(20+1)+20\times(20+1)+1\times(20+1)=1561$$

Q 是一个相当大的数字。但是，在没有正则化的情况下，可以注意到，在 10 000 个周期之后，我们有大约 48% 的权重小于 10^{-10}，因此实际上为零。这就是我警告你从可学习参数的数量方面来谈论复杂性的原因。此外，使用正则化将完全改变场景。复杂性是一个难以定义的概念：它取决于许多东西，其中包括架构、优化算法、代价函数和训练周期数。

注释 仅根据权重数量来定义网络的复杂性并不完全正确。权重的总数却可以考虑，但它可能会产生误导，因为许多权重可能在训练后为零，从网络中有效消失，并使网络变得不那么复杂。谈论“模型复杂性”而不是“网络复杂性”更为正确，因为它涉及的方面比网络中有多少个神经元或层更多。

令人难以置信的是，只有一半的权重最终在预测中起作用。这就是我在第 3 章中告诉你仅使用参数 Q 定义网络复杂性具有误导性的原因。基于具体的问题、损失函数和优化器，最终可能会得到一个在训练时比在构建阶段简单得多的网络。因此在深度学习世界中使用术语复杂性时要非常小心，要注意所涉及的微妙之处。

为了让你了解正则化在减少权重方面的有效性，请参阅表 5-1，该表比较在 1000 个周期之后每层在有和没有正则化的情况下小于 1e-3 的权重的百分比。

表 5-1 在 1000 个周期之后有和没有正则化的情况下小于 1e-3 的权重的百分比

层	λ=0 时小于 1e-3 的权重的百分比	λ=3 时小于 1e-3 的权重的百分比	层	λ=0 时小于 1e-3 的权重的百分比	λ=3 时小于 1e-3 的权重的百分比
1	0.0	20.0	4	0.25	66.0
2	0.25	41.5	5	0.0	35.0
3	0.75	60.5			

但我们应该如何选择 λ 呢？为了找到一个办法（请跟我重复："在深度学习世界中，没有普适的规则。"），可以看看在将参数 λ 改变为优化指标（在这种情况下，是 MSE）时会发生什么。在图 5-4 中，可以看到在 1000 个周期之后网络的 MSE_{train}（连续实线）和 MSE_{dev}（虚线）数据集随不同 λ 变化的行为。

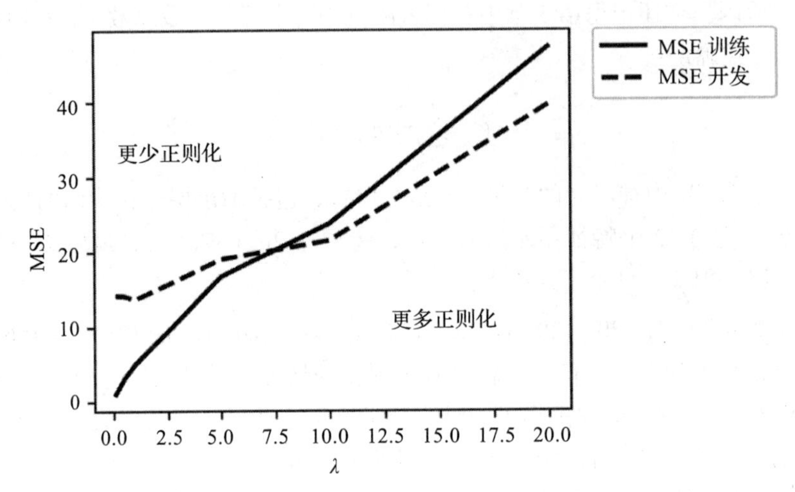

图 5-4　网络用于训练数据集的 MSE（连续实线）和用于验证数据集的 MSE（虚线）随 λ 变化

正如你看到的，λ 值很小（实际上没有正则化）时，我们处于过拟合状态（$MSE_{train} \ll MSE_{dev}$）：$MSE_{train}$ 缓慢增加，而 MSE_{dev} 保持大致恒定。直到 $\lambda \approx 7.5$，模型过拟合训练数据，然后两个值交叉，过拟合结束。在此之后，它们一起成长，此时模型无法再捕获精细的数据结构。在交叉之后，模型变得太简单而无法捕获问题的特征，因此，误差一起增长，并且训练数据集上的误差变得更大，因为模型甚至不能很好拟合训练数据。在这个特定情况下，为 λ 选择的一个较好的值将是大约 7.5，这几乎是两条线交叉时的值，因为那里不再处于过拟合区域，此时 $MSE_{train} \approx MSE_{dev}$。请记住：使用正则化术语的主要目标是要获得一个能够在应用于新数据时以最佳方式泛化的模型。你甚至可以用一种不同的方式来看待它：$\lambda \approx 7.5$ 的值给出了过拟合区域（对于 $\lambda \lesseqgtr 7.5$）以外的最小 MSE_{dev}，因此，这会是一个不错的选择。请注意，对于你的具体问题，可能会观察到优化指标有非常不同的行为，因此必须根据具体情况决定 λ 的最佳值。

注释　估计正则化参数 λ 的最佳值的好方法是绘制训练和验证数据集的优化指标（在此示例中为 MSE），并观察它们对各种 λ 值的行为。然后选择一个合适的 λ 值，该值能够在验证数据集上给出最小优化指标值，同时还能提供一个不再过拟合训练数据的模型。

现在，我想以更直观的方式展示 ℓ_2 正则化的效果，我们考虑使用以下代码生成的数据集：

```
nobs = 30

np.random.seed(42)

xx1 = np.array([np.random.normal(0.3,0.15) for i in range (0,nobs)])
yy1 = np.array([np.random.normal(0.3,0.15) for i in range (0,nobs)])
xx2 = np.array([np.random.normal(0.1,0.1) for i in range (0,nobs)])
yy2 = np.array([np.random.normal(0.3,0.1) for i in range (0,nobs)])

c1_ = np.c_[xx1.ravel(), yy1.ravel()]
c2_ = np.c_[xx2.ravel(), yy2.ravel()]

c = np.concatenate([c1_,c2_])

yy1_ = np.full(nobs, 0, dtype=int)
yy2_ = np.full(nobs, 1, dtype=int)
yyL = np.concatenate((yy1_, yy2_), axis = 0)

train_x = c.T
train_y = yyL.reshape(1,60)
```

该数据集有两个特征：*x* 和 *y*。我们从正态分布生成两组点：xx1、yy1 和 xx2、yy2。对于第一组，我们分配标签 0（包含在数组 yy1_ 中），给第二组分配标签 1（在数组 yy2_ 中）。现在，我们使用前面描述的网络（有 4 层，每层有 20 个神经元）对这个数据集进行二元分类。我们可以采用之前给出的相同代码，并修改输出层和成本函数。你可能记得，对于二元分类，输出层需要一个带有 sigmoid 激活函数的神经元：

```
y_, W5, b5 = create_layer (hidden4, n_outputs, activation = tf.sigmoid)
```

并带有代价函数：

```
cost_class = - tf.reduce_mean(Y * tf.log(y_)+(1-Y) * tf.log(1-y_))
cost = tf.reduce_mean(cost_class + lambd*reg)
```

所有其余的部分都与前面的描述相同。让我们为这个问题绘制决策边界[⊖]，这意味着我们将使用以下代码在数据集上运行我们的网络：

```
sess, cost_history = model(learning_r = 0.005,
                           training_epochs = 100,
                           features = train_x,
                           target = train_y,
                           logging_step = 10,
                           lambd_val = 0.0)
```

⊖ 在具有两个类的统计分类问题中，决策边界或决策表面是用于将底层空间划分为两组空间（每个分类一个组）的界面（来源：维基百科，https://goo.gl/E5nELL）。

在图5-5中，可以看到我们的数据集，其中白点是第一类，黑点是第二类。灰色区域是网络分类为一个类的区域，另一个类是白色区域。可以看到，网络能够以灵活的方式捕获数据的复杂结构。

现在，让我们将正则化应用于网络，就像之前一样，并看看决策边界如何修改。这里，我们将使用正则化参数λ=0.1。

在图5-6中可以清楚地看到，决策边界几乎是线性的，不再具有捕获数据的复杂结构的能力。这正是我们所期望的：正则化项使模型更简单，因此捕获精细结构的能力更低。

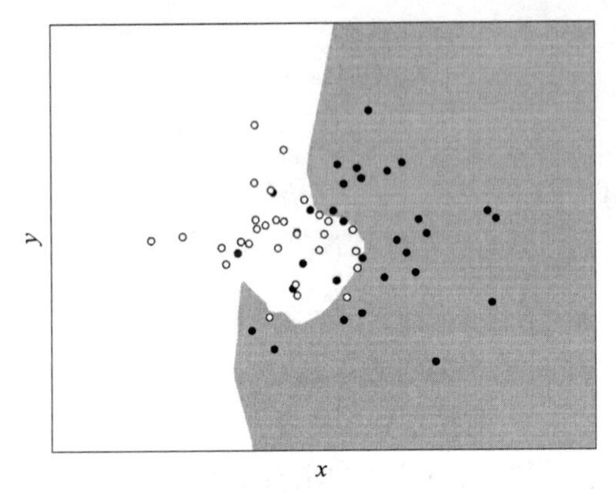

图5-5　没有正则化的决策边界，白点是第一类，黑点是第二类

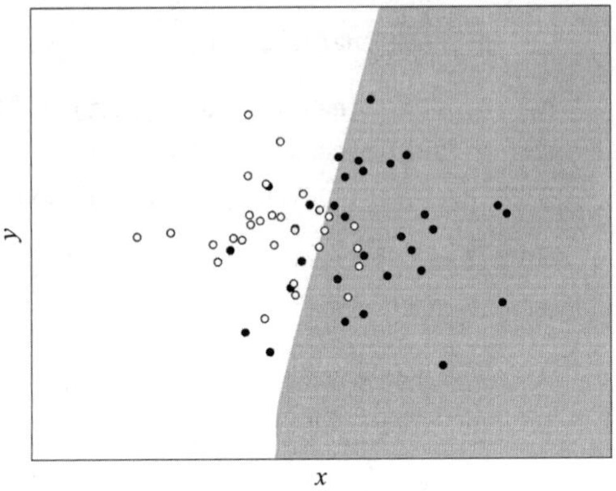

图5-6　使用ℓ_2正则化和正则化参数λ=0.1的网络预测的决策边界

有趣的是将我们的网络决策边界与仅有一个神经元的逻辑回归结果进行比较。出于篇幅考虑，我不会在这里放置代码，但是如果比较图5-7中的两个决策边界（来自包含一个神经元的网络的边界是线性的），可以看到它们几乎是相同的。λ=0.1下的正则化项实际上得到了与只有一个神经元的网络相同的结果。

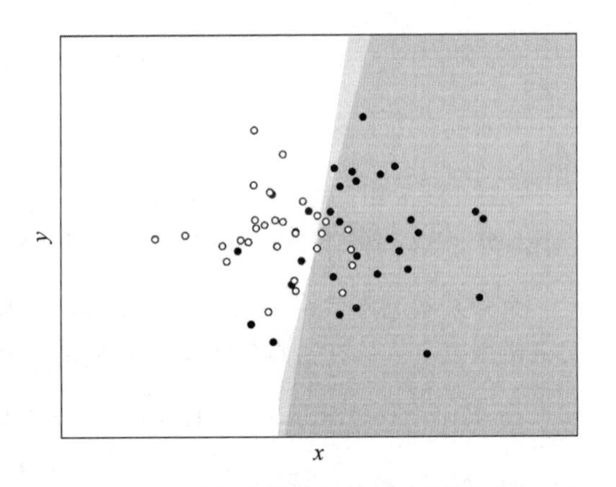

图5-7　λ=0.1时复杂网络的决策边界与只有一个神经元的网络的决策边界几乎完全重叠

5.5　ℓ_1正则化

现在我们来看一个非常类似于ℓ_2正则化的正则化技术。它基于相同的原理，并在代价函数中添加了一项。这一次，添加项的数学形式不同，但方法与在前面解释的内容非常相似。我们首先来看算法背后的数学原理。

5.5.1 ℓ_1 正则化原理与 TensorFlow 实现

ℓ_1 正则化的工作原理也是向代价函数添加附加项：

$$\tilde{J}(\boldsymbol{w}) = J(\boldsymbol{w}) + \frac{\lambda}{m}\|\boldsymbol{w}\|_1$$

它对学习的影响实际上与 ℓ_2 正则化相同。与 ℓ_2 一样，TensorFlow 没有现成可用的函数。我们必须手动编写它：

```
reg = tf.reduce_sum(tf.abs(W1))+tf.reduce_sum(tf.abs(W2))+tf.reduce_
sum(tf.abs(W3))+\
        tf.reduce_sum(tf.abs(W4))+tf.reduce_sum(tf.abs(W5))
```

所讨论的其余代码保持不变。我们可以再次比较没有正则化项（λ=0）和有正则化项（λ=3）的模型的权重分布。我们使用波士顿数据集进行计算，并通过以下调用来训练模型：

```
sess, cost_history = model(learning_r = 0.01,
                           training_epochs = 1000,
                           features = train_x,
                           target = train_y,
                           logging_step = 1000,
                           lambd_val = 3.0)
```

一次用 λ=0，一次用 λ=3，见图 5-8。

如你所见，ℓ_1 正则化与 ℓ_2 具有相同的效果。它降低了网络的有效复杂性，将许多权重减少到零。

为了让你了解正则化在减少权重方面的有效性，请参阅表 5-2，该表比较了在 1000 个周期之后有和没有正则化的情况下小于 1e-3 的权重的百分比。

表 5-2 有与没有正规化的情况下小于 1e-3 的权重的百分比比较

层	λ=0 时小于 1e-3 的权重的百分比（%）	λ=3 时小于 1e-3 的权重的百分比（%）	层	λ=0 时小于 1e-3 的权重的百分比（%）	λ=3 时小于 1e-3 的权重的百分比（%）
1	0.0	52.7	4	0.25	45.3
2	0.25	53.8	5	0.0	60.0
3	0.75	46.3			

5.5.2 权重真的趋于零吗

了解权重变为零的过程是非常有用的。在图 5-9 中，可以看到对于人工数据权重 $w_{12,5}^{[3]}$（来自第 3 层）相对于周期数的变化情况，该数据集具有两个特征，使用 ℓ_2 正则化，γ=10^{-3}，

λ=0.1，经过 1000 个周期。可以看到它迅速降至零的过程，1000 个周期后的值是 $2 \cdot 10^{-21}$，也就是说，对于所有情况来说，这个数即零。

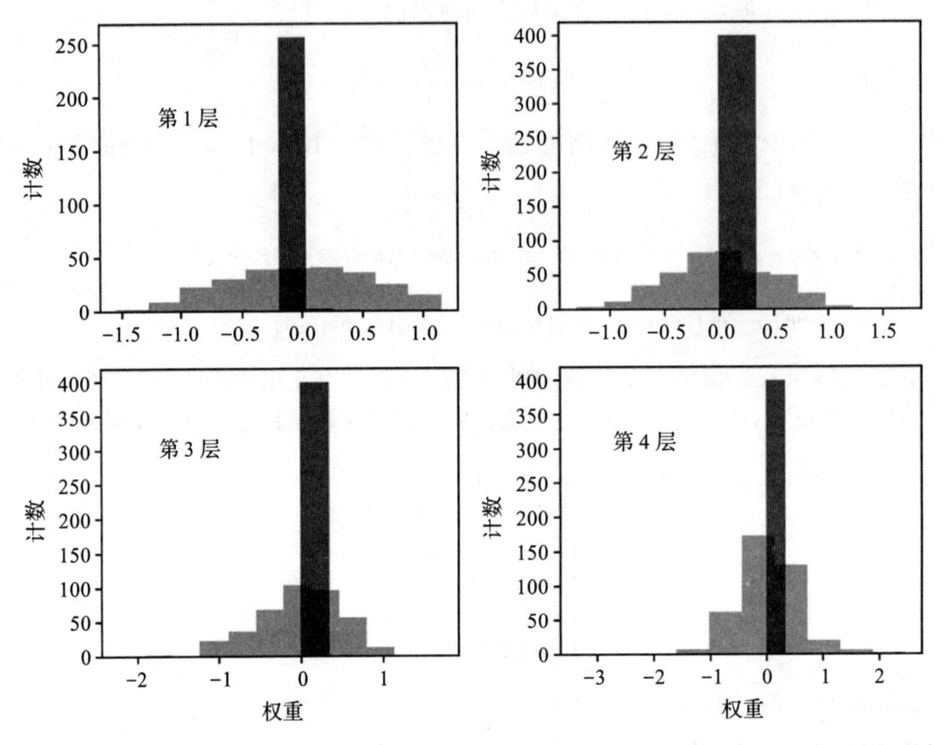

图 5-8　没有 ℓ_1 正则化项（λ=0，浅灰色）和有 ℓ_1 正则化项（λ=3，深灰色）的模型之间的权重分布比较

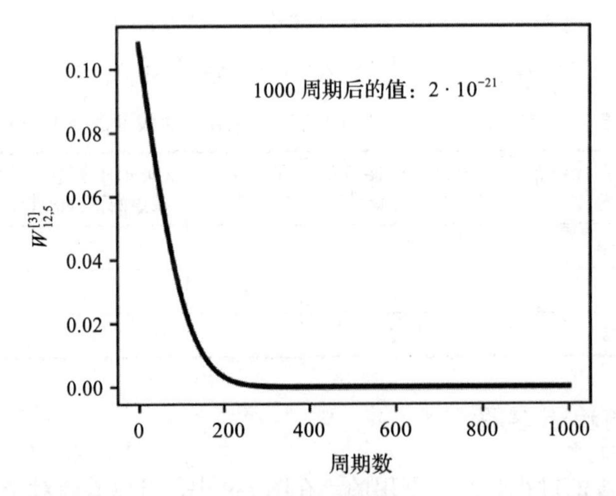

图 5-9　对于人工数据集权重 $w_{12,5}^{[3]}$ 相对于周期数的绘制图，其中，数据集具有两个特征，使用 ℓ_2 正则化，$\gamma=10^{-3}$，λ=0.1，经过 1000 个周期的训练

你可能想知道为何权重几乎呈指数地变为零。我们来看一个权重的更新公式：

$$w_{j,[n+1]} = w_{j,[n]}\left(1-\frac{\gamma\lambda}{m}\right)-\frac{\gamma\partial J(\boldsymbol{w}_{[n]})}{\partial w_j}$$

我们现在假设我们发现在代价函数 J 的导数几乎为零的区域中接近最小值，以便可以忽略它。换句话说，我们假设：

$$\frac{\partial J(\boldsymbol{w}_{[n]})}{\partial w_j} \approx 0$$

我们可以将权重更新公式重写为

$$w_{j,[n+1]} - w_{j,[n]} = -w_{j,[n]}\frac{\gamma\lambda}{m}$$

现在，该公式可以理解为：权重相对于迭代次数的变化率与权重本身成正比。对于那些了解微分方程的人，可能会发现我们可以得到公式：

$$\frac{\mathrm{d}x(t)}{\mathrm{d}t} = -\frac{\gamma\lambda}{m}x(t)$$

这可以被解读为 $x(t)$ 相对于时间的变化率与函数本身成正比。对于那些知道如何求解这个方程的人，可能知道一般的求解方法是

$$x(t) = A\mathrm{e}^{-\frac{\gamma\lambda}{m}(t-t_0)}$$

现在，可以通过绘制两个方程之间的平行线来了解为什么权重衰减类似于指数函数的衰减。在图 5-10 中，可以看到讨论过的权重衰减以及纯指数衰减。正如预期的那样，两条曲线并不相同，因为特别是在开始时，代价函数的梯度肯定不为零。但是相似性非常明显，这让我们明白权重接近零的速度可以有多快（即非常快）。

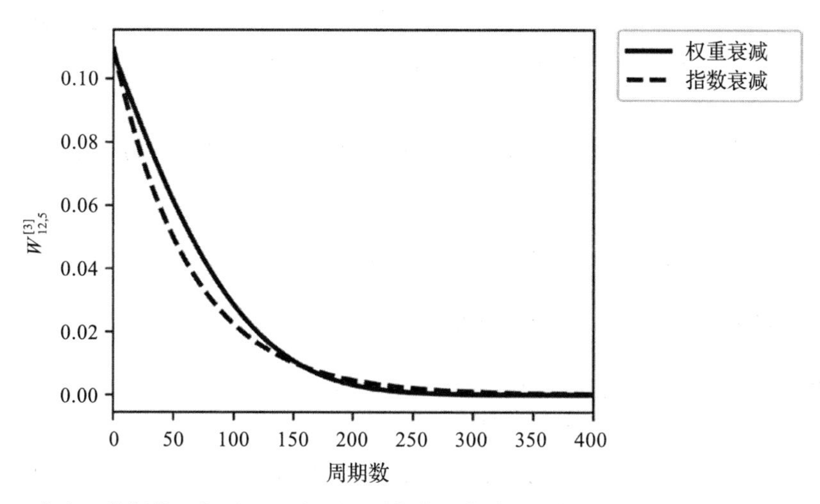

图 5-10　在人工数据集上权重 $w_{12,5}^{[3]}$ 相对于周期数的衰减图，数据集有两个特征，采用 ℓ_2 正则化，$\gamma=10^{-3}$，$\lambda=0.1$，训练 1000 个周期（连续实线），纯指数衰减（虚线）仅供说明之用

请注意，使用正则化时，最终会得到具有大量零元素的张量，称为稀疏张量。然后，可以从稀疏张量非常有效的特殊例程中获益。当你开始转向更复杂的模型时，要记住这一点，但对这本书来说，这个的主题太高级了，需要太多的篇幅。

5.6 Dropout

Dropout 的基本思想是不同的：在训练阶段，以概率 $p^{[l]}$ 随机地从第 l 层中删除节点。在每次迭代中删除不同的节点，从而在每次迭代中有效地训练不同的网络（例如，当使用小批量时，为每个批次训练不同的网络）。通常，为所有网络设置相同的概率（在 Python 中通常称为 keep_prob）（但从技术上讲，它可以是特定于层的）。直观地，让我们考虑第 l 层的输出张量 Z。在 Python 中，我们可以定义一个向量，例如：

```
d = np.random.rand(Z.shape[0], Z.shape[1]) < keep_prob
```

然后简单地将图层输出 Z 乘以 d，如下所示：

```
Z = np.multiply(Z, d)
```

这将有效地删除概率小于 keep_prob 的所有元素。在对开发数据集进行预测时，非常重要的一点是不要使用 Dropout！

注释　在训练期间，Dropout 每次迭代都会随机删除节点。但是，在对开发数据集进行预测时，必须使用没有 Dropout 的整个网络。换句话说，必须设置 keep_prob = 1。

Dropout 可以是特定于层的。例如，对于具有许多神经元的层，keep_prob 可以很小。对于具有少量神经元的层，可以设置 keep_prob = 1.0，从而有效地将所有神经元保留在这些层中。

TensorFlow 中的实现很简单。首先，定义一个占位符，该占位符将包含 keep_prob 参数的值：

```
keep_prob = tf.placeholder(tf.float32, shape=())
```

然后对于每个层，以下面的方式添加正则化操作：

```
hidden1, W1, b1 = create_layer (X, n1, activation = tf.nn.relu)
hidden1_drop = tf.nn.dropout(hidden1, keep_prob)
```

之后，在创建下一层时，使用 hidden1_drop 而不是 hidden1。完整的构造代码如下：

```
tf.reset_default_graph()

n_dim = 13
n1 = 20
n2 = 20
n3 = 20
n4 = 20
n_outputs = 1

tf.set_random_seed(5)

X = tf.placeholder(tf.float32, [n_dim, None])
Y = tf.placeholder(tf.float32, [1, None])

learning_rate = tf.placeholder(tf.float32, shape=())
keep_prob = tf.placeholder(tf.float32, shape=())

hidden1, W1, b1 = create_layer (X, n1, activation = tf.nn.relu)
hidden1_drop = tf.nn.dropout(hidden1, keep_prob)
hidden2, W2, b2 = create_layer (hidden1_drop, n2, activation = tf.nn.relu)
hidden2_drop = tf.nn.dropout(hidden2, keep_prob)
hidden3, W3, b3 = create_layer (hidden2, n3, activation = tf.nn.relu)
hidden3_drop = tf.nn.dropout(hidden3, keep_prob)
hidden4, W4, b4 = create_layer (hidden3, n4, activation = tf.nn.relu)
hidden4_drop = tf.nn.dropout(hidden4, keep_prob)
y_, W5, b5 = create_layer (hidden4_drop, n_outputs, activation =
tf.identity)

cost = tf.reduce_mean(tf.square(y_-Y))

optimizer = tf.train.AdamOptimizer(learning_rate = learning_rate, beta1 =
0.9, beta2 = 0.999, epsilon = 1e-8).minimize(cost)
```

现在，让我们分析在使用 Dropout 时代价函数会发生什么。我们对波士顿数据集运行模型，其间 keep_prob 变量使用两个值：1.0（无 Dropout）和 0.5。在图 5-11 中，可以看到在应用 Dropout 时，代价函数非常不规则，它剧烈地振荡。下面设置 keep_prob_val = 1.0 和 0.5 对这两个模型进行评估：

```
sess, cost_history05 = model(learning_r = 0.01,
                                training_epochs = 5000,
                                features = train_x,
                                target = train_y,
                                logging_step = 1000,
                                keep_prob_val = 1.0)
```

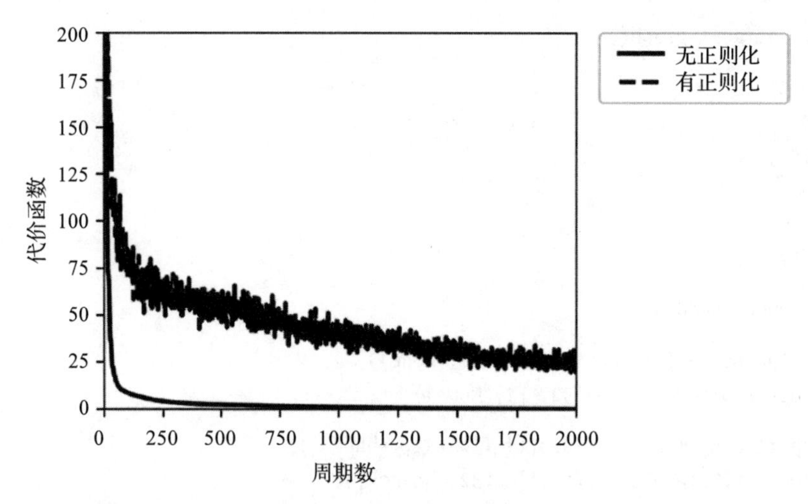

图 5-11　我们的模型用于训练数据集的代价函数，分别使用两个 keep_prob 变量值：1.0（无 Dropout）和 0.5。其他参数是：γ=0.01。这些模型已经训练了 5000 个周期。没有使用小批量。振荡线是有正则化所评估的线

在图 5-12 中，可以看到在采用 Dropout 的情况下训练数据集和验证数据集的 MSE 演变（keep_prob = 0.4）。

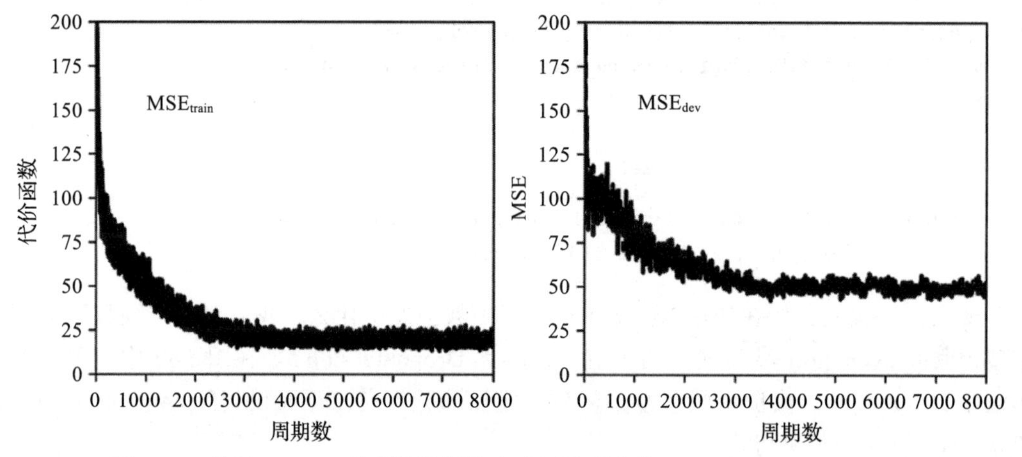

图 5-12　使用 Dropout 的训练数据集和验证数据集的 MSE（keep_prob = 0.4）

在图 5-13 中，可以看到相同的图，但没有应用 Dropout，差异非常惊人。非常有趣的是，没有 Dropout，MSEdev 会随着周期而增长，而使用 Dropout 时，它会相当稳定。

在图 5-13 中，MSE_{dev} 在开始下降后增长。该模型处于明显的极端过拟合状态（$MSE_{train} \ll MSE_{dev}$），并且当应用于新数据时，它的泛化能力越来越差。在图 5-12 中，可以看到 MSE_{train} 和 MSE_{dev} 如何呈现相同的数量级，并且 MSE_{dev} 不会继续增长。因此，模型在泛化方面比如图 5-13 所示的结果更好。

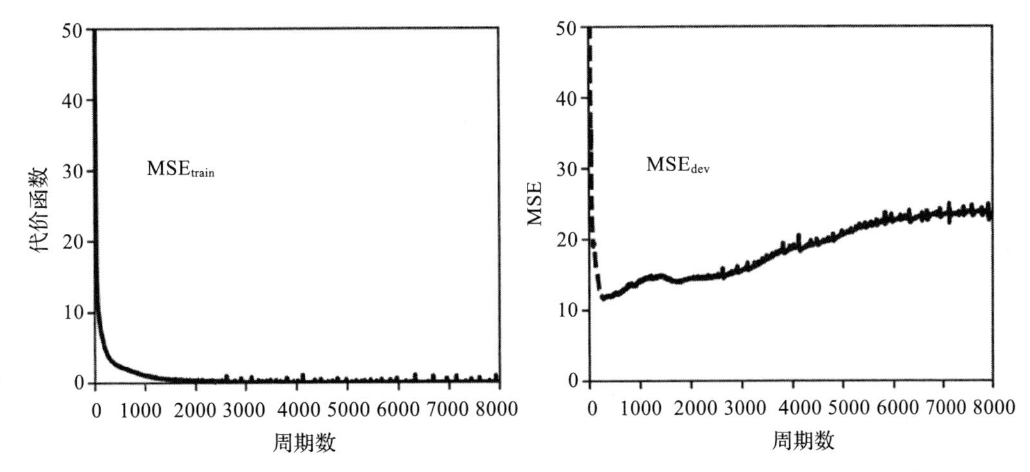

图 5-13 没有 Dropout 的训练数据集和验证数据集的 MSE（keep_prob = 1.0）

注释 在应用 Dropout 时，你的指标（在本例中为 MSE）将会发生振荡，因此在尝试查找最佳超参数时，如果发现优化指标在振荡，请不要感到惊讶。

5.7 Early Stopping

还有另一种技术有时用来解决过拟合问题。严格来说，这种方法无助于避免过拟合，它只是在过拟合问题变得太糟糕之前停止学习。考虑上一节中的示例，在图 5-14 中，你可以同时看到 MSE_{train} 和 MSE_{dev}。

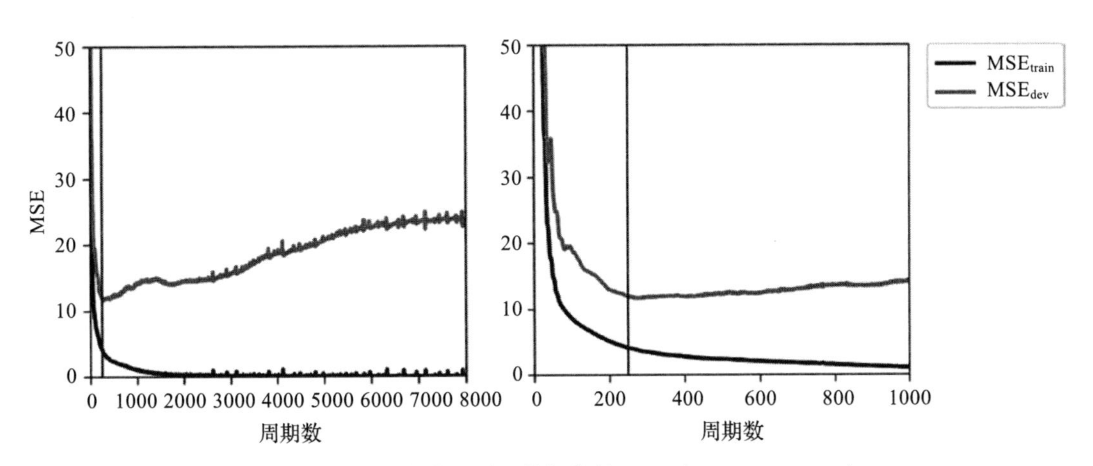

图 5-14 没有 Dropout 的训练数据集和验证数据集的 MSE（keep_prob = 1.0）。Early Stopping 存在于 MSE_{dev} 最小时在迭代位置停止学习阶段（在图中用垂直线表示）。在右侧，可以看到左图在前 1000 个周期的放大情况

Early Stopping 只需在 MSE_{dev} 最小的位置停止训练（见图 5-14，最小值由图中的垂直线表示）。请注意，这不是解决过拟合问题的理想方法。你的模型在用于新数据集时仍然很可能会非常糟糕，我通常更喜欢使用其他技术。此外，该技术也非常耗时，并且是一个非常容易出错的手动过程。

5.8 其他方法

到目前为止所讨论的所有方法都是通过某种形式或方法使模型变得不那么复杂，即保持数据不变，修改模型。但我们可以尝试做相反的事情：保持模型不变并处理数据。以下两种常用策略可用于解决过拟合问题（但不是很容易适用）：

- 获取更多数据。这是对抗过拟合的最简单方法。遗憾的是，在现实生活中，这是不可能的。请记住，这是一个复杂的问题，我将在下一章详细讨论。如果要对使用智能手机拍摄的猫图片进行分类，你可能会想到从 Web 获取更多数据。虽然这似乎是一个非常好的主意，但你可能会发现图像的质量各不相同，可能并非所有图像都是猫的（甚至可能有猫玩具）。此外，你可能只能找到年轻白猫的图像等。基本上，你的其他样本可能来自与原始数据完全不同的分布，这将是一个问题。因此，在获取其他数据时，请在继续之前充分考虑潜在问题。
- 放大数据。例如，如果正在处理图像，则可以通过旋转、拉伸、移动等操作来生成其他图像。这是一种非常常见的技术，可能非常有用。

使模型在新数据集上更好地泛化是机器学习的最大目标之一。这是一个复杂的问题，需要经验和测试，而且是大量测试。大量研究正在进行，试图解决在处理非常复杂的问题时出现的各种问题。我将在下一章中讨论其他技术。

CHAPTER 6

第6章

指标分析

我们再思考一下第3章分析的问题，当时我们针对该问题对Zalando数据集进行分类。在进行这些分析时，我们做了一个强烈却没有明确阐述的假设：假定所有样本都被正确标注。但事实上我们不能肯定这一点。进行标注需要一些人工参与，由于人并不完美，因而必定有一定量的图像被错误分类。这是一个重要的问题。请考虑以下情形：在第3章中，我们构建的模型准确率约为90%，并且总是可以设法得到越来越高的准确率，但何时停止是明智的呢？如果标签有10%是错误的，那么不管模型有多么复杂先进，都不可能以非常高的准确率泛化应用于新数据，因为它学习了许多错误标注分类的图像。具体举例来说，我们花了一大段时间检查、准备训练数据，将其标准化，但我们从未花时间检查这些标注本身。我们还假设所有类都有相似的特征。(我将在本章后文中讨论其具体含义，现在只需有一个直观概念即可。)那么，如果某些特定类的图像质量比其他类更差怎么办？如果各个类的灰度值不为0的像素数量显著不同怎么办？我们也没有检查一些图像是否完全是空白的。在那种情况下会发生什么？可以想象，我们不能手动检查所有图像从而发现这些问题。试想，如果有几百万张图像，手动分析肯定不可能实现。

我们需要添加新的武器才能发现这些情况，并评价模型的效果。这个新武器就是本章的重点，我称之为“指标分析”(metric analysis)。该领域的人们经常称这一系列方法为误差分析（error analysis)。但我发现这一名称尤其对初学者而言十分模糊。误差（error）可能指很多事：Python的代码错误，方法或算法的错误，优化器的选择错误等。你将在本章看到如何获取关于你的模型性能和数据好坏的基础信息。我们将从你的数据中产生一组不同的数据集，并在其上评价你的优化指标来实现这一目标。

之前已介绍过一个基本的例子。你应该还记得在前面讨论过回归的例子中，如何判断在$MSE_{train} \ll MSE_{dev}$的情况下模型是过拟合的。我们的指标是MSE（均方误差），通过衡量训练集和开发集两个数据集的MSE并进行比较，来判断模型是否过拟合。本章将通过拓展此方法从数据和模型中提取更多的信息。

6.1 人工水平表现和贝叶斯误差

在用于监督学习的大部分数据集中，必须由人工标记样本。举例来说，对于一个已经将图像分类的数据集，如果通过人工给所有图像分类（不考虑图像数量，如果可能的话），那么得到的准确率一定不是100%。一些图像可能由于诸如太过模糊这样的原因而不能被正确分类，并且人会犯错。例如，如果由于图像模糊这样的问题，有5%的图像不能被正确分类，那么我们必须预计人工所能达到的最高准确率将总是低于95%。

我们考虑一个分类问题。首先，我们定义“误差”（error）。本章中“误差”记作ε，并将其用于表示以下量：

$$\varepsilon \equiv 1-\text{准确率}$$

例如，如果一个模型的准确率为95%，我们有：$\varepsilon=1-0.95=0.05$，或者表示为百分数$\varepsilon=5\%$。

一个有助于理解的概念是人类水平表现，有如下定义：

人工水平表现（定义1）：一个人做分类工作所能实现的误差ε的最小值，记作ε_{hlp}。

我们来构建一个实例。假定一组图像有100张。现在让三个人将这100张图像分类，得到三人的准确率分别为95%、93%、94%。在这种情况下，人工水平准确率为$\varepsilon_{hlp}=5\%$。注意，可能另外有别人做这项工作能做得更好，因此应当总是将我们得到的ε_{hlp}值视作估计值，并且仅仅作为一种参考。

现在我们把事情想得复杂一点。假定我们正在研究一个问题：医生将MRI扫描结果分为两类，有癌症迹象和没有迹象。现在我们假定经过计算得到以下ε_{hlp}的值：未经过培训的学生的分类结果的ε_{hlp}值是15%；有几年经验的医生的分类结果的ε_{hlp}值为8%；经验丰富的医生的分类结果的ε_{hlp}值为2%；一些经验丰富的医生团体组织的分类结果的ε_{hlp}值为0.5%。那么ε_{hlp}为多少？你应该总是选择你能得到的最低值，至于原因后文将讨论。

我们现在可以拓展得到ε_{hlp}的第二个定义。

人工水平表现（定义2）：人群或团体组织做分类工作所能实现的误差ε的最小值。

注释 你不必决定哪个定义是对的，只需使用所得到的最小ε_{hlp}值即可。

现在来看为什么选择能得到的最低值作为ε_{hlp}。假定100张图像中的9张太过模糊不能正确分类，这意味着任何一个分类器所能达到的最小误差为9%。任何一个分类器所能达到的最小误差被称作“贝叶斯误差”。我们记作ε_{Bayes}。在这个例子中，$\varepsilon_{Bayes}=9\%$。通常，ε_{hlp}是非常接近ε_{Bayes}的，至少在人类擅长的领域（例如图像识别）是这样的。通常的说法是，

人工水平误差是贝叶斯误差的替代。一般来说 $\varepsilon_{\text{Bayes}}$ 是不可能或非常难求得的，因此，从业者使用 ε_{hlp} 并假设两者是近似的，因为后者（相对）更容易估计。

请记住，比较这两个值是有意义的，并且只有当人群（或团体）与分类器用相同的方式执行分类时，ε_{hlp} 才是 $\varepsilon_{\text{Bayes}}$ 的一个近似替代。例如，如果两者用同样的图片进行分类是没问题的。但是，在我们的癌症举例中，如果医生使用另外的扫描和分析手段来诊断癌症，那么这样的比较（替代）就是不合理的，因为人工水平将不再是贝叶斯误差的估计。有更多可用数据的医生显然比只拥有图像作为输入的模型拥有更高的准确率。

注释 ε_{hlp} 和 $\varepsilon_{\text{Bayes}}$ 只有在人工和模型以相同方式分类时才近似。所以，在假定人工水平表现可代替贝叶斯误差之前，请务必确定符合假设前提。

另外你可能已注意到，构建模型时，付出相对少量的努力即可实现相当低的错误率并常常（几乎所有情况都）接近 ε_{hlp}。一旦超过了人工水平表现（在一些情况下是可能的），该提升过程常常变得非常缓慢，如图 6-1 所示。

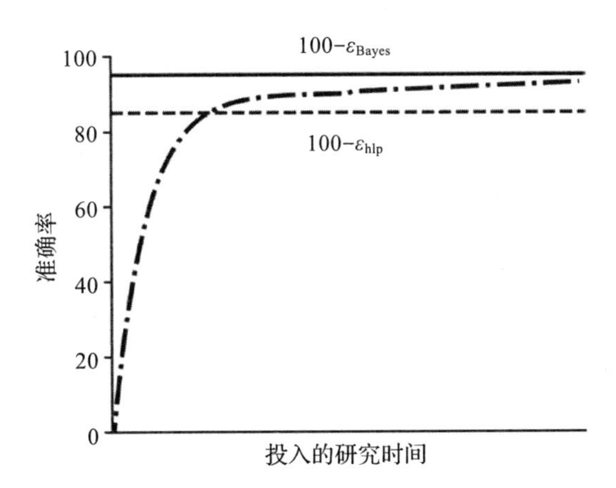

图 6-1　可实现的典型准确率与投入时间。开始时，机器学习模型非常容易实现相当高的准确率并接近 ε_{hlp}，这一趋势在图中有直观的体现。经过那一点后，该过程趋于十分缓慢

只要你的算法误差比 ε_{hlp} 大，就可以使用以下技巧得到更好的结果：

- 从人群或团体组织得到更好的标记。例如，本书例子中的医药数据情形，可向医生群体寻求帮助。
- 从人群或团体组织得到更多经过标记的数据。
- 做一个好的指标分析从而确定得到更好结果的最佳策略，你将在本章学会如何实现。

一旦你的算法超过人工水平表现，就不能再依赖这些技巧。所以，理解这些数字的意义从而得到更好的结果是十分重要的。以 MRI 扫描为例，我们能通过依赖于与人工无关的信息来源得到更好的标记。例如，检查 MRI 扫描日期多年后的诊断结果，因为一个病人是

否患有癌症此时通常是明确的。或者，再例如，在图像分类的例子中，你可以自己决定去拍几千张特定分类的图像。尽管不总是成立，但我想明确这样一个概念：除了要求人工与你的算法一样进行相同工作，你还能通过其他方式得到标记。

注释　在人类擅长的领域，人工水平表现是贝叶斯误差的一个很好替代。但是对于人工做得非常差的工作，人工水平表现可能与贝叶斯误差有很大距离。

6.2　关于人工水平表现的故事

我想通过介绍 Andrej Karpathy 在尝试估计特定情形下的人工水平表现时所做的工作，向你阐述一个故事。你可以在他的博客（https://goo.gl/iqCbC0）上读到这个完整的故事（一篇长文章，但我推荐阅读）。让我概括一下他所做的努力，这对于理解人工水平的本质是极富启发性的。Karpathy 在 2014 年参与了 ILSVRC（ImageNet 大型图像识别挑战赛）(https://goo.gl/PCHWMJ)。工作内容为将 120 万张图像（训练集）分成 1000 个类别，这些图像包含动物、抽象的螺旋形状、风景照等。工作成果经由开发数据集评定。GoogleLeNet（谷歌构建的一个模型）实现了惊人的 6.7% 的误差。当时，Karpathy 对人工如何标注感到好奇。

这个问题实际上比直观理解要复杂得多，因为这些图像全部是由人工分类的，难道不应当 $\varepsilon_{hlp}=0$？事实上，不是的。这些图像首先通过网络搜索得到，然后通过询问人们二元问题进行筛选和标记。比如，这是否为一个钩子？正如 Karpathy 在博客文章中提到的，这些图片通过二元方式被收集。人们并未被要求与我们的算法一样从 1000 个可选类别中为每张图像选取合适的类标签。尽管你可能会认为这是一个专业性问题，但是关于标签制作方式的差异使得对 ε_{hlp} 的正确评估变得有些复杂。因此，Karpathy 开始搭建一个网页做这项工作，页面左边为一张图像，右边是附有图例的 1000 个类标签。在图 6-2 中，可以看到这个界面的一个例子。登录 https://goo.gl/Rh8S6g，可以亲自试试这个网页（并且我十分推荐），从而理解这个工作是多么复杂。人们在这里经常会弄错分类标签而犯错，最佳的（最小）误差记录是 15%。

因此，Karpathy 做了每个科学家职业生涯中有时必须做的事：他忍受枯燥并自己做了一个仔细的标注，有时单张图像耗时 20 分钟。正如他在博客中写道的，他这么做仅仅是为了探索科学。他能够达到惊人的 $\varepsilon_{hlp}=5.1\%$，比当时最佳的算法低 1.7%。他列出了 GoogleLeNet 比人工更容易受影响而犯错的根源，比如单张图像中含有多个对象，以及人工比 GoogleLeNet 更容易受影响而犯错的根源，例如有大量粒度的归类问题（比如狗的图像被分入 120 个不同的子类）。

如果你有几个小时空闲，我建议你试试这个网站。你将对评估人工水平表现的难度有一个全新的理解。定义和衡量人工水平表现是一项富有技巧的工作。ε_{hlp} 依赖于人工执行分类工作的方式，而该方式取决于投入的时间、执行人的耐心以及许多难以量化的其他因素，理解这一点很重要。之所以如此重要，除了知道机器何时比人类做得更好的哲学方面以外，主要原因是它通常用作贝叶斯误差的替代，这让我们的可能性有更低的极限。

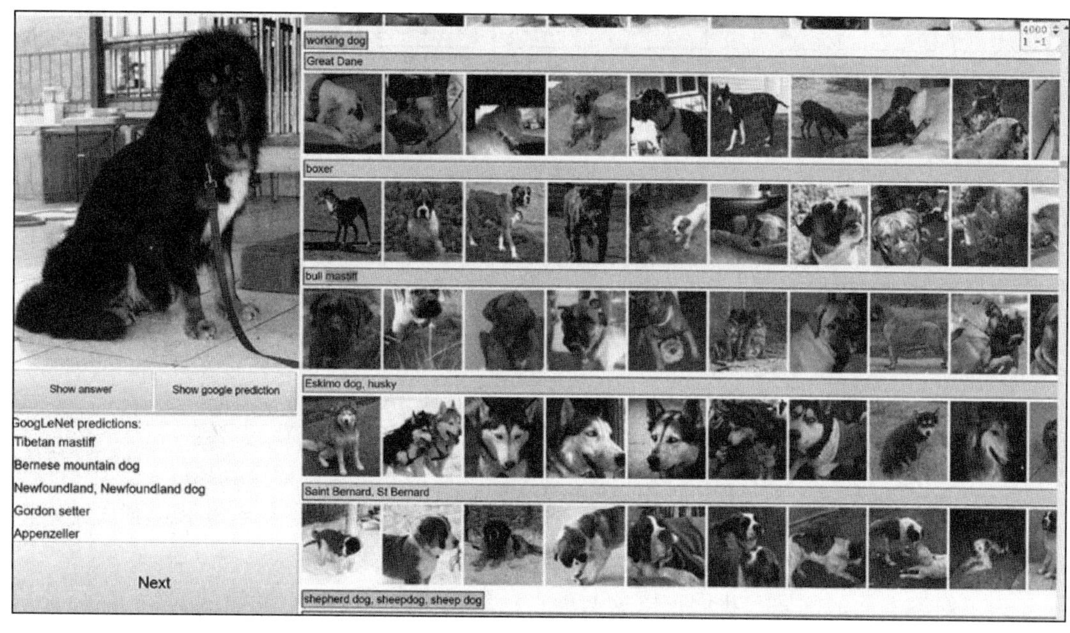

图 6-2 Karpathy 开发的网页界面，浏览 120 个狗的品种并将左边的狗归类，并不是每个人都会感到有趣（附带说一句，左边那只狗是藏獒）

6.3 MNIST 中的人工水平表现

在继续讨论下一个主题之前，我希望向你展示在另一个数据集上的人工水平表现，即 MNIST 数据集。其人工水平表现已经被广泛地分析过了，并发现 ε_{hlp}=0.2%。你可以读到 DanCiresan 关于该主题的一篇很好的综述（"Multi-column Deep Neural Networks for Image Classification," Technical Report No. IDSIA-04-12, Dalle Molle Institute for Artificial Intelligence, https://goo.gl/pEHZVB。）现在你也许奇怪，为什么人工识别简单数字不能达到 100% 准确率，但是请参考图 6-3，并尝试辨认这些图像分别是什么数字。我自己当然做不到。现在你应该已经更好地理解为什么人工永远做不到 ε_{hlp}=0 和 100% 准确率了。其他的原因也许和人们的文化背景有关。比如，在一些国家，数字 7 的写法和别的数字十分相似，因而在某些情况下会导致错误；而在其他国家，数字 7 在竖线处有一个小破折号，这使得它容易被区分。

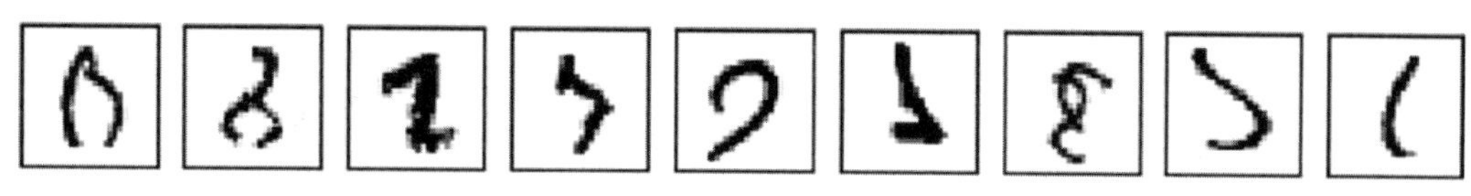

图 6-3 MNIST 数据集中几乎不可能被辨认的一组数字，这样的例子展示了 ε_{hlp} 不能为 0 的一个原因

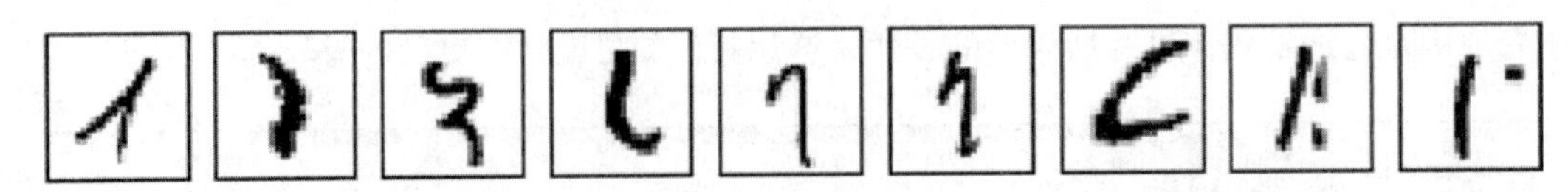

图 6-3 （续）

6.4 偏差

现在我们从指标分析开始：通过衡量在不同数据集上的优化指标，用一系列流程来评价你的模型表现和数据好坏。

注释 指标分析包含一系列流程，通过衡量在不同数据集上的优化指标，提供关于你的模型表现和数据好坏的信息。

首先，我们必须定义第三种误差，即在训练集上评估的误差，记作 $\varepsilon_{\text{train}}$。

第一个我们想回答的问题是我们的模型是否足够灵活或复杂，从而能够达到人工水平表现。换而言之，我们想知道我们的模型是否高度偏离人工水平表现。

为了回答上面的问题，我们可以这么做：计算模型在训练集上的误差 $\varepsilon_{\text{train}}$，然后计算 $|\varepsilon_{\text{train}} - \varepsilon_{\text{hlp}}|$。如果这个值不小（超过百分之几），则说明我们面临偏差（有时称为“可避免偏差”），即我们的模型太过简单，不能捕捉数据中的细微内容。

因此我们定义：

$$\Delta\varepsilon_{\text{Bias}}=|\varepsilon_{\text{train}} - \varepsilon_{\text{hlp}}|$$

$\Delta\varepsilon_{\text{Bias}}$ 越大，模型的偏差越大。在这种情况下，你希望在训练集上表现得更好，因为你知道模型在训练数据上可以有更好的表现。（我们马上会讨论过拟合的问题。）下面的技术可以帮助减小偏差：

- 更大的网络（更多层数或神经元）
- 更复杂的架构（比如卷积神经网络）
- 延长训练时长（迭代更多次）
- 使用优化器（比如 Adam）
- 做一个更好的超参数搜索（第 7 章内容）

另外还有一点你需要理解。知道 ε_{hlp} 和降低偏差以达到它可以是两件不相关的事情。即便你知道所研究问题的 ε_{hlp}，并不意味着你必须达到它。原因很可能是你使用了错误的架构，但你可能不具备构建更复杂网络所需的技能；也可能是（硬件或基础设施方面的）能力和投入阻碍了你实现更理想的误差水平。因此，请始终记住你的问题需求是什么，并努力理解做到什么程度是足够的。对于识别癌症的应用来说，你也许希望尽可能实现最高的准确率：你肯定不想一个月后才给某人发癌症通知。另一方面，如果你构建了一个通过网络图像识别猫的系统，你也许会发现比 ε_{hlp} 高的误差是完全可接受的。

6.5 指标分析图

在本章中，我们将探讨你在开发模型中可能遇到的各种问题，以及如何识别它们。我们已经看到了一个问题，即偏差，有时又称为“可避免偏差”。我们已经知道如何通过计算 $\Delta\varepsilon_{Bias}$ 来研究该问题。本章结束时，你将得到几个可计算的量从而识别一些问题。为了更好地理解这些量，我通常喜欢用一个我称作 MAD 的图（指标分析图）。它只是一个条形图，其中每个条形代表一个问题。先画一个目前我们已讨论过的偏差，如图 6-4 所示。现在它看起来有点简单笨拙，但是当你同时有好几个问题的时候，你就会发现 MAD 是多么有效。

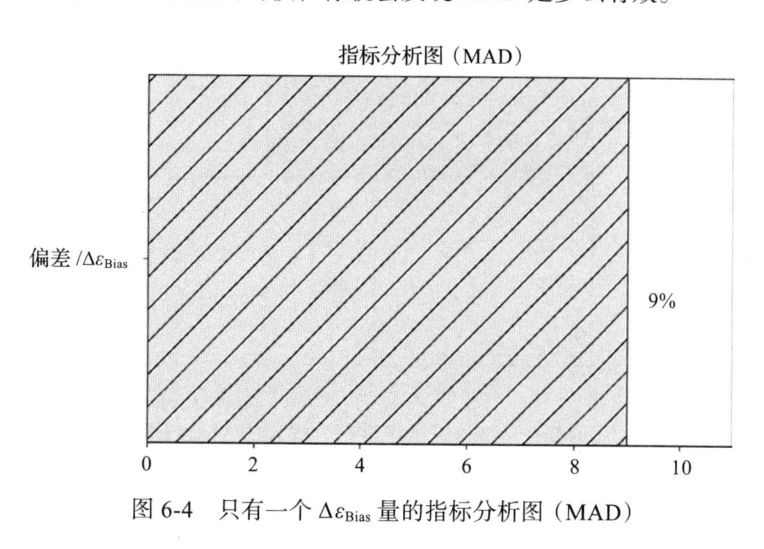

图 6-4 只有一个 $\Delta\varepsilon_{Bias}$ 量的指标分析图（MAD）

6.6 训练集过拟合

另一个我们在前面的章节中讨论过的问题是训练集的过拟合。你应该记得，在第 5 章中，我们实践回归时看到了一个极端的过拟合例子，$MSE_{train} \ll MSE_{dev}$。同样，过拟合也适用于分类问题。我们将训练集上的模型误差记作 ε_{train}，将验证集中的误差记作 ε_{dev}。那么，当 $\varepsilon_{train} \ll \varepsilon_{dev}$ 时，我们称过拟合训练集。因此我们定义新的量：

$$\varepsilon_{overfitting\ train}=|\varepsilon_{train} - \varepsilon_{dev}|$$

如果 $\varepsilon_{overfitting\ train}$ 超过百分之几，就可以说训练集过拟合。

现在总结一下已经定义和讨论过的三个误差：

- ❑ ε_{train}：分类器在训练集上的误差
- ❑ ε_{hlp}：人工水平表现（同上一节讨论过）
- ❑ ε_{dev}：分类器在验证集上的误差

有了以上三个量，我们可以定义：

- ❑ $\varepsilon_{Bias}=|\varepsilon_{train} - \varepsilon_{hlp}|$：度量训练集与人工水平表现之间的偏差

- $\Delta\varepsilon_{\text{overfitting train}}=|\varepsilon_{\text{train}}-\varepsilon_{\text{dev}}|$：度量训练集的过拟合程度

另外，现在我们已经使用的两个数据集：

- 训练集：用来训练模型的数据集（你现在应该已经知道它）
- 验证集：用来检查训练集过拟合程度的第二个数据集

现在假设模型有偏差并轻度过拟合训练集，具体地说，我们有 $\Delta\varepsilon_{\text{Bias}}=6\%$ 和 $\Delta\varepsilon_{\text{overfitting train}}=4\%$。MAD 现在如图 6-5 所示。

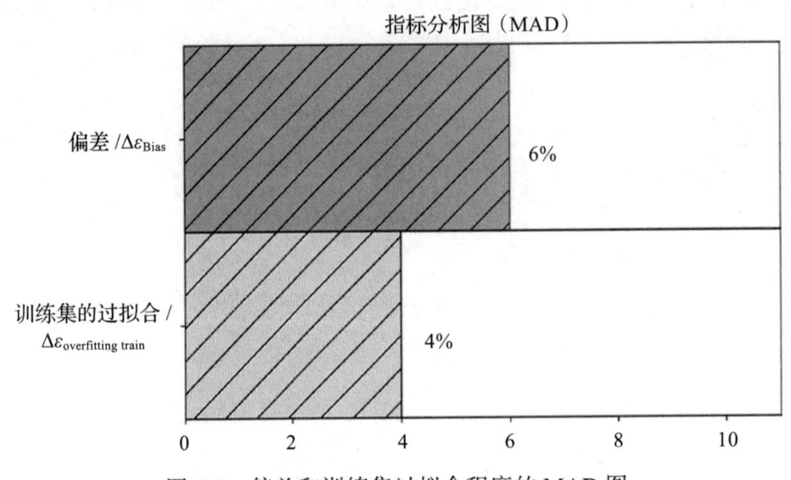

图 6-5　偏差和训练集过拟合程度的 MAD 图

正如在图 6-5 中看到的，你可以快速总览已有问题的相对严重程度，同时决定先解决哪个问题。

通常，当过拟合训练集时，它一般被当作一个方差问题。当它发生时，你可以尝试以下几种技术来减小该问题：

- 为训练集增加数据
- 使用正则化（完整讨论请参阅第 5 章）
- 尝试数据放大（比如，当处理图像时，可以尝试旋转或移动它们）
- 尝试“更简单的”网络架构

一般来说，解决该问题没有固定的规律可循，因此必须尝试哪种技术对于你的问题效果最佳。

6.7　测试集

我想简单提一下你可能遇到的另一个问题（我们将在第 7 章详细探讨），因为这涉及超参数的研究。回想一下，你是如何决定机器学习项目的最佳模型的（顺带提一下，不局限于深度学习）？假设我们在研究分类问题。首先，我们需要决定选取哪个优化指标，不妨假设使用准确率。然后我们构建一个初始系统，向它输入训练数据，然后看它在验证集中的表现，从而检查是否过拟合训练集。你应该记得在前面的章节中，我们常提到超参数——不随学习过程变动的参数。超参数的示例有学习率、正则化参数等，我们在前面的章节中已经见过不少。如果你在使用特定的神经网络架构，则需要研究这些超参数的最佳值，以了解你的模型的性能。为了实现这一目的，需要用不同的超参数值训练几个模型，并用验证集进行检测。可能发生的情况是，你的模型在验证集中运行良好，但完全不能泛化，因为你选择的最佳值只是基于验证集得到的。你为超参数选择特定值会招来过拟合验证集的风险。为了检查这种情况，需要创建第三个数据集，即测试（数据）集，这需要从初始数据集中分割出一部分，用来检查模型的表现。

我们必须定义一个新的量：

$$\Delta\varepsilon_{\text{overfitting dev}}=|\varepsilon_{\text{dev}} - \varepsilon_{\text{test}}|$$

其中，$\varepsilon_{\text{test}}$ 是测试集上得到的误差。我们可以将这个量添加到 MAD 图中（如图 6-6）。

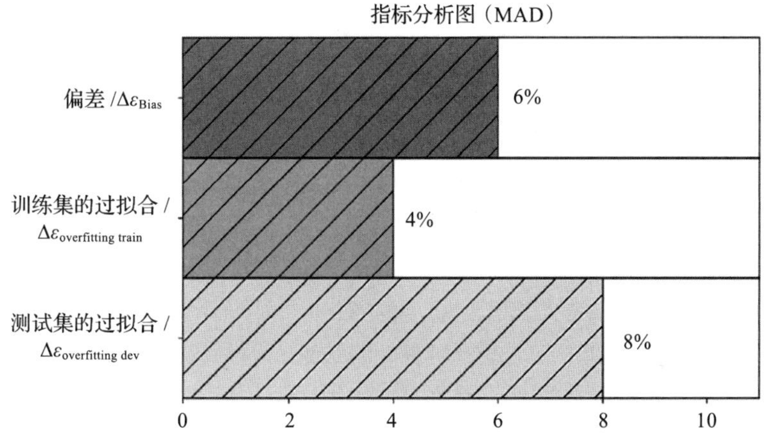

图 6-6 偏差、训练集过拟合和验证集过拟合三个问题的 MAD 图

注意，如果不做任何超参数搜索，则不需要测试集。只有需要进行扩展搜索时它才有用，否则，在大多数情况下，它是无用的，而且会减少用于训练的样本。我们目前的讨论假定你的验证集和测试集样本有着相同的特征。比如，如果你正在研究图像识别问题并且决定用高分辨率的智能手机图像进行训练，而用网页上的低分辨率图像作为测试集，则可能会得到一个大的 $|\varepsilon_{\text{dev}} - \varepsilon_{\text{test}}|$，但是这仅仅是由图像的差异导致的，而不是由于过拟合问题。我将在后面的章节讨论来源于不同分布的不同数据集将产生的后果，还将讨论这个差异的意义以及你能做些什么。

6.8 如何拆分数据集

现在我想简要讨论如何在一般和深度学习的情形下拆分数据集。

但“拆分”确切的含义是什么呢？正如前面的小节讨论过的，你需要一组称作训练集的样本让模型学习，另外还需要一组样本构建验证集，最后还要一组样本作为测试集。比如，典型情况下，可以将总样本的60%作为训练集，20%作为验证集，20%作为测试集。一般来说，这样的拆分记作：60/20/20。其中，第一个数（60）指训练集占总样本数的比例，第二个数（20）指验证集的占比，最后一个数（20）指测试集的占比。在书籍、博客、文章中，你也许会遇到诸如“我们将以80/10/10的比例拆分我们的数据集”的说法，即为以上含义。

一般来说，在深度学习领域，你将处理的都是大数据集。比如，如果我们有$m=10^6$，则可以使用98/1/1拆分。注意，10^6的1%是10^4，一个大数字！请牢记，验证集和测试集必须足够大才能提供高可信度的模型评估，但并不是不必要的大。另外，你需要保留尽量多的样本作为训练集。

注释　决定如何拆分数据集时，如果有大量的样本（比如10^6或更多），当然可以以98/1/1或90/5/5的比例拆分数据集。所以，只要验证集和测试集达到合理的规模（取决于所研究的问题），就不用更大了。所以，考虑如何拆分数据集时，请将验证集和测试集的合理规模牢记于心。

现在请记住另一点，你可能也知道，规模并不是一切。你的验证集和测试集应该对你的训练集和所研究的问题具有代表性。我们举例说明，考虑之前提到的ImageNet挑战赛。你需要把图像分成1000个不同的类，为了知道你的模型在验证集和测试集上的运行表现，你需要这两个数据集中的每个类都有足够多的图像。如果你决定只给验证集或测试集提供1000个样本，你将不能得到任何合理（可信）的结论。因为，如果每个类都在验证集中被代表，则每个类将只得到一个样本。因此，举例来说，你应该至少为你的验证集和测试集各选100张图像，以构建两个数据集，每个包含10^5个样本（记住，我们有1000个类）。在这种情况下，低于这个数字是不合理的。这不仅在深度学习环境中有实质意义，而且在机器学习的一般情况下也适用。为了让你理解我的意思，我们拿MNIST数据集举例。如我们之前做的，我们先通过如下代码加载数据集：

```
import numpy as np
from sklearn.datasets import fetch_mldata
mnist = fetch_mldata('MNIST original')
X,y = mnist["data"], mnist["target"]
total = 0
```

然后，检查各个数字在数据集中出现的频率：

```
for i in range(10):
    print ("digit", i, "makes", np.around(np.count_nonzero
(y == i)/70000.0*100.0, decimals=1), "% of the 70000 observations")
```

得到以下结果：

```
digit 0 makes 9.9 % of the 70000 observations
digit 1 makes 11.3 % of the 70000 observations
digit 2 makes 10.0 % of the 70000 observations
digit 3 makes 10.2 % of the 70000 observations
digit 4 makes 9.7 % of the 70000 observations
digit 5 makes 9.0 % of the 70000 observations
digit 6 makes 9.8 % of the 70000 observations
digit 7 makes 10.4 % of the 70000 observations
digit 8 makes 9.8 % of the 70000 observations
digit 9 makes 9.9 % of the 70000 observations
```

每个数字出现在数据集中的次数并不一致。当我们构建验证集和测试集时，应该检查数据的分布是否反映了这一点，否则，当我们将模型应用于验证集和测试集时，可能得到没有意义的结果，因为模型是从有不同类别分布的数据集学习得到的。你应该记得第 5 章中，我们通过下面的代码创建了一个验证集：

```
np.random.seed(42)
rnd = np.random.rand(len(y)) < 0.8

train_y = y[rnd]
dev_y = y[~rnd]
```

在这里，为了阐述清楚，我只是拆分标签以展示算法是怎么工作的。在实际应用中，你应该也需要拆分这些特征。因为我们的原始分布几乎是一致的，你应该希望一个和原始分布相近的结果。为此，让我们试试下面的代码：

```
for i in range(10):
    print ("digit", i, "makes", np.around(np.count_nonzero
    (train_y == i)/56056.0*100.0, decimals=1), "% of the 56056
    observations")
```

运行结果如下：

```
digit 0 makes 9.9 % of the 56056 observations
digit 1 makes 11.3 % of the 56056 observations
digit 2 makes 9.9 % of the 56056 observations
digit 3 makes 10.1 % of the 56056 observations
digit 4 makes 9.8 % of the 56056 observations
digit 5 makes 9.0 % of the 56056 observations
digit 6 makes 9.8 % of the 56056 observations
digit 7 makes 10.4 % of the 56056 observations
digit 8 makes 9.8 % of the 56056 observations
digit 9 makes 9.9 % of the 56056 observations
```

你可以把这些结果和处理整个数据集得到的结果进行对比。你将注意到它们是十分相近的，但并不相同（比如，对比数字2的结果），但却足够近似。在这种情况下，我将毫无顾虑地继续推进。但是，现在我们来构想一个稍微不同的例子。假设不是随机选取样本作为训练集和验证集，而是决定将样本的前80%作为训练集，剩下的20%作验证集，因为假设样本在原始NumPy数组中是随机分布的。现在我们开始尝试并了解接下来将发生什么。首先我们构建训练集和验证集，将前56000(0.8*7000)个样本作为训练集，剩下的作为验证集：

```
srt = np.zeros_like(y,  dtype=bool)

np.random.seed(42)
srt[0:56000] = True

train_y = y[srt]
dev_y = y[~srt]
```

我们可以再次检查有多少数字：

```
 total = 0
for i in range(10):
    print ("class", i, "makes", np.around(np.count_nonzero
    (train_y == i)/56000.0*100.0, decimals=1), "% of the 56000
    observations")
```

运行后得到以下结果：

```
class 0 makes 8.5 % of the 56000 observations
class 1 makes 9.6 % of the 56000 observations
class 2 makes 8.5 % of the 56000 observations
class 3 makes 8.8 % of the 56000 observations
class 4 makes 8.3 % of the 56000 observations
class 5 makes 7.7 % of the 56000 observations
class 6 makes 8.5 % of the 56000 observations
class 7 makes 9.0 % of the 56000 observations
class 8 makes 8.4 % of the 56000 observations
class 9 makes 2.8 % of the 56000 observations
```

你注意到有什么不同了吗？最大的区别是，类别9在这种情况下只出现了2.8%，而在之前的情况下为9.9%。这说明我们之前假设类别的分布随机且一致显然是不对的。如果我们继续，这种情形下检查模型的运行情况将是十分危险的，因为你的模型可能最终学习这种被称作“不平衡类分布”的数据。

注释 一般来说，一组不平衡类分布的数据是指这样一个分类问题：其中一个或多个类对比其他类，出现的次数不同。一般来说，当差异显著时，这将在学习过程中成为一个问题，而百分之几的差异常常是不重要的。

例如，你有一个包含三个类别的数据集，如果每个类有 1000 个样本，那么这个数据集就有完美的平衡类分布。但是，如果在类别 1 只有 100 个样本，而类别 2 有 210 000 个样本，并且类别 3 有 35 000 个样本，那么就需要讨论不平衡类分布问题。你不应该认为这是一个罕见现象。假设必须建立一个识别信用卡诈骗交易的模型，那么可以肯定地说，这些交易肯定只是所处理的全部交易记录中的一小部分。

注释 拆分数据集时，必须不仅注意每个数据集的样本数量，而且还要注意样本在每个数据集的分布状况。值得注意的是，该问题不仅适用于深度学习，同时在机器学习中也是重要的。

深入讨论如何处理不平衡数据集的细节已经超出本书的范畴，但理解它们造成的影响是很重要的。因此下一节将介绍如果用不平衡数据集训练神经网络将发生什么，以便你对可能出现的情况有一个具体的了解。在这一节末尾，关于这种情况下如何操作还会提供几个提示。

6.9 不平衡类分布：会发生什么

因为我们正在讨论如何拆分数据集从而进行指标分析，所以理解不平衡类分布和知晓如何应对是很重要的。在深度学习中，你将发现需要非常频繁地拆分数据集，并且你应该意识到，如果错误地拆分数据集会导致什么样的问题。我们用一个具体的例子来说明错误的方式会使事情会变得多糟。

我们将使用 MNIST 数据集，并用单一神经元做逻辑回归（第 2 章做过）。我们将快速回顾如何加载和准备数据，并用类似于第 2 章的方式实现，只有一些地方将有改动。首先，加载数据：

```
import numpy as np
from sklearn.datasets import fetch_mldata
from sklearn.metrics import confusion_matrix
import tensorflow as tf

mnist = fetch_mldata('MNIST original')
Xinput,yinput = mnist["data"], mnist["target"]
```

重头戏来了。我们通过以下方式创造新标签：我们给所有数字 0 的样本分配标签 0，其他的数字（1，2，3，4，5，6，7，8，9）分配标签 1。代码如下：

```
y_ = np.zeros_like(yinput)
y_[np.any([yinput == 0], axis = 0)] = 0
y_[np.any([yinput > 0], axis = 0)] = 1
```

现在，数组 y_ 将包含新标签。注意，现在数据集是严重不平衡的。标签 0 出现次数大约占总数的 10%，而标签 1 出现次数占总数的 90%。让我们随机拆分出训练集和验证集：

```
np.random.seed(42)
rnd = np.random.rand(len(y_)) < 0.8

X_train = Xinput[rnd,:]
y_train = y_[rnd]
X_dev = Xinput[~rnd,:]
y_dev = y_[~rnd]
```

接下来标准化训练集：

```
X_train_normalised = X_train/255.0
```

然后转置并准备张量：

```
X_train_tr = X_train_normalised.transpose()
y_train_tr = y_train.reshape(1,y_train.shape[0])
```

之后给变量命名：

```
Xtrain = X_train_tr
ytrain = y_train_tr
```

接下来开始构建单一神经元网络，这与在第 2 章中完全一样。

```
tf.reset_default_graph()

X = tf.placeholder(tf.float32, [n_dim, None])
Y = tf.placeholder(tf.float32, [1, None])
learning_rate = tf.placeholder(tf.float32, shape=())

W = tf.Variable(tf.zeros([1, n_dim]))
b = tf.Variable(tf.zeros(1))

init = tf.global_variables_initializer()y_ = tf.sigmoid(tf.matmul(W,X)+b)
cost = - tf.reduce_mean(Y * tf.log(y_)+(1-Y) * tf.log(1-y_))
training_step = tf.train.GradientDescentOptimizer(learning_rate).
minimize(cost)
```

如果你不理解这些代码，请回顾第2章查阅细节。我希望你现在充分理解这些简单模型，因为我们已经见过多次了。下一步，定义一个函数来运行模型（前面的章节多次出现过）：

```
def run_logistic_model(learning_r, training_epochs, train_obs, train_
labels, debug = False):
    sess = tf.Session()
    sess.run(init)

    cost_history = np.empty(shape=[0], dtype = float)

    for epoch in range(training_epochs+1):

        sess.run(training_step, feed_dict = {X: train_obs, Y: train_labels,
        learning_rate: learning_r})

        cost_ = sess.run(cost, feed_dict={ X:train_obs, Y: train_labels,
        learning_rate: learning_r})
        cost_history = np.append(cost_history, cost_)
        if (epoch % 10 == 0) & debug:
            print("Reached epoch",epoch,"cost J =", str.format
            ('{0:.6f}', cost_))

    return sess, cost_history
```

我们通过以下代码运行模型：

```
sess, cost_history = run_logistic_model(learning_r = 0.01,
                                training_epochs = 100,
                                train_obs = Xtrain,
                                train_labels = ytrain,
                                debug = True)
```

并通过下述代码检查准确率（在第2章中详细解释过）：

```
correct_prediction=tf.equal(tf.greater(y_, 0.5), tf.equal(Y,1))
accuracy = tf.reduce_mean(tf.cast(correct_prediction, tf.float32))
print(sess.run(accuracy, feed_dict={X:Xtrain, Y: ytrain, learning_rate:
0.05}))
```

我们得到了难以置信的91.2%的准确率。并不坏，是吧？但是，能确信这个结果如此好么？现在通过下面的代码检查一下标签的混淆矩阵[⊖]：

⊖ 在机器学习分类中，混淆矩阵是这样一个矩阵：其每一列表示预测类中的实例数，而每一行表示实际类中的实例数。

```
ypred = sess.run(tf.greater(y_, 0.5), feed_dict={X:Xtrain, Y: ytrain,
learning_rate: 0.05}).flatten().astype(int)
confusion_matrix(ytrain.flatten(), ypred)
```

运行代码后得到以下结果：

```
array([[ 659, 4888],
       [ 6, 50503]], dtype=int64)
```

稍微整理格式并添加说明信息后，这个矩阵如表 6-1 所示。

表 6-1　上文模型的混淆矩阵

	预测类别 0	预测类别 1
实际类别 0	659	4888
实际类别 1	6	50503

我们该如何读这张表？在"预测类别 0"这一列，你看到的是模型将实际类别预测为类别 0 的样本数。659 是模型预测为类别 0，并且实际也属于类别 0 的样本数。6 是模型预测为类别 0，但实际属于类别 1 的样本数。

很容易看到的是，我们的模型实际上几乎将所有样本都预测为类别 1（总数量为 4888+50503=55391）。而正确的分类样本数为 659（类别 0）和 50503（类别 1），总计 51162 个样本。正如 TensorFlow 代码告诉我们的，因为训练集有 56056 个样本，所以准确率为 51162/56056=0.912。但这并不意味着我们的模型足够好，这仅仅是因为它实际上将几乎所有的样本都归入类别 1。在这种情况下，我们不需要一个神经网络来实现这种准确率。真正发生的事情是，我们的模型发现归属于类别 0 的样本如此少，以至于这些样本不足以影响学习过程。学习被归属于类别 1 的样本支配了。

开始时看起来不错的结果最终被证明实际上很糟。如果你不关注分类的分布状况，这就是一个让事情变得多糟的例子。当然，这并不仅仅是在拆分数据集时适用，而是在处理分类问题时一般都适用，不管你想训练什么样的分类器。（这也不仅仅适用于神经网络。）

注释　在复杂问题中拆分数据集时，不仅应该特别注意数据集的样本数，而且还要注意选择什么样本和类别分布状况。

最后，提供几个处理不平衡分布问题的提示。

- 改变你的指标：在前面的例子中，你也许想使用别的指标而不是准确率，因为它可能产生误导。比如，你可以尝试使用混淆矩阵或其他指标，比如精确度、召回率或 F1。另一种评估模型的方式（同时我也强烈推荐）是 ROC 曲线，它将极大地帮助你。

- 使用欠采样数据集。例如，假如有1000个样本类别为1，100个样本类别为2，随机选取类别1的100个样本和类别2的100个样本，就可以创建一个新的数据集。然而，这个方法的问题是，通常会得到少很多的数据用于训练模型。
- 使用过采样数据集。也可以采用相反的做法。在上面的示例中，也可以选取类别2中的100个样本，并且将它们复制10倍，最终拥有1000个类别2的样本（有时也称为替换采样）。
- 设法增加属于类别更少的一类的数据：这并不总是可行。在信用卡诈骗交易的例子中，你不可能设法并产生新数据，除非你想蹲监狱。

6.10 精确率、召回率和F1指标

下面讨论一些处理不平衡分布时十分有用的其他指标。考虑以下示例，假设我们正在做一些判断受试对象是否患有某种疾病的测试。如果有250个测试结果，请考虑以下混淆矩阵（从前面的讨论中你应该已经知道它了）：

	预测：NO	预测：YES
真实值：NO	75	15
真实值：YES	10	150

我们用 N 表示测试结果的总数，在这个例子中 $N=250$。我们将用到以下术语：

- 真阳性（True positives，tp）：预测为有病且受试对象确有疾病的测试
- 真阴性（True negatives，tn）：预测为无病且受试对象确无疾病的测试
- 假阳性（False positives，fp）：预测为有病但受试对象确无疾病的测试
- 假阴性（False negatives，fn）：预测为无病但受试对象确有疾病的测试

这样即可将混淆矩阵解释为：

	预测：NO	预测：YES
真实值：NO	TRUE NEGATIVES	FALSE POSITIVES
真实值：YES	FALSE NEGATIVES	TRUE POSITIVES

让我们用 ty 表示有疾病的病人的数量，在这个例子中，$ty=10+150=160$；我们用 tno 表示无疾病的病人数量，则 $tno=75+15=90$。在这个例子中我们将有

$$tp=150$$

$$tn=75$$

$$fp=15$$

$$fn=10$$

现在可以将几种指标表示为上面讨论过的术语的函数，比如：

- 准确率：(tp+tn)/N，测试正确的频率。
- 误判率：(fp+fn)/N，测试误判的频率。注意，它等价于1-准确率。

- 灵敏度/召回率：tp/ty，有疾病的受试者被正确地预测有疾病的频率。
- 特异度：tn/tno，受试者无疾病而我们的测试预测为无的频率。
- 精确度：tp/(tp+fp)，所有预测为有疾病的测试中受试者确有疾病的比例。

针对你的问题，所有这些量都能被用作指标。我们来看一个实例，假设你的测试需要预测一个人是否患有癌症。这种情况下，你想做的是得到最高的灵敏度，因为成功地预测疾病很重要。但同时，你也想要高精确度，因为导致病人接受不需要的治疗也是最糟糕的事。

现在，我们更细致地讨论精确度和召回率。高精确度意味着当你判断某人患病时，你很可能是对的。但是你不知道多少人真正患病，因为这个量的定义仅仅与你的测试结果相关。精确度是对测试表现的评价。而高召回率意味着你能辨别出样本中的所有患病对象。我再用一个例子解释清楚，假设有1000个人，其中10人患病，990人健康。假定我们想辨别出健康的人（这是重要的），则建立一个测试，在某人健康时反馈为正并且**始终**做出病人健康的预测。混淆矩阵会是这样的：

	预测：NO（生病）	预测：YES（健康）
真实：NO（生病）	0	10
真实：YES（健康）	0	990

我们会有

$$tp=990$$

$$tn=0$$

$$fp=10$$

$$fn=0$$

这意味着：

- 准确率达99%。
- 误判率为10/1000，即1%。
- 召回率为990/990，即100%。
- 特异度为0%。
- 精确度为99%。

这看起来挺好，是吗？如果我们想找到健康的人，这个测试的确挺好。但唯一的问题是识别出患病的人更加重要！我们重新计算先前的量，但是这次考虑把某人患病作为预测为正的结果。这种情况下的混淆矩阵是这样的：

	预测：NO（健康）	预测：YES（生病）
真实：NO（健康）	990	0
真实：YES（生病）	10	0

因为这次正的结果意味着某人患病，而不是像之前那样代表健康，所以我们重新计算各个量：

$$tp=0$$
$$tn=990$$
$$fp=0$$
$$fn=10$$

因此：

- 准确率仍是 99%。
- 误判率仍为 10/1000，即 1%。
- 召回率现在为 0/10，即 0%。
- 特异度为 990/990，即 100%。
- 精确度为 (0+0)/1000，即 0%。

注意，准确率保持不变。但如果只看准确率，则不能清楚认识模型的表现。因为仅仅是改变了预测目标，并且仅用准确率，所以不能断言模型的表现。但是可以看到召回率和精确度的改变。我们用下面的矩阵进行比较：

	预测健康人数	预测生病人数
召回率	100%	0%
预测率	99%	0%

针对我们提出的问题，现在这种变化可以提供给充分信息。注意，改变预测目标将改变混淆矩阵。观察上面的矩阵，可以立刻断言：模型在预测健康方面工作得很好（不是很有用），但是在预测患病方面惨败。

这里有另一个指标值得一提，那就是 F1 分数，它被定义为

$$\text{F1}=\frac{2}{\frac{1}{\text{精确度}}+\frac{1}{\text{召回率}}}=2\frac{\text{精确度}\cdot\text{召回率}}{\text{精确度}+\text{召回率}}$$

很难从上面的式子中得到一个直观的理解，但是它根本上是精确度和召回率的调和平均。之前的例子太过极端，0% 的召回率和精确度使我们无法计算 F1。可以假设模型尽管在预测患病者方面仍比较差，但没这么极端。假设有下面的混淆矩阵：

	预测：NO（健康）	预测：YES（生病）
真实：NO（健康）	985	5
真实：YES（生病）	9	1

这种情况下，我们有（中间过程的计算留给读者）：

- 精确度：54.5%
- 召回率：10%

我们还有

$$\text{F1}=2\cdot\frac{0.545*0.1}{0.545+0.1}=2\frac{0.0545}{0.645}=0.16.9\rightarrow16.9\%$$

这个量将为你调控精确度（正确预测对象患病的预测数占所有患病预测数的比例）和召回率（患病对象中被预测为患病的比例）提供信息。对于一些问题，你希望最大化精确度，而对于另一些问题，则希望最大化召回率。如果是这种情况，只需选择合适的指标。需要注意的是，不论是精确度为32%和召回率为45%，还是精确度为45%和召回率为32%，F1分数是相同的。如果你想在精确度和召回率之间寻求平衡，请使用F1分数。

注释　F1分数适用于你想最大化精确度和召回率的调和平均值的情况。换而言之，当你不想单独最大化精确度或召回率，只是想找到两者间的平衡时，则使用它。

如果计算预测健康对象的F1分数（像我们开始时做的那样），我们有

$$F1 = 2\frac{1.0 \cdot 0.99}{1.0 + 0.99} = 2\frac{0.99}{1.99} = 0.995 \rightarrow 99.5\%$$

这说明这个模型在预测健康方面效果相当好。

F1分数常常是有用的，因为一般来说，作为一个指标，你想要的是一个单独的数字，而不是在精确度和召回率之间抉择，尽管它们同样是有用的指标。记住，指标的值通常取决于你探讨的问题（对于你什么是yes，什么是no）。你需要意识到你的解释始终依赖于你想回答的问题。

注释　记住，在计算指标时，无论是哪个指标，改变你的问题都将改变其结果。你从一开始就必须非常清楚你想预测的问题，并选择合适的指标。在高度不平衡的数据集中，使用诸如召回率、精确度甚至F1（精确度和召回率的平均）等其他指标替代准确率一直是好的选择。

6.11　不同分布的数据集

现在讨论另一个术语，它将使你理解深度学习世界的一个广泛存在的问题。你经常看到这样的句子："数据集来源于不同分布。"这个句子不太容易理解。举个例子，现在有两个数据集，一个由专业DSLR图像组成，另一个由性能不佳的智能手机拍摄的图像组成。在深度学习世界，我们称这两个集合来源于不同分布。但是这句话的实际意义是什么？这两个数据集由于种种原因而不同：图像的分辨率、不同镜头导致的模糊度、颜色数量、聚焦质量和其他可能的原因。所有这些差异构成通常用分布来表示的东西。现在我们来看另一个例子，假如有两个数据集，一个是白猫图像，另一个是黑猫图像。同样，在这个例子中，我们会讨论不同分布。当我们用一个数据集训练模型却希望应用到另一个数据集时，这将成为一个问题。比如，用白猫的数据训练一个模型，你也许发现它将不能在黑猫的数据集中运行良好，因为你的模型在训练时从未见过黑猫。

注释 谈论来源于不同分布的数据集时，通常意味着两个数据集的样本有不同的特点：黑猫和白猫、高分辨率图像和低分辨率图像、意大利语记录的演讲和德语记录的演讲，等等。

由于数据如此珍贵，人们经常努力通过不同的来源创建数据集（训练集、验证集等）。比如你也许想用一些网络图片数据集训练你的模型，并用你自己的智能手机拍摄的图片检查模型的好坏。类似这样尽可能多地使用数据看起来似乎是个好主意，但实际上这可能会让你头痛。我们看看实例中会发生什么，从而对于这类事情的后果有些理解。

我们考虑第 2 章用过的 MNIST 数据集的子集。它由 1 和 2 两个数字组成。我们将建立一个验证集，并将其中一个子集的图像向右移动 10 个像素单位，这样数据就来源于不同分布。我们将用初始数据集训练模型，并将模型应用于向右移动 10 像素单位的图像，然后看看会发生什么。首先加载数据（你可以参阅第 2 章获取更多细节）：

```
import numpy as np
from sklearn.datasets import fetch_mldata
%matplotlib inline

import matplotlib
import matplotlib.pyplot as plt
from random import *

mnist = fetch_mldata('MNIST original')
Xinput,yinput = mnist["data"], mnist["target"]
```

然后与第 2 章一样进行数据预处理。首先，只挑选出数字 1 和 2：

```
X_ = Xinput[np.any([y == 1,y == 2], axis = 0)]
y_ = yinput[np.any([y == 1,y == 2], axis = 0)]
```

现在数据集中有 14 867 个样本，我们随机挑选数据以创建训练集和验证集（与以前一样）。这种情况下，我们有数量大体相同的 1 和 2。

```
np.random.seed(42)
rnd_train = np.random.rand(len(y_)) < 0.8

X_train = X_[rnd_train,:]
y_train = y_[rnd_train]
X_dev = X_[~rnd_train,:]
y_dev = y_[~rnd_train]
```

然后标准化特征：

```
X_train_normalized = X_train/255.0
X_dev_normalized = X_dev/255.0
```

接下来，转置矩阵，使它们有合适的维度：

```
X_train_tr = X_train_normalized.transpose()
y_train_tr = y_train.reshape(1,y_train.shape[0])

n_dim = X_train_tr.shape[0]
dim_train = X_train_tr.shape[1]

X_dev_tr = X_dev_normalized.transpose()
y_dev_tr = y_dev.reshape(1,y_dev.shape[0])
```

最后，将标签转换为 0 和 1（如果不记得原因，可以快速查阅第 2 章）：

```
y_train_shifted = y_train_tr - 1
y_dev_shifted = y_dev_tr - 1
```

现在给数组命名：

```
Xtrain = X_train_tr
ytrain = y_train_shifted

Xdev = X_dev_tr
ydev = y_dev_shifted
```

检查数组的大小：

```
print(Xtrain.shape)
print(Xdev.shape)
```

得到结果：

```
(784, 11893)
(784, 2974)
```

训练集有 11 893 个样本，而验证集有 2974 个。现在我们复制验证集，并将每个图像向右移动 10 个像素单位。可以通过下述代码快速完成：

```
Xtraindev = np.zeros_like(Xdev)
for i in range(Xdev.shape[1]):
    tmp = Xdev[:,i].reshape(28,28)
    tmp_shifted = np.zeros_like(tmp)
    tmp_shifted[:,10:28] = tmp[:,0:18]
    Xtraindev[:,i] = tmp_shifted.reshape(784)

ytraindev = ydev
```

为了更容易完成移动，先在一个 28*28 的矩阵中重组图像，然后通过以下代码简单地移动列：tmp_shifted[:,10:28] = tmp[:,0:18]。接着，简单地在含有 784 个元素的一维数组中重组图像，而标签保持不变。如图 6-7，可以看到，左边是从验证集随机选取的一张图像，右边是移动后的版本。

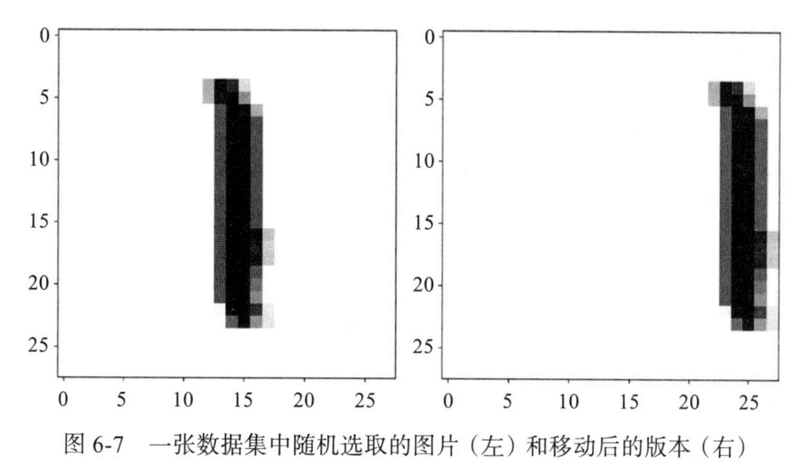

图 6-7　一张数据集中随机选取的图片（左）和移动后的版本（右）

现在，构建一个单一神经元网络，看看会发生什么，首先与在第 2 章中一样建立模型：

```
tf.reset_default_graph()

X = tf.placeholder(tf.float32, [n_dim, None])
Y = tf.placeholder(tf.float32, [1, None])
learning_rate = tf.placeholder(tf.float32, shape=())

W = tf.Variable(tf.zeros([1, n_dim]))
b = tf.Variable(tf.zeros(1))

init = tf.global_variables_initializer()
y_ = tf.sigmoid(tf.matmul(W,X)+b)
cost = - tf.reduce_mean(Y * tf.log(y_)+(1-Y) * tf.log(1-y_))
training_step = tf.train.GradientDescentOptimizer(learning_rate).
minimize(cost)
```

为了训练这个模型，将使用之前的一个函数：

```
def run_logistic_model(learning_r, training_epochs, train_obs, train_
labels, debug = False):
    sess = tf.Session()
    sess.run(init)

    cost_history = np.empty(shape=[0], dtype = float)

    for epoch in range(training_epochs+1):

        sess.run(training_step, feed_dict = {X: train_obs, Y: train_labels,
        learning_rate: learning_r})
```

```
        cost_ = sess.run(cost, feed_dict={ X:train_obs, Y: train_labels,
        learning_rate: learning_r})
        cost_history = np.append(cost_history, cost_)

        if (epoch % 10 == 0) & debug:
            print("Reached epoch",epoch,"cost J =", str.format('{0:.6f}',
            cost_))

    return sess, cost_history
```

用以下代码训练模型：

```
sess, cost_history = run_logistic_model(learning_r = 0.01,
                                training_epochs = 100,
                                train_obs = Xtrain,
                                train_labels = ytrain,
                                debug = True)
```

运行后得到输出：

```
Reached epoch 0 cost J = 0.678501
Reached epoch 10 cost J = 0.562412
Reached epoch 20 cost J = 0.482372
Reached epoch 30 cost J = 0.424058
Reached epoch 40 cost J = 0.380005
Reached epoch 50 cost J = 0.345703
Reached epoch 60 cost J = 0.318287
Reached epoch 70 cost J = 0.295878
Reached epoch 80 cost J = 0.277208
Reached epoch 90 cost J = 0.261400
Reached epoch 100 cost J = 0.247827
```

接着，通过代码计算三个数据集 Xtrain、Xdev 和 Xtraindev 的准确率：

```
correct_prediction=tf.equal(tf.greater(y_, 0.5), tf.equal(Y,1))
accuracy = tf.reduce_mean(tf.cast(correct_prediction, tf.float32))
print(sess.run(accuracy, feed_dict={X:Xtrain, Y: ytrain, learning_rate:
0.05}))
```

简单地对三个数据集使用正确的 feed_dict。经过 100 个周期后得到下面的结果：

- 对于训练集，得到 96.8%。
- 对于验证集，得到 96.7%。
- 对于 train-dev 集（你即将看到为什么这么命名，其中含有移动后的图像），我们有 46.7%，这是一个非常糟的结果。

以上发生的事情是，模型学习所有图像居于图框中央的数据集，因而不能较好地泛化应用于被移动而不再居中的图像。

用数据集训练模型的时候，一般而言，采用与训练集相似的样本也可以得到一个好结果。但是，怎么才能发现是否遇到类似上面的问题呢？有一种相对容易的方式：扩展 MAD 图。我们来看看如何操作。

假设有一个训练集和一个验证集，其中的样本具有不同的特征（来源于不同分布）。你所做的是，从训练集中建立一个小的子集并命名为训练 - 验证（train-dev）集，最后得到三个集合：一个训练集、一个有相同分布（样本有相同特征）的训练 - 验证集和一个样本存在某种差异的验证集（正如我前面讨论的那样）。你现在要做的是，在训练集中训练模型，然后评估在三个数据集上的误差 ε：ε_{train}、ε_{dev} 和 $\varepsilon_{train-dev}$。如果你的训练集和验证集来源于相同分布，那么训练 - 验证集也一样。在这种情况下，你可以预计 $\varepsilon_{dev} \approx \varepsilon_{train-dev}$。如果我们定义：

$$\Delta\varepsilon_{train-dev}=\varepsilon_{train-dev}$$

那么我们应该预计 $\Delta\varepsilon_{train-dev} \approx 0$。如果训练集（和训练 - 验证集）与验证集来源于不同分布（样本有不同特征），那么我们应该估计 $\Delta\varepsilon_{train-dev}$ 将比较大。如果考虑之前的 MNIST 的例子，实际上我们有 $\Delta\varepsilon_{train-dev}=0.437$，即 43.7%，表明存在巨大的差异。我们概括一下，如果要判断训练集和验证集（或测试集）是否有包含不同特征的样本（来源于不同样本），可以这么做：

1. 将训练集拆分为两个：一个用来训练，称为训练集；一个小的称为训练 - 验证集。
2. 用训练集训练模型。
3. 估计在三个数据集（训练集、验证集和训练 - 验证集）上的误差 ε。
4. 计算 $\Delta\varepsilon_{train-dev}$ 的值。如果它比较大，则证明原始的训练集和验证集来源于不同分布。

在图 6-8 中，可以看到一个 MAD 图的例子，其中新增了刚才讨论的问题。不要关注具体数字，它们仅仅是为了举例而提供的说明（放在这里无实际意义）。

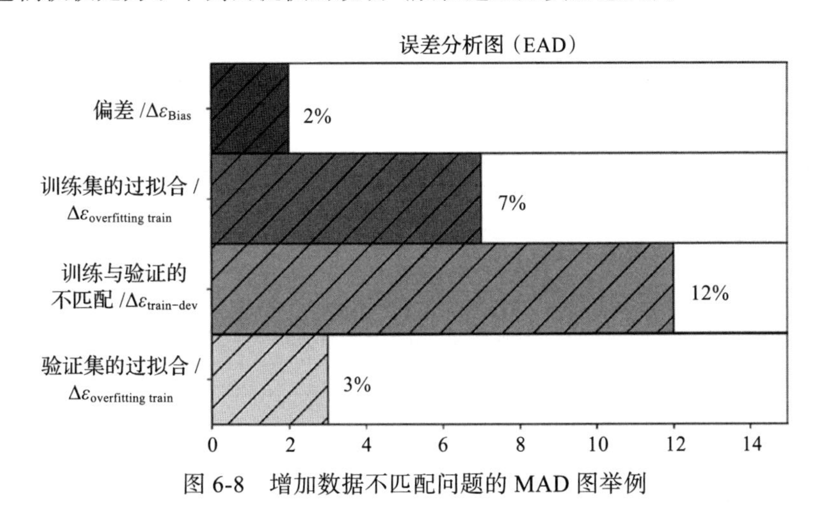

图 6-8　增加数据不匹配问题的 MAD 图举例

图 6-8 的 MAD 图可以提供下面这些信息（我仅列出几项，完整列表请查阅前面的几节）：

- ❑ 训练与人工水平表现之间的偏差比较小，所以距离所能实现的最好结果差距不大。(假设人工水平表现能近似替代贝叶斯误差。) 可以尝试更大的网络、更好的优化器等。
- ❑ 我们正在过拟合数据集，所以可以尝试正则化或获取更多数据。
- ❑ 训练集和验证集有严重的数据不匹配问题（数据集来源于不同分布）。本节的末尾将为如何处理这个问题提供建议。
- ❑ 进行超参数搜索期间，轻度过拟合验证集。

注意，你不必像我这样制作条形图。从技术上说，只需4个数字就能得到相同的结论。

注释 一旦你做出 MAD 图（或者仅仅得到数字），通过理解它，你就能得到一些如何改进的线索，比如更高的准确率。

可以尝试以下的技术来处理数据不匹配问题：

- ❑ 可以实施人工误差分析，从而理解数据集之间的差异，然后决定如何去做（本章最后一节将给出一个例子）。这通常是费时费力的工作，因为找到差异后，寻找解决方案可能仍然十分困难。
- ❑ 可以设法使训练集更像验证集 / 测试集。比如，如果正在处理图像问题，而测试 / 验证集有更小的分辨率，则可以减小训练集图像的分辨率。

一般来说，没有固定的规则。你需要意识到这个问题并想到如下情况：你的模型将学习训练数据中的特征，所以在应用于完全不同的数据时，模型（常常）失效。建议所使用的训练数据总是能反映模型要处理的数据，而不是相反。

6.12 k 折交叉验证

现在介绍另一个非常强大的技术来结束本章。任何机器学习从业者都应该知道（而不局限于深度学习世界）k 折交叉验证（k-fold cross-validation）。这个技术是一种关于如何回答以下两个问题的方法：

- ❑ 数据集太小而无法拆分为训练集和验证集 / 测试集时怎么办。
- ❑ 如何得到指标的方差。

我们用伪代码描述一下这个方法：

1. 将全部数据划分为 k 个大小相同的子集：$f_1, f_2, \cdots, f_k$。这些子集也被称为“折”(fold)。通常，这些子集都是不重叠的，这意味着每个样本只出现在一个且仅一个折中。

2. 令 i 从 1 遍历到 k：

- ❑ 用除 f_i 外的所有折训练模型。
- ❑ 计算模型在 f_i 上的指标。f_i 折为第 i 次迭代的验证集。

3. 计算 k 个结果的指标的平均值和方差。

k 的一个典型值为 10，但这取决于数据集的大小和问题的特征。

记住，我们对如何拆分数据集的讨论在此处同样适用。

注释 在创建“折”时，必须注意它们需要反映初始数据的结构。比如，如果初始数据有 10 个类，则必须保证每个折中有全部 10 个类，并且比例相同。

尽管一般情况下在处理数据量小于最佳值时，这个方法似乎很有吸引力，但是它实现起来可能比较复杂。然而，正如你马上会看到的，检查在不同折上的指标将提供关于训练集可能过拟合的重要信息。

我们用一个实例尝试这个方法，并看看如何实现。注意，你也许能轻松调用 sklearn 库中的 k 折交叉验证，但我将从头构建，以展示后台发生了什么。(几乎) 每个人都能从网站上拷贝代码从而在 sklearn 中实现 k 折交叉验证，但并不是多数人都能解释它的工作原理并理解它，从而能够选择合适的方法和参数。我们将选择与第 2 章一样的数据集：经减小的 MNIST 数据集只包含数字 1 和 2。我们将用单一神经元构建逻辑回归，这将便于我们理解代码并专注于交叉验证的部分，而不是其他无关的实施细节。这一节的目标是让你理解 k 折交叉验证如何工作，以及为何它有用，而不是如何用最少行代码实现它。

同样，先导入必要的库：

```
import numpy as np
from sklearn.datasets import fetch_mldata

%matplotlib inline

import matplotlib
import matplotlib.pyplot as plt

from random import *
```

然后导入 MNIST 数据集：

```
mnist = fetch_mldata('MNIST original')
Xinput_,yinput_ = mnist["data"], mnist["target"]
```

该数据集有 70 000 个样本，由灰度图像组成，每个图像大小为 28*28 像素。你可以再次查阅第 2 章以确认更多细节。现在我们只选择数字 1 和 2，并重设标签，以保证数字 1 的标签为 0，数字 2 的标签为 1。你应该记得第 2 章中我们为逻辑回归使用的代价函数所需的标签为 0 和 1。

```
Xinput = Xinput_[np.any([yinput_ == 1,yinput_ == 2], axis = 0)]
yinput = yinput_[np.any([yinput_ == 1,yinput_ == 2], axis = 0)]
yinput = yinput - 1
```

确认样本数量：

```
Xinput.shape[0]
```

我们有 14867 个样本（图像），现在我们用一个小技巧。为了保持代码简洁，我们希望每个折的样本数量都是一样的。严格来说，这不是必需的，并且最后一个折一般会有更少的样本数。在这个例子中，我们想要 10 个折，但我们不能使每个折都有一样的数量，因为 14867 不是 10 的倍数。为了简化流程，我们简单地移除最后 7 个图像。（美学上看这是不可接受的，但这样会使我们的代码更容易理解和编写。）

```
Xinput = Xinput[:-7,:]
yinput = yinput[:-7]
```

现在我们创造 10 个数组，每个数组包含一个用于选择图片的索引列表。

```
foldnumber = 10
idx = np.arange(0,Xinput.shape[0])
np.random.shuffle(idx)
al = np.array_split(idx,foldnumber)
```

在每个折中，我们预计将有 1486 个图像，现在我们创建数组存放图像：

```
Xinputfold = []
yinputfold = []
for i in range(foldnumber):
    tmp = Xinput[al[i],:]
    Xinputfold.append(tmp)
    ytmp = yinput[al[i]]
    yinputfold.append(ytmp)

Xinputfold = np.asarray(Xinputfold)
yinputfold = np.asarray(yinputfold)
```

如果你发现代码复杂难懂，你是对的。通过 sklearn 库可以用多种方式更快地完成相同工作，但知晓如何一步步地手动实践是有益的。我很自信上面的代码更易读，因为它们每一步相互独立。我们首先创建空列表：Xinputfold 和 yinputfold。每个列表的元素都是一个折，即图像或标签的数组。因此，如果想得到第 2 个折中的图像，只需要使用 Xinputfold[1]。（记住，Python 索引从 0 开始）。所列项是由 NumPy 数组中最后两行转换成的，它们将拥有三个维度，通过下面语句可以看出来：

```
print(Xinputfold.shape)
print(yinputfold.shape)
```

结果是：

```
(10, 1486, 784)
(10, 1486)
```

在 Xinputfold 中，第一个维度记录折数，第二个记录样本数，第三个记录像素的灰度值。在 yinputfold 中，第一个维度记录折数，第二个记录标签。比如，要从 0 折中提取索引号为 1234 的图像，可以使用如下代码：

```
Xinputfold[0][1234,:]
```

记住，你应该检查每个折是否为平衡的数据集，换言之，是否有同样多的 1 和 2。下面来检查 0 折（你可以对其他折做同样的操作）：

```
for i in range(0,2,1):
    print ("label", i, "makes", np.around(np.count_nonzero(yinputfold[0] ==
i)/1486.0*100.0, decimals=1), "% of the 1486 observations")
```

结果是：

```
label 0 makes 51.2 % of the 1486 observations
label 1 makes 48.8 % of the 1486 observations
```

这一结果对我们来说已经足够平衡了，现在我们需要标准化特征（与第 2 章一样）：

```
Xinputfold_normalized = np.zeros_like(Xinputfold, dtype = float)
for i in range (foldnumber):
    Xinputfold_normalized[i] = Xinputfold[i]/255.0
```

可以一次性标准化数据，但我希望明确我们正在处理折，现在根据需要重组数组：

```
X_train = []
y_train = []
for i in range(foldnumber):
    tmp = Xinputfold_normalized[i].transpose()
    ytmp = yinputfold[i].reshape(1,yinputfold[i].shape[0])
    X_train.append(tmp)
    y_train.append(ytmp)

X_train = np.asarray(X_train)
y_train = np.asarray(y_train)
```

出于指导目的，代码尽可能用最简易的方式编写，而不是最佳方式。现在检查最终数组的维数：

```
print(X_train.shape)
print(y_train.shape)
```

得到的结果是：

```
(10, 784, 1486)
(10, 1, 1486)
```

结果正是我们需要的。现在可以开始构建网络了。我们将使用单一神经元网络进行逻辑回归，同时采用 sigmoid 激活函数。

```
import tensorflow as tf
tf.reset_default_graph()

X = tf.placeholder(tf.float32, [n_dim, None])
Y = tf.placeholder(tf.float32, [1, None])
learning_rate = tf.placeholder(tf.float32, shape=())

#W = tf.Variable(tf.zeros([1, n_dim]))
W = tf.Variable(tf.random_normal([1, n_dim], stddev= 2.0 / np.sqrt(2.0*n_
dim)))
b = tf.Variable(tf.zeros(1))
y_ = tf.sigmoid(tf.matmul(W,X)+b)
cost = - tf.reduce_mean(Y * tf.log(y_)+(1-Y) * tf.log(1-y_))
training_step = tf.train.AdamOptimizer(learning_rate = learning_rate, beta1
= 0.9, beta2 = 0.999, epsilon = 1e-8).minimize(cost)

init = tf.global_variables_initializer()
```

这里，我们使用 Adam 优化器，但是梯度下降同样适用。这是一个非常简单的案例。我们将使用熟知的函数来训练模型：

```
def run_logistic_model(learning_r, training_epochs, train_obs, train_
labels, debug = False):
    sess = tf.Session()
    sess.run(init)

    cost_history = np.empty(shape=[0], dtype = float)

    for epoch in range(training_epochs+1):

        sess.run(training_step, feed_dict = {X: train_obs, Y: train_labels,
        learning_rate: learning_r})


        cost_ = sess.run(cost, feed_dict={ X:train_obs, Y: train_labels,
        learning_rate: learning_r})
        cost_history = np.append(cost_history, cost_)

        if (epoch % 200 == 0) & debug:
            print("Reached epoch",epoch,"cost J =", str.format('{0:.6f}',
            cost_))

    return sess, cost_history
```

此时，必须迭代遍历折。还记得开头的伪代码么？选择一个折作为验证集，并将其他折串联起来训练模型，用这种方式对所有折进行操作，代码如下所示。（有点长，花几分钟读完吧。）在代码中，我添加了注释用于表明正在讨论的步骤，因为你将发现下面是一个相应的带编号的说明步骤列表。

```
train_acc = []
dev_acc = []

for i in range (foldnumber): # Step 1

    # Prepare the folds - Step 2
    lis = []
    ylis = []
    for k in np.delete(np.arange(foldnumber), i):
        lis.append(X_train[k])
        ylis.append(y_train[k])
        X_train_ = np.concatenate(lis, axis = 1)
        y_train_ = np.concatenate(ylis, axis = 1)

    X_train_ = np.asarray(X_train_)
    y_train_ = np.asarray(y_train_)

    X_dev_ = X_train[i]
    y_dev_ = y_train[i]

    # Step 3
    print('Dev fold is', i)
    sess, cost_history = run_logistic_model(learning_r = 5e-4,
                                training_epochs = 600,
                                train_obs = X_train_,
                                train_labels = y_train_,
                                debug = True)

    # Step 4
    correct_prediction=tf.equal(tf.greater(y_, 0.5), tf.equal(Y,1))
    accuracy = tf.reduce_mean(tf.cast(correct_prediction, tf.float32))
    print('Train accuracy:',sess.run(accuracy, feed_dict={X:X_train_, Y:
    y_train_, learning_rate: 5e-4}))
    train_acc = np.append( train_acc, sess.run(accuracy, feed_dict={X:X_
    train_, Y: y_train_, learning_rate: 5e-4}))

    correct_prediction=tf.equal(tf.greater(y_, 0.5), tf.equal(Y,1))
    accuracy = tf.reduce_mean(tf.cast(correct_prediction, tf.float32))
    print('Dev accuracy:',sess.run(accuracy, feed_dict={X:X_dev_, Y: y_
    dev_, learning_rate: 5e-4}))
    dev_acc = np.append( dev_acc, sess.run(accuracy, feed_dict={X:X_dev_,
    Y: y_dev_, learning_rate: 5e-4}))

    sess.close()
```

代码遵循下列步骤：

1. 循环遍历所有折（这种情况下，从 1 到 10），变量 i 执行从 0 到 9 的循环。

2. 对每个 i，将第 i 折作为验证集，并串联所有其他折作为训练集。

3. 对每个 i，训练模型。

4. 对每个 i，计算两个数据集（训练集和验证集）的准确率，并将值保存在 train_acc 和 dev_acc 两个列表中。

如果你运行这些代码，对于每个折，都会得到一个类似下面的输出结果（你将得到 10 次下面这样的结果，每个折一次）：

```
Dev fold is 0
Reached epoch 0 cost J = 0.766134
Reached epoch 200 cost J = 0.169536
Reached epoch 400 cost J = 0.100431
Reached epoch 600 cost J = 0.074989
Train accuracy: 0.987289
Dev accuracy: 0.984522
```

你将注意到，每个折的准确率数值都稍有不同。研究这些准确率数值的分布是十分有意义的。因为有 10 个折，所以有 10 个数据用于研究分析。在图 6-9 中，可以看到训练集（左）和验证集（右）的数值分布。

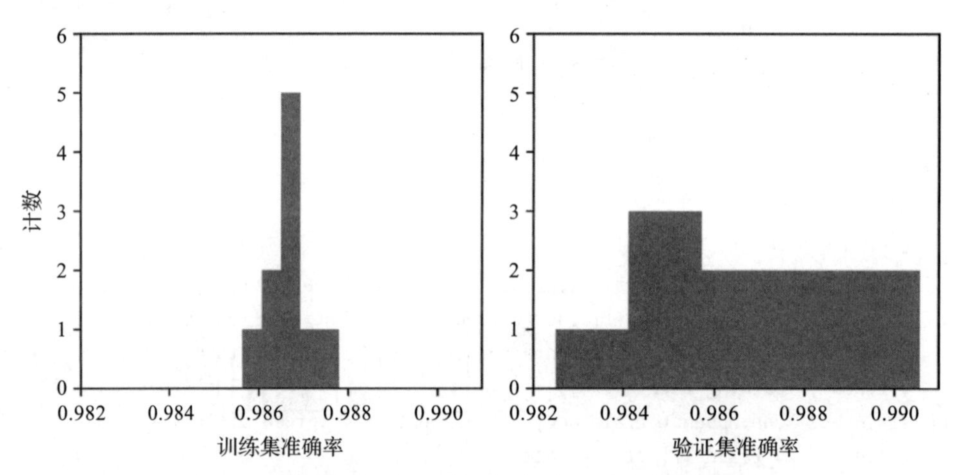

图 6-9　训练集（左）和验证集（右）的准确率数值分布

这张图是很有益处的。可以看到，训练集的准确率数值高度集中于平均值，然而验证集的数值更加分散。这表明模型在新数据中表现得不如在训练数据中好。训练数据的标准差是 $5.4 \cdot 10^{-4}$ 而验证集为 $2.4 \cdot 10^{-3}$，比训练集的数值大 4.5 倍。用这种方式，在应用新数据时，还可以估计指标的方差和模型的泛化表现。在处理包含许多类别的数据集时（还记得如何拆分集合吗？），必须集中精力，并做一个叫分层采样的操作。sklearn 也提供一个方法来做这件事：stratifiedKFold。

现在可以轻易找到平均值和标准差了。对于训练集，平均准确率为 98.7% 和标准差为 0.054%，而对于验证集，平均准确率为 98.6% 和标准差为 0.24%。所以，现在你甚至可以估计一个指标的方差。

6.13 手动指标分析示例

之前提到过，有时手动分析数据是有帮助的，这样可以检测结果（误差）是否合理。我现在可以给出一个示例，让你对需要做的事情和它的复杂程度有一个直观的理解。来考虑以下情形：我们用非常简易的模型（记住，我们只有一个神经元）实现了 98% 的准确率。识别数字是否真的如此简单？让我们看看事实是否如此。首先，请注意我们的训练集甚至没有图像的二维信息。如果你记得，每个图像都被转换为一维数组的值：从顶部开始，每个像素的灰度值从左往右一行一行直到底部。那么，数字 1 和 2 有这么容易识别吗？我们看看模型实际输入情况是怎样的。我们从数字 1 开始分析。先从 0 折提取一个例子。在图 6-10 中，可以看到左边的图像，右边代表 784 个像素的灰度值柱状图。这个柱状图正是模型看待图像的视角。请记住，作为样本，我们处理的是包含图像的 784 个像素的灰度值组成的一维数组。

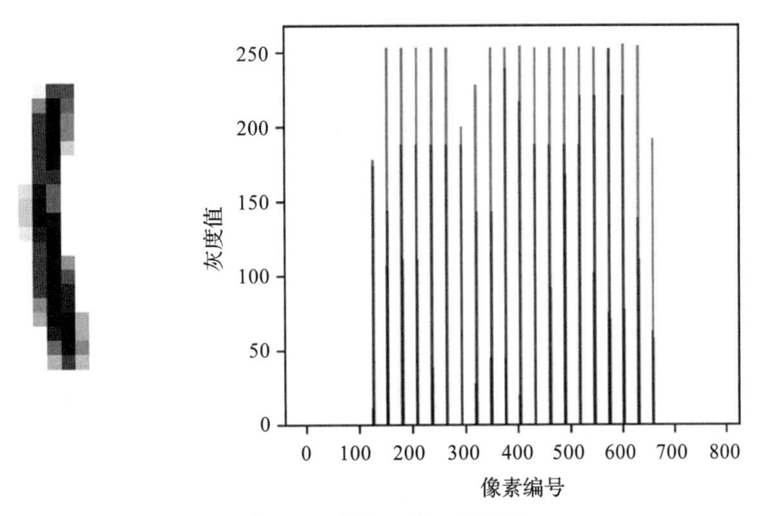

图 6-10 数字 1 的 0 折例子

请记住，我们在一维数组中重组 28*28 像素图像，所以当图 6-10 重组数字 1 时，我们将发现大约每 28 个像素就会有黑点，因为数字 1 几乎是一列垂直的黑点。在图 6-11 中，可以看到其他的 1，然后你会注意到它们重组为一维后看起来怎样一致：几条线条基本等距分布。既然已经知道需要关注什么了，你现在可以轻松断言图 6-11 中的所有图像都是数字 1。

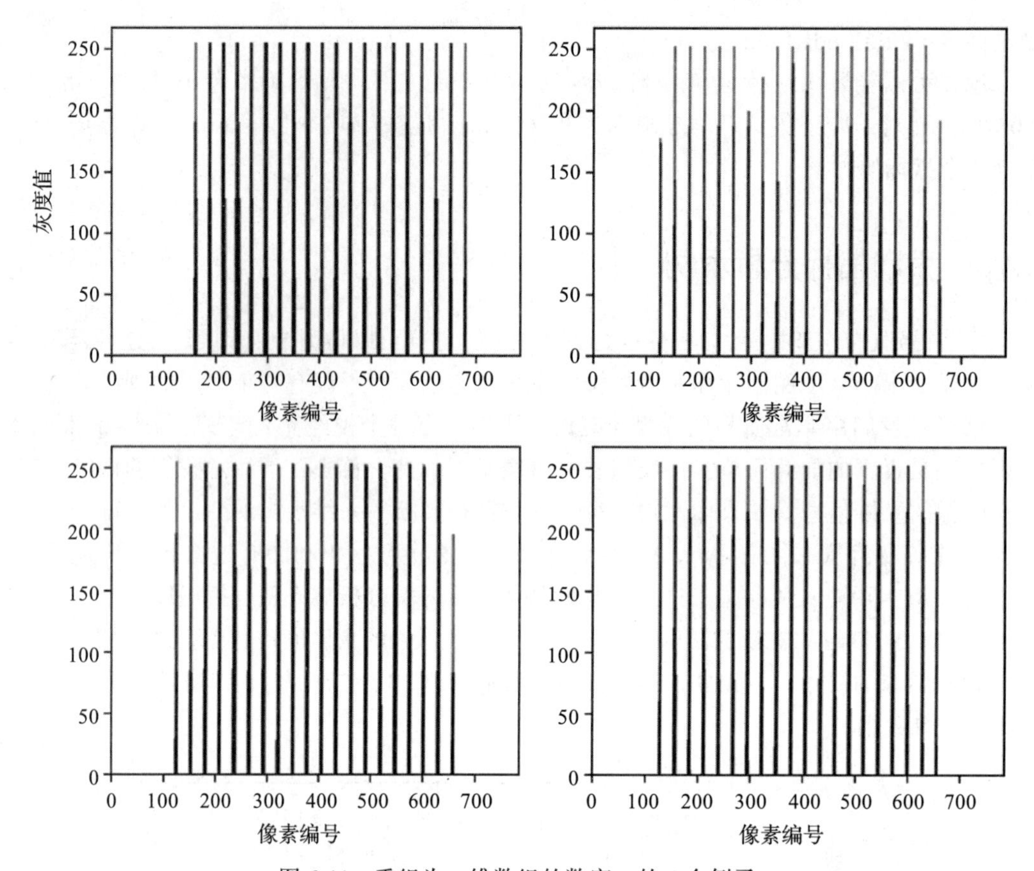

图 6-11　重组为一维数组的数字 1 的 4 个例子

现在我们来看看数字 2。与图 6-10 类似，在图 6-12 中可以看到一个例子。

现在事情看起来不太一样了。我们有两个区域的线条分布稠密得多，如图 6-12 右边的柱状图所示。在第 100 个像素与第 200 个像素之间，尤其在第 500 个像素之后，情况都是这样。为什么？因为这两个区域对应于图像的两个横线部分。在图 6-13 中，我突显了不同部分重组为一维数组后的样子。

重组为一维数组后，水平部分 A 和 B 明显和 C 部分不一样。正如在图的右下方标为 C 的柱状图看到的，垂直部分 C 看起来与数字 1 类似，有许多等间距的柱。相比之下，从上边和左下边分别标记为 A 和 B 的柱状图中可以看出，更加水平的部分表现为许多柱，并聚集成一组。所以，如果重组之后你找到了这样几组柱，则说明这是数字 2。如果你看到只有等间距的几组细柱，就像图 6-13 中的 C 图那样，则说明这是数字 1。这样一来，如果知道需要关注什么，甚至不必看二维图像。注意，这个模式是非常恒定的。在图 6-14 中，可以看到 4 个数字 2 的例子，而且可以清晰地看到更粗的几组柱。

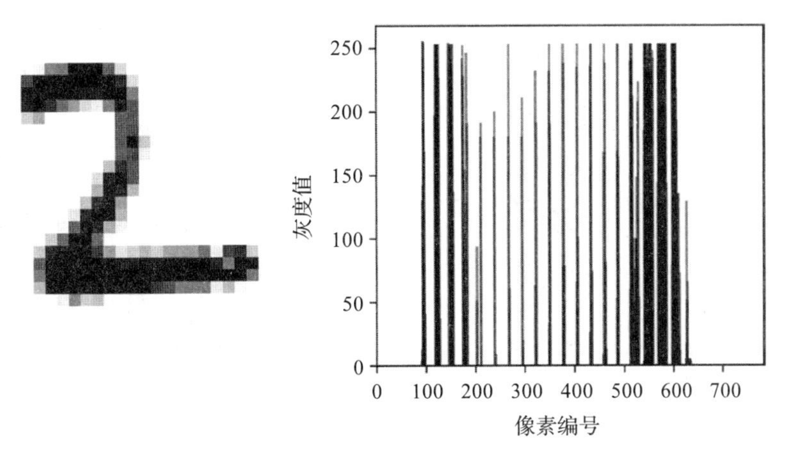

图 6-12　数字 2 的 0 折例子

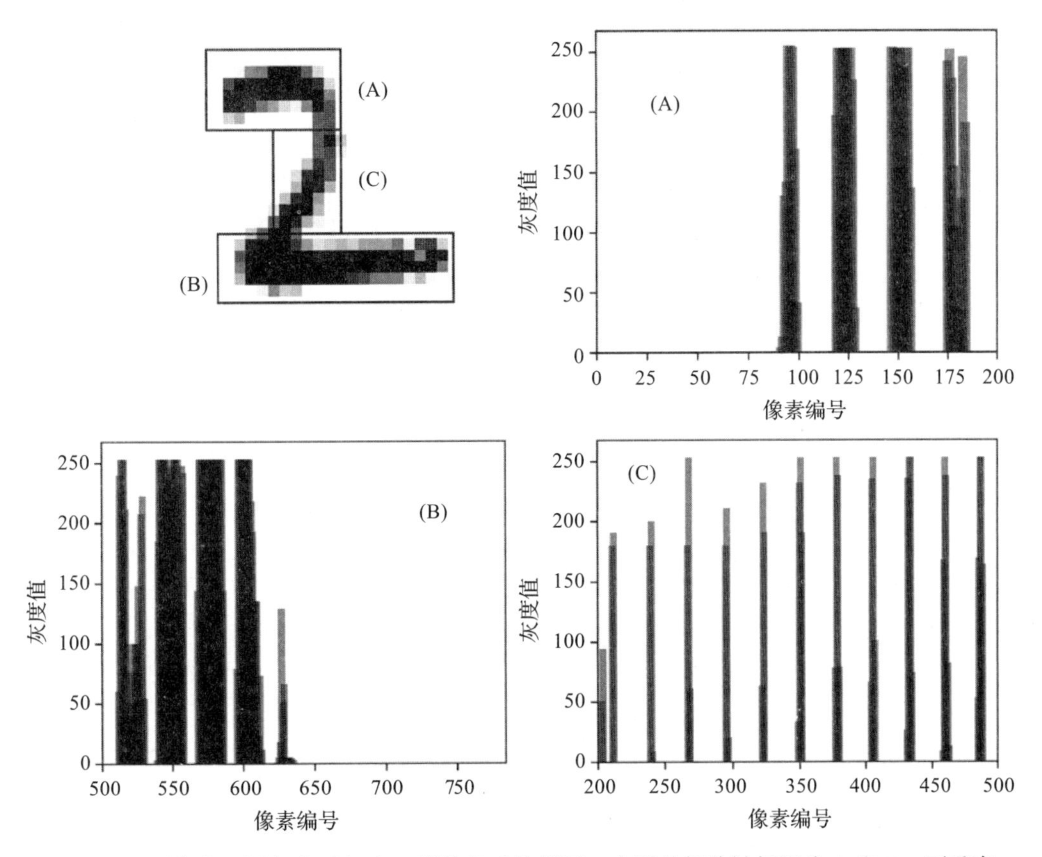

图 6-13　图像的不同部分重组为一维数组后的样子，水平的部分被标记为 A 和 B，更垂直的部分标记为 C

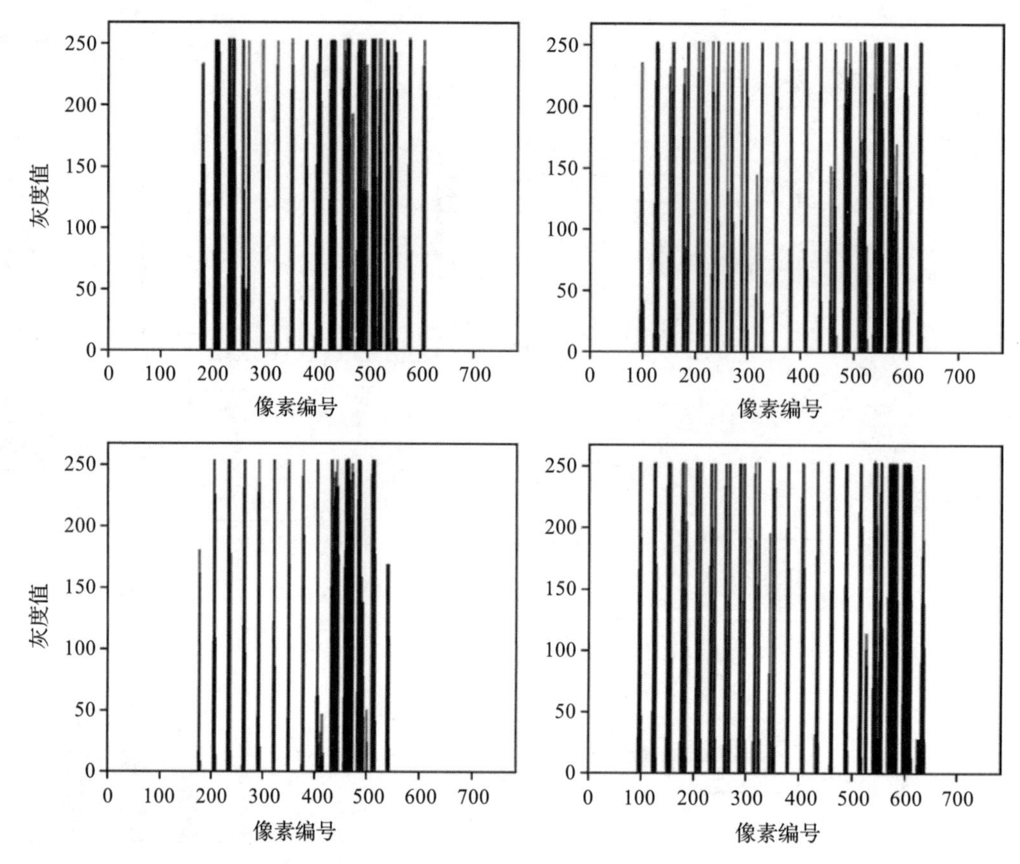

图 6-14　以数字 2 为例，重整为一维数组后可以清晰看到更粗的几组柱

如你所能想象的，对于算法来说这是一个容易识别的模式，因而可以预期我们的模型能够很有效。重组后，即便是人工也可以不费力地识别出这些图像。这样一种细致的分析在现实生活中也许并不必要，但是对于要确定你能从数据中学些什么则是很有好处的。理解数据的特征能帮助你设计模型以及理解它的工作原理。先进的架构（比如卷积网络）将能够以非常高效的方式学习这些二维特征。

让我们再来看神经网络是怎么学会识别数字的，你应该记得神经元的输出为

$$\hat{y}=\sigma(z)=\sigma(w_1x_1+w_2x_2+\cdots+w_{n_x}x_{n_x}+b)$$

其中 σ 是 sigmoid 函数，$x_i(i=1, \cdots, 784)$ 是图像像素的灰度值，$w_i(i=1, \cdots, 784)$ 是权重，b 是偏差。请记住，当 $\hat{y}>0.5$ 时，我们将图像分类为类别 1（即数字 2）；当 $\hat{y}<0.5$，我们将图像分类为类别 0（即数字 1）。从第 2 章关于 sigmoid 函数的讨论中，你应记得对于 $z\geqslant0$，有 $\sigma(z)\geqslant0.5$，对于 $z<0$，有 $\sigma(z)<0.5$，这意味着我们的网络应该学习合适的权重从而使：对所有 1，我们有 $z<0$；对所有 2，我们有 $z\geqslant0$。我们来看真实情况是否确实如此。

在图 6-15 中，可以看到为数字 1 绘制的图。图中可以找到 600 次迭代（达到了 98% 的准确率）的权重 w_i（实线），以及调整后最大为 0.5 的像素灰度值 x_i（虚线）。请注意，x_i 较大时，w_i 都是负的。而当 $w_i>0$ 时，x_i 基本都为 0。显然，$w_1 x_1+w_2 x_2+\cdots+w_{n_x} x_{n_x}+b$ 的结果将是负的，因此 $\sigma(z)<0.5$，则网络将识别该图像为 1。图 6-15 中经过放大使这一表现更明显。

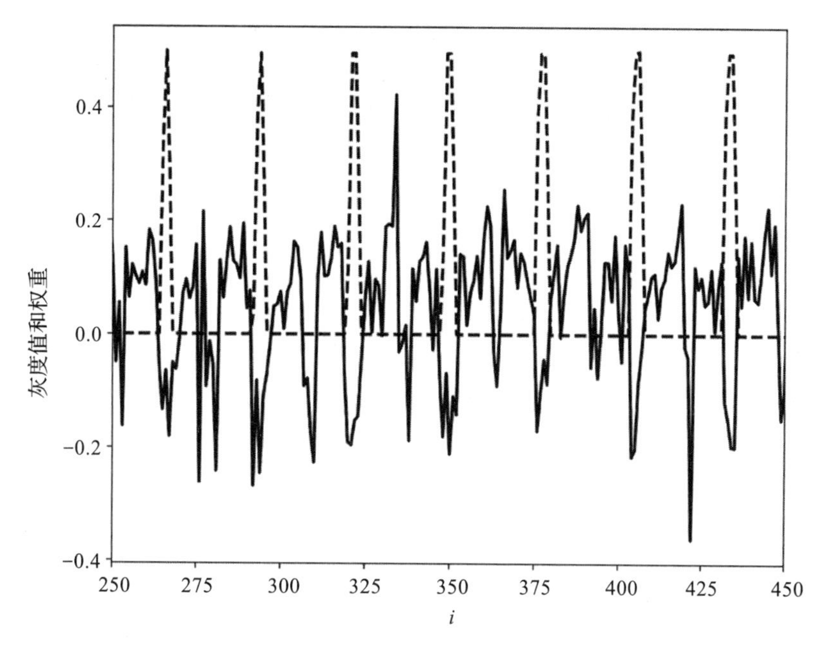

图 6-15　数字 1 的图：600 个周期后的权重 w_i（实线）和调整后最大为 0.5 的像素 x_i 的灰度值（虚线）

在图 6-16 中，可以看到同样为数字 2 绘制的图。你应记得在前面关于 2 的讨论中，可以看到许多分组聚集的柱，直到（大约）像素号为 250。我们来检查一下这个区域的权重。现在你将看到，像素的灰度值大的地方权重是正的，从而使 z 为正，因此 $\sigma(z)\geq 0.5$，所以该图像被分类为数字 2。

另外，我绘制了数字 1 的所有 i 值的 $w_i \cdot x_i$，以便再做一次检查，如图 6-17 所示。可以看到几乎所有点都分布于 0 之下，同时还需注意，这种情况下 b=−0.16。

正如你能看到的，在非常容易的情况下，理解一个网络如何学习是可行的，因而调试异常表现要容易得多。但是，不要指望在处理复杂得多的情况时这仍然可行，类似的分析将不会如此容易，比如你要尝试对数字 3 和 8 而不是 1 和 2 做同样的事情。

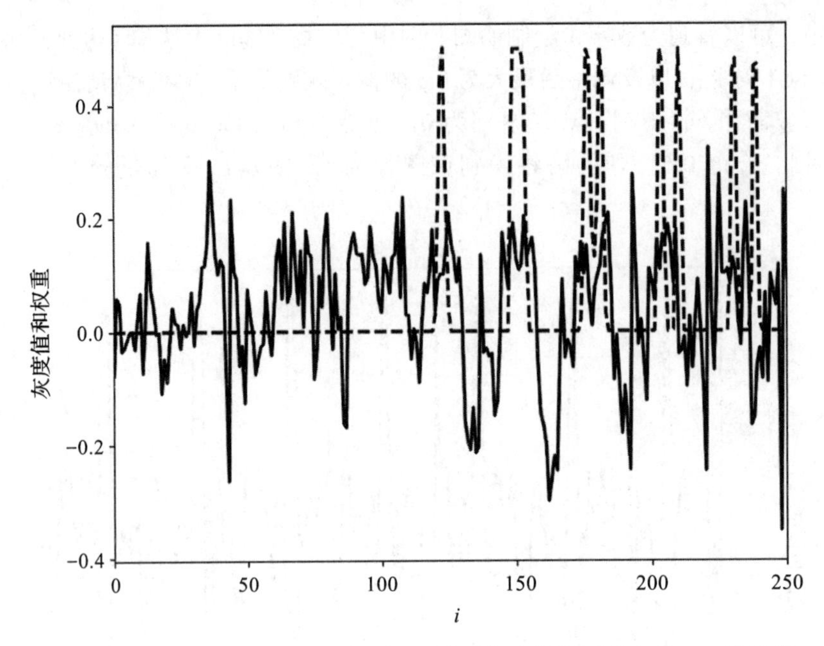

图 6-16 数字 2 的图：600 个周期后的权重 w_i（实线）和调整后最大为 0.5 的像素 x_i 的灰度值（虚线）

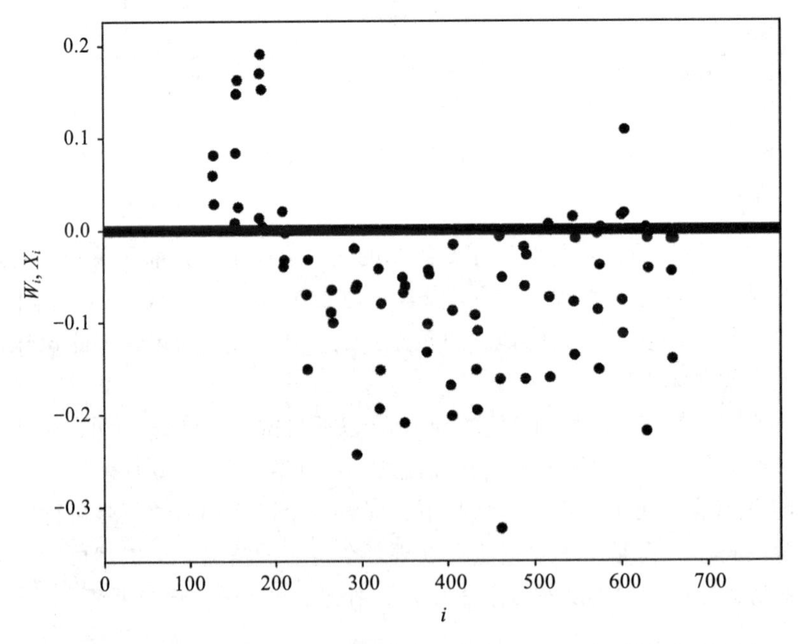

图 6-17 数字 1 的 $w_i\,x_i(i=1, \cdots, 784)$，几乎所有点都分布于 0 之下，粗线代表所有 $w_i\,x_i=0$ 的点

CHAPTER 7

第 7 章

超参数调优

在本章中，你将了解的问题是：找到最佳超参数，以便从模型中获得最佳结果。首先，我将说明什么是黑盒优化，以及该类问题如何与超参数调优相关。你将看到处理这类问题的三种最常见的方法：网格搜索、随机搜索和贝叶斯优化。我将通过示例向你展示哪一个在哪些条件下有效，而且我将提供一些技巧，这些技巧对于改进对数级的优化和采样非常有帮助。在本章的最后，我将展示如何使用这些技术来调整深度模型，其间会用到 Zalando 数据集。

7.1 黑盒优化

超参数调优问题只是更一般的问题类型即黑盒优化的一个子类。黑盒函数如下：

$$f(x):\mathbb{R}^n \rightarrow \mathbb{R}$$

这是一个解析形式未知的函数。对于所有被定义的 x 值，黑盒函数都可以计算出函数值，但是不能获得其他信息（例如，其梯度）。通常，“黑盒函数的全局优化”（有时称为黑盒问题）这个术语是指某些时候在某些约束条件下，我们试图找到 $f(x)$ 的最大值或最小值。下面是此类问题的一些示例：

- 为给定的机器学习模型找到超参数，以便最大化所选的优化指标。
- 对于用数字或用我们无法看到的代码进行计算的函数，找到这类函数的最大值或最小值。在一些行业环境中，可能存在非常复杂的遗留代码，并且有些函数必须依赖这些遗留代码的输出来实现最大化。
- 找到石油钻井的最佳位置。在这种情况下，你的函数将是可以找到多少油，而 x 表示位置。
- 为太复杂而无法建模的情况寻找参数的最佳组合，例如，在太空发射火箭时，如何优化燃料量、火箭每一级的直径、精确轨迹等。

这是一类非常吸引人的问题，由此产生了诸多优秀的解决方案，你将看到其中三个：网格搜索、随机搜索和贝叶斯优化。如果你对这个主题感兴趣，可以了解黑盒优化竞赛的相关信息。竞赛规则反映了现实生活中的问题，你必须通过黑盒接口优化所设问题的函数（找到最大值或最小值）。你可以获取所有 x 对应的函数值，除此之外，你不能获得任何其他信息，例如它的梯度。

为什么找到神经网络的最佳超参数构成一个黑盒问题？因为我们无法计算关于超参数的信息（例如，网络输出的梯度），特别是在使用复杂优化器或自定义函数时，我们需要其他方法，以便能够找到最大化所选优化指标的最佳超参数。请注意，如果有梯度，就可以用梯度下降算法来找到最大值或最小值。

注释　我们的黑盒函数 f 将是我们的神经网络模型（包括优化器、损失函数形式等），在将超参数作为输入的情况下，模型给出优化指标作为输出，x 将是包含超参数的数组。

这个问题看似微不足道，为什么不尝试所有可能性呢？这在前面章节的示例中是有可能的，但如果正在解决某一个问题且训练模型需要一周时间，这可能会很困难。因为，通常情况下你会有几个超参数，尝试所有可能性是不可行的。我们来考虑一个可以帮助你更好地理解这一点的例子，假设正在训练具有多个层的神经网络模型，我们可能会决定考虑以下超参数，以决定哪种组合效果更好：

- 学习率：假定需要尝试值 $n \cdot 10^{-4}$（n=1, …, 10^2）（100 个值）
- 正则化参数：0、0.1、0.2、0.3、0.4、0.5（6 个值）
- 优化器选项：GD、RMSProp 或 Adam（3 个值）
- 隐藏层数量：1、2、3、4 和 10
- 隐藏层神经元数量：100、200 和 300

如果要测试所有的可能组合，你需要训练网络的次数为

$$100\times6\times3\times5\times3=27\ 000$$

如果训练需要 5 分钟，则需要 13.4 周时间来进行运算。如果训练时间需要几小时或几天，你将根本无法完成所有可能组合。例如，如果训练需要 1 天，你将需要 73.9 年来尝试所有可能性。大部分超参数的选择都来自经验。例如，你可以始终安全地使用 Adam，因为它是可用性比较好的优化器（几乎在所有情况下）。但是你肯定需要调整其他参数，例如，隐藏层数或学习率。你可以依据经验（与使用优化器一样）减少所需的组合数量，或采用一些优秀的算法，你将在本章后面看到这方面的内容。

7.2　黑盒函数注意事项

黑盒函数通常分成两个主要类别：

- 低代价函数（Cheap function）：能被计算成千上万次的函数。
- 高代价函数（Costly function）：只能被计算少量次数，通常少于 100 次。

如果黑盒函数代价低，优化方法的选择并不重要。例如，我们可以计算关于 x 的梯度，或者简单地通过在大量点上计算函数来搜索最大值。如果代价高，则需要更优秀的方法，其中之一是贝叶斯优化，这将在本章后面讨论，以便让你了解这些方法的工作原理以及它们的复杂程度。

注释　尤其是在深度学习领域，神经网络几乎都是高代价函数。

对于高代价函数，我们必须找到用尽可能少的计算来解决问题的方法。

7.3　超参数调优问题

在讨论如何找到最佳超参数之前，我想快速回顾神经网络并讨论可以在深度模型中调整什么。通常，在考虑超参数时，初学者仅仅考虑数值型参数，例如学习率或正则化参数。请记住，也可以调整以下方面，以确定是否可以获得更好的结果：

- 周期数：有时，只需用更长时间训练网络就会得到更好的结果。
- 选择优化器：你可以尝试选择其他优化器。如果使用简单的梯度下降，则可以尝试 Adam，以确定是否能得到更好的结果。
- 改变正则化方法：如前所述，应用正则化的方式有几种，改变方法可能值得尝试。
- 选择激活函数：虽然前几章中隐藏层的神经元一直使用的激活函数是 ReLU，但其他函数可能会更好。例如，尝试使用 sigmoid 或 Swish 可能获得更好的结果。
- 层数和每层的神经元数量：尝试不同配置，比如，尝试使用具有不同神经元数量的层。
- 学习率衰减方法：尝试不同的学习率衰减方法（如果没有使用已在执行此操作的优化器）。
- 小批量大小：改变小批量大小。如果只有很少的数据，则可以使用批量梯度下降。如果有很多数据，则小批量更高效。
- 权重初始化方法。

可以在模型中调整的参数分成以下三个类别：

- 作为连续实数的参数，或者说，可以是任意值的参数。示例：学习率、正则化参数。
- 离散但理论上可以假定为值的数量无穷大的参数。示例：隐藏层数、每层中的神经元数量或周期数。
- 离散且可能性数量有限的参数。示例：优化器、激活函数、学习率衰减方法。

对于类别 3，除了尝试所有可能性之外没有太多事情要做。通常，这些参数将完全改变模型本身，因此，不可能对其效果进行建模，因而使测试成为唯一的可能手段。这也是其经验可能最有用的类别。例如，众所周知，Adam 优化器几乎总是最佳选择，因此可以一开始就将精力集中在其他地方。对于类别 1 和类别 2，这有点困难，我们将不得不另外想出一些聪明的办法来找到最好的值。

7.4 黑盒问题示例

为了体会一下如何解决黑盒问题，我们创建一个“假的黑盒问题”。问题如下：在假装不知道下列公式本身的情况下，找到这些公式给出的函数 $f(x)$ 的最大值。

$$g(x)=\cos\frac{x}{4}-\sin\frac{x}{4}-\frac{5}{2}\cos\frac{x}{2}+\frac{1}{2}\sin\frac{x}{2}$$

$$h(x)=-\cos\frac{x}{3}-\sin\frac{x}{3}-\frac{5}{2}\cos\frac{2}{3}x+\frac{1}{2}\sin\frac{3}{2}x$$

$$f(x)=10+g(x)+\frac{1}{2}h(x)$$

公式可以用来检查我们的结果，但我们将假装它们是未知的。你可能想知道为什么我们使用这么复杂的公式，因为我想要一些带有一些极大值和最小值的东西，以展示这些方法如何处理一个复杂示例。$f(x)$ 可以用以下代码在 Python 中实现：

```
def f(x):
    tmp1 = -np.cos(x/4.0)-np.sin(x/4.0)-2.5*np.cos(2.0*x/4.0)+0.5*np.
sin(2.0*x/4.0)
    tmp2 = -np.cos(x/3.0)-np.sin(x/3.0)-2.5*np.cos(2.0*x/3.0)+0.5*np.
sin(2.0*x/3.0)
    return 10.0+tmp1+0.5*tmp2
```

图 7-1 是 $f(x)$ 的函数图。

最大值在 x=69.18 附近取得，值为 15.027。我们的问题是，除了给出的任意点上的值，在不知道关于 $f(x)$ 的任何信息情况下，尽可能以最高效的方式找到这个最大值。当我们说“高效”时，意思当然是尽可能少的运算。

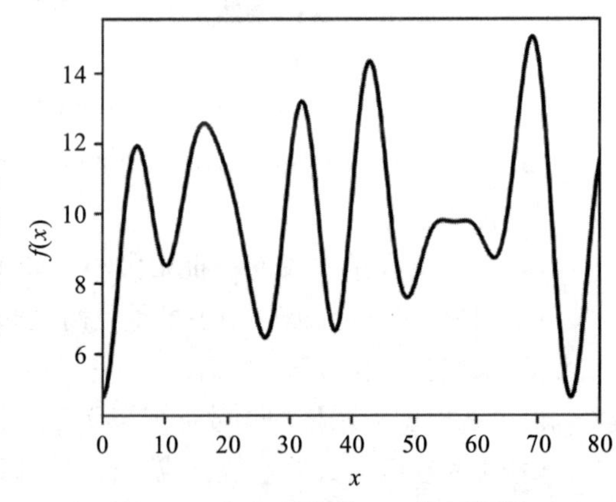

图 7-1　文中所述的 $f(x)$ 的函数图

7.5 网格搜索

我们讨论的第一种方法是网格搜索，但它也是最不“智能”的。网格搜索只需要定期尝试函数，并查看函数 $f(x)$ 对哪个 x 产生最高值。在这个例子中，我们想要在两个 x 值 x_{min} 和 x_{max} 之间找到函数 $f(x)$ 的最大值。我们要做的是直接在 x_{min} 和 x_{max} 之间取 n 个等分点，并计算这些点的函数值。我们将定义一个点向量：

$$\boldsymbol{x}=\left(x_{\min}, x_{\min}+\frac{\Delta x}{n}, \cdots, x_{\min}(n-1)\frac{\Delta x}{n}\right)$$

这里定义 $\Delta x = x_{\max} - x_{\min}$，然后在这些点上计算函数值 $f(x)$，从而得到一个函数值向量 $\boldsymbol{f}$:

$$\boldsymbol{f}=\left(f(x_{\min}), f\left(x_{\min}+\frac{\Delta x}{n}\right), \cdots, f\left(x_{\min}+(n-1)\frac{\Delta x}{n}\right)\right)$$

最大值 $(\hat{x}, \hat{f})$ 的计算公式是：

$$\tilde{f} = \max_{0\leqslant i\leqslant n-1} f_i$$

并且，假设在 $i=\tilde{i}$ 处取得最大值，同时就有：

$$\tilde{x} = x_{\min} + \frac{\tilde{i}\Delta x}{n}$$

现在，可以想象，所取的点越多，最大值的计算就越准确。问题在于，如果 $f(x)$ 的计算成本很高，那么就不可能取到你希望的那么多个点，你需要在取点数和准确率之间找到平衡。我们以之前讲过的函数 $f(x)$ 作为示例。令 $x_{\max}=80$ 和 $x_{\min}=0$，并且取 $n=40$ 个点，则有 $\frac{\Delta x}{n}=2$。下面代码用 Python 很容易创建出向量 $\boldsymbol{x}$：

```
gridsearch = np.arange(0,80,2)
```

网格搜索数组是这样的：

```
array([ 0, 2, 4, 6, 8, 10, 12, 14, 16, 18, 20, 22, 24, 26, 28, 30, 32,
34, 36, 38, 40, 42, 44, 46, 48, 50, 52, 54, 56, 58, 60, 62, 64, 66, 68,
70, 72, 74, 76, 78])
```

在图 7-2 中，可以看出函数 $f(x)$ 是连续的线条，叉号表示网格搜索中的采样点，黑色方块表示函数的最大值，右图放大显示最大值邻近区域。

可以看到，图 7-2 中的采样点是如此接近最大值，但是没有准确到达它。当然，对更多点进行采样会使我们更接近最大值，但会需要运算更多次 $f(x)$。我们可以用一小段代码很容易地找到最大值 $(\tilde{x}, \tilde{f})$。

```
x = 0
m = 0.0
for i, val in np.ndenumerate(f(gridsearch)):
    if (val > m):
        m = val
        x = gridsearch[i]

print(x)
print(m)
```

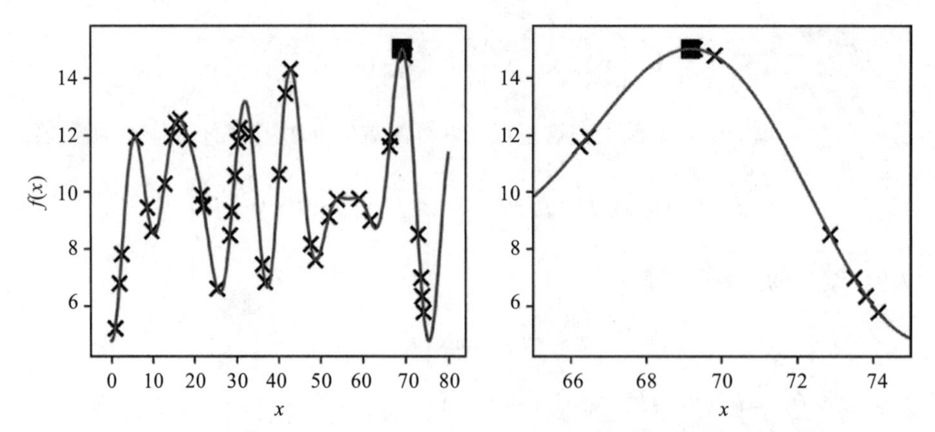

图 7-2　在 [0, 80] 范围的函数 $f(x)$。叉号表示网格搜索中的采样点，黑色方块表示函数的最大值

结果是

```
70
14.6335957578
```

这接近实际最大值（69.18, 15.027），但不是很准确。我们改变采样点数来尝试前面的例子，看看会得到什么结果。我们将采样点数从 4 变为 160，对于每一种情况，我们将如前所述找到一个最大值及其位置，代码如下：

```
xlistg = []
flistg = []

for step in np.arange(1,20,0.5):
    gridsearch = np.arange(0,80,step)

    x = 0
    m = 0.0
    for i, val in np.ndenumerate(maxim(gridsearch)):
        if (val > m):
            m = val
            x = gridsearch[i]

    xlistg.append(x)
    flistg.append(m)
```

在列表 xlistg 和 flistg 中，对于各个 n 的值，可以找到最大值的位置和最大值。在图 7-3 中，我们绘制了结果的分布情况，黑色垂直线是正确的最大值。

可以看到，结果变化很大，并且偏离正确值的距离达到 10，这说明使用错误的点数会产生非常错误的结果。可以想象，最好的结果是步长 Δx 最小的结果，因为它更有可能接近最大值。在图 7-4 中，可以看到最大值如何随步长 Δx 而变化。

从图 7-4 右边的放大图很明显看出，多小的 Δx 值可以得到更好的 $\tilde{f}$。注意，步长为 1.0 表示采样 80 个 $f(x)$ 值。如果（例如）计算需要 1 天，就不得不等待 80 天才能得到结果。

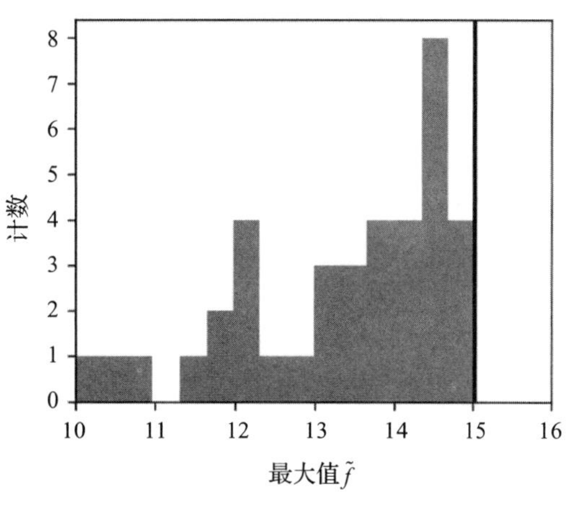

图 7-3　采样点数量 n 取不同值时，网格搜索中 $\tilde{f}$ 的结果分布情况，黑色垂直线表示函数 $f(x)$ 的最大值

注释　仅当黑盒函数代价低的时候，网格搜索才效率高。为得到好的结果，通常需要大量的采样点。

为了确保真正获得最大值，你应该减小步长 Δx，或者说增加采样点的数量，直到找到的最大值不再明显变化。在前面的示例中，如图 7-4 中右图所示，我们确定当步长 Δx 小于大约 2.0 时，或者换句话说，当采样点的数量大于或等于 40 左右时，我们接近最大值。记住，40 可能乍一看是一个很小的数字，但如果 $f(x)$ 计算深度学习模型的指标，并且训练需要 2 个小时（例如），那么就需要 3.3 天的计算机时间。通常，在深度学习的世界中，2 小时对于训练模型并不算多，所以在开始长时间网格搜索之前要缩短计算时间。另外，请记住，在进行超参数调优时，是在多维空间内移动（不是只优化一个参数，而是很多参数），所以所需的计算量迅速变大。

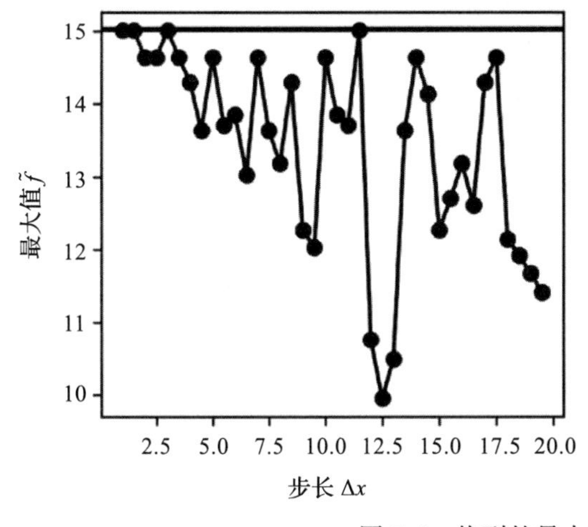

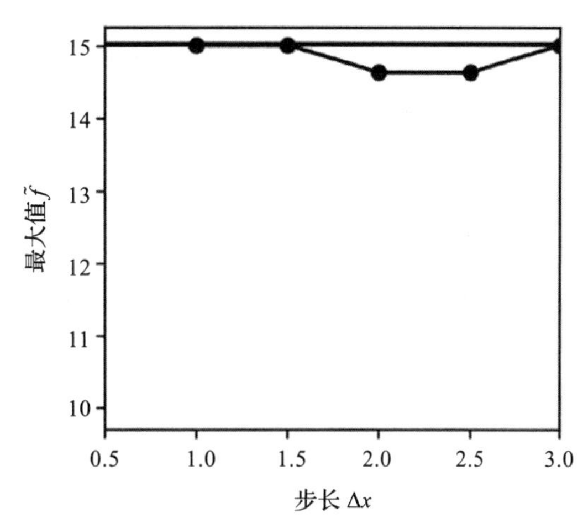

图 7-4　找到的最大值随步长 Δx 而变化

来看一个快速示例。假设你决定可以对黑盒函数进行 50 次计算，如果决定尝试以下超参数：

❑ 优化器（RMSProp、Adam 或简单 GD）（3 个值）

❑ 周期数（1000、5000或10 000）（3个值）

这就已经有9次计算了。你可以尝试多少个学习率？只有5个！用5个值，不可能接近最优化结果。此示例的目的是帮助你了解网格搜索的方式仅适用于低代价的黑盒函数。请记住，时间往往不是唯一的问题。例如，如果使用Google云平台来训练你的网络，那么需要考虑的第二个问题是硬件费用。也许你有很多时间，但成本可能会很快超过你的预算。

7.6 随机搜索

像网格搜索一样“笨拙”，但是效果要好得多的策略是随机搜索。随机搜索不是在范围（x_{min}，x_{max}）中等间距采样x个点，而是随机采样。我们可以用代码来表示：

```
import numpy as np
randomsearch = np.random.random([40])*80.0
```

数组randomsearch类似这样：

```
array([ 0.84639256, 66.45122608, 74.12903502, 36.68827838, 61.71538757,
69.29592273, 48.76918387, 69.81017465, 1.91224209, 21.72761762,
22.17756662, 9.65059426, 72.85707634, 2.43514133, 53.80488236, 5.70717498,
28.8624395 , 33.44796341, 14.51234312, 41.68112826, 42.79934087,
25.36351055, 58.96704476, 12.81619285, 15.40065752, 28.36088144,
30.27009067, 16.50286852, 73.49673641, 66.24748556, 8.55013954,
29.55887325, 18.61368765, 36.08628824, 22.1053749 , 40.14455129,
73.80825225, 30.60089111, 52.01026629, 47.64968904])
```

根据所使用的随机种子，所获得的实际数字可能会有所不同。正如为网格搜索所做的那样，你可以在图7-5中看到$f(x)$的示意图，其中叉号表示采样点，黑色方块表示最大值，右图是最大值周围的放大显示。

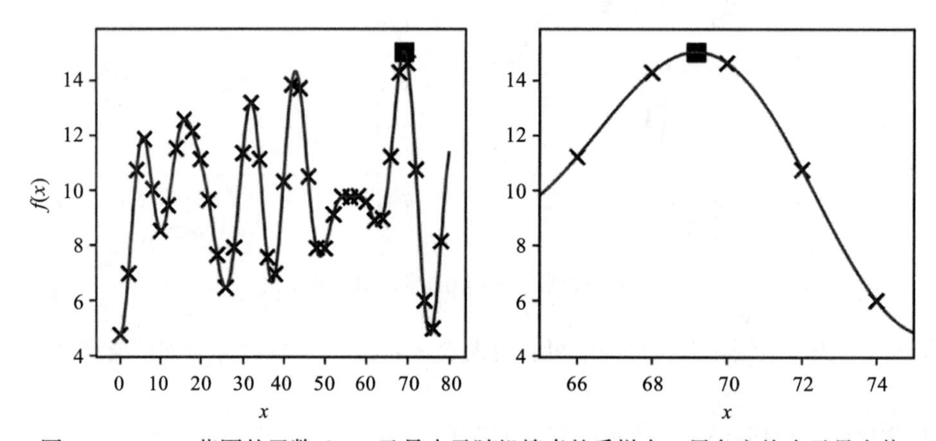

图7-5 [0, 80]范围的函数$f(x)$，叉号表示随机搜索的采样点，黑色方块表示最大值

这种方法的风险在于，如果运气非常差，那么随机选择的点就不会接近实际最大值。但这种可能性很低。请注意，如果为随机点采用恒定概率分布，则在每个地方获取点的概率相同，看看这种方法的表现很有趣。我们考虑通过改变代码中使用的随机种子所获得的200个由40个点组成的不同随机集合。找到的最大值 $\tilde{f}$ 的分布如图 7-6 所示。

从中发现，无论使用何种随机集，在大多数情况下，都会非常接近实际最大值。在图 7-7 中，可以看到改变采样的点数（10～80）后，随机搜索找到的最大值的分布。

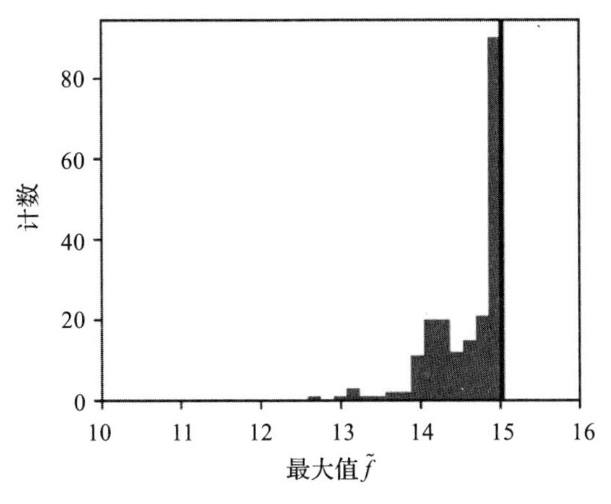

图 7-6 在随机搜索中通过 200 个由 40 个点组成的不同随机集合得到的 $\tilde{f}$ 的分布，黑色直线表示 $f(x)$ 的实际最大值

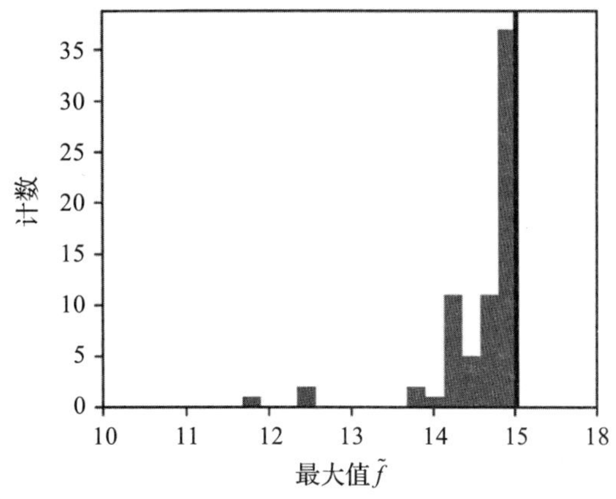

图 7-7 改变采样的点数（从 10 到 80）后随机搜索找到的最大值 $\tilde{f}$ 的分布，黑色直线表示 $f(x)$ 的实际最大值

如果将其与网格搜索进行比较，就会发现随机搜索始终能够更好地获得接近实际值的最大值。在图 7-8 中，可以看到使用不同数量的采样点 n 时随机搜索和网格搜索所获得的最大值分布对比。两种情况都是由 38 个不同的集合生成的，因此计数总量是相同的。

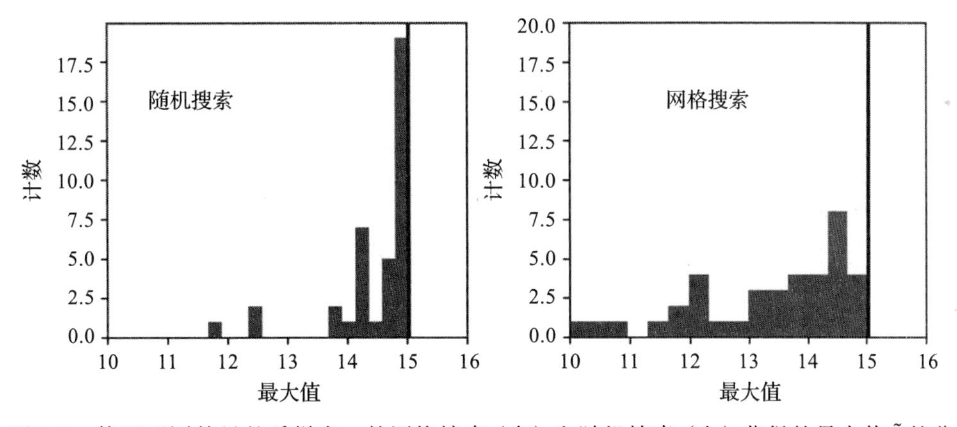

图 7-8 使用不同数量的采样点 n 的网格搜索（右）和随机搜索（左）获得的最大值 $\tilde{f}$ 的分布对比，两个图中的采样点总数都是 38，黑色直线表示真实最大值

很容易看出随机搜索比网格搜索更好，通常能获得接近真实最大值的结果。

注释 随机搜索始终优于网格搜索，应尽可能使用它。在处理变量 x 的多维空间时，随机搜索和网格搜索之间的差异变得更加明显。超参数调整实际上始终是一个多维优化问题。

感兴趣的话，高维度下随机搜索有一些非常好的论文。请阅读 James Bergstra 和 Yoshua Bengio 的“Random Search for Hyper-Parameter Optimization”。

7.7 粗到细优化

还有一种优化技巧可以帮助网格或随机搜索，称为“粗到细优化”。假设想要在 x_{min} 和 x_{max} 之间找到 $f(x)$ 的最大值，以随机搜索为例，在网格搜索中工作方式是相同的。以下步骤提供此优化的算法。

1. 在区域 $R_1=(x_{min}, x_{max})$ 中进行随机搜索，我们用（x_1，f_1）表示最大值。

2. 现在考虑一个围绕 x_1 的较小区域 $R_2=(x_1-\delta x_1, x_1+\delta x_1)$，对于某些 δx_1（我将在后面讨论）再次在这个区域做一个随机搜索。当然，假设真正的最大值在这个区域。在这里找到的最大值记为（x_2，f_2）。

3. 在 x_2 周围重复步骤 2，并用 R_3 表示这个区域，同时用一个比 δx_1 更小的 δx_2，找到的最大值是（x_3，f_3）。

4. 现在在 x_3 周围重复步骤 2，用 R_4 表示该区域，并用一个比 δx_2 更小的 δx_3。

5. 以同样的方式继续，直到区域 R_{i+1} 中的最大值（x_i，f_i）不再变化。

通常，只使用一次或两次迭代，但理论上，可以继续进行大量迭代。这种方法的问题在于，你无法确定真实最大值是否位于区域 R_i 中。但如果能确定，这种优化就有很大的优势。我们来考虑进行标准随机搜索的情况。如果想在 $x_{max}-x_{min}$ 的 1% 采样点之间取平均距离，并且决定只执行一次随机搜索，则需要大约 100 个点，因此，这样需要执行 100 次计算。现在考虑刚才描述的算法。我们可以首先取区域 $R_1=(x_{min}, x_{max})$ 中的 10 个点，在这里，找到的最大值为（x_1，f_1）。然后，取 $\delta x=\frac{x_{max}-x_{min}}{10}$，并在区域 $R_2=(x_1-\delta x, x_1+\delta x)$ 中再取 10 个点。我们将以间隔 $(x_1-\delta x, x_1+\delta x)$ 在 $x_{max}-x_{min}$ 的 1% 采样点之间取平均距离，但我们只对函数进行 20 次采样，而不是 100 次，所以减少到 1/5！例如，我们使用以下代码对之前在 $x_{min}=0$ 和 $x_{max}=80$ 之间使用的函数进行 10 个点采样：

```
np.random.seed(5)
randomsearch = np.random.random([10])*80

x = 0
m = 0.0
```

```
for i, val in np.ndenumerate(f(randomsearch)):
    if (val > m):
        m = val
        x = randomsearch[i]
```

这将得到最大值的位置和最大值：x_1=69.65，f_1=14.89。结果尚可接受，但与实际值 6927.18 和 15.0 相比还是不太精确。现在从区域 $R_2=(x_1-4, x_1+4)$ 最大值附近再采样 10 个点：

```
randomsearch = x + (np.random.random([10])-0.5)*8

x = 0
m = 0.0
for i, val in np.ndenumerate(maxim(randomsearch)):
    if (val > m):
        m = val
        x = randomsearch[i]
```

得 69.189 和 15.027 的结果。这是相当精确的结果，只计算了 20 次函数。如果用 500 个（比我们刚做的那样多 25 倍）采样点进行普通随机搜索，将得到 x_1=69.08 和 f_1=15.022。这个结果说明这个技巧真的有用。但要记住风险：如果最大值不在区域 R_i 中，你将永远无法找到它，因为你还在处理随机数。因此，选择相对较大的区域（$x_i-\delta x_i, x_i+\delta x_i$）始终是一个好主意，以确保它们包含最大值。与深度学习领域中的几乎所有问题一样，关于这个区域要多大，取决于你的数据集和问题有多大，而这些情况可能无法事先知道。不幸的是，需要进行测试。在图 7-9 中，可以看到函数 $f(x)$ 上的采样点。在左图中，可以看到前 10 个点，右侧区域 R_2 中，另外还有 10 个点。左侧图上的小矩形将 x 区域标记为 R_2。

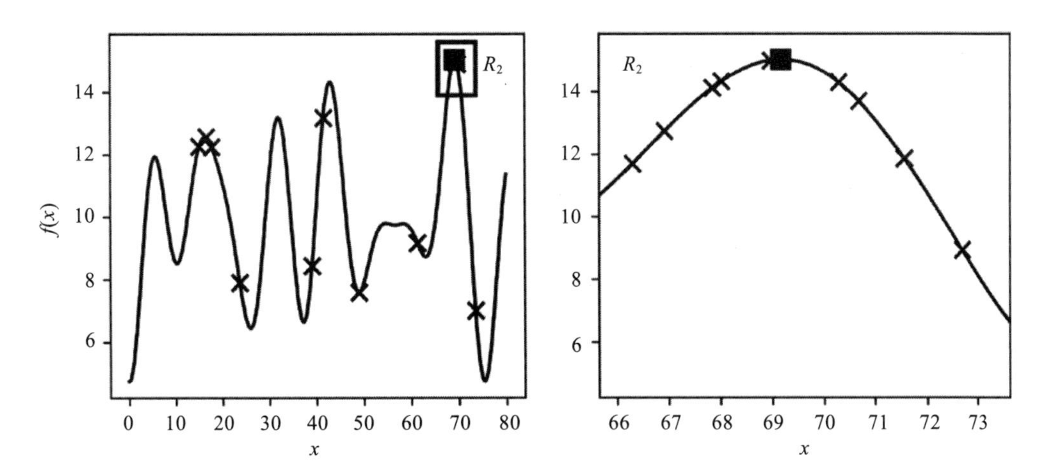

图 7-9　函数 $f(x)$。叉号表示采样点：左图中 10 个采样点在区域 R_1（整个区域）中，右图中 10 个点在区域 R_2 中。黑色方块表示实际最大值，右图是区域 R_2 的放大显示

现在，在开始时选取采样点的个数很重要。在这里，我们很幸运。如果在选择初始 10 个随机点时考虑选择不同的随机种子，会发生什么？（图 7-10）选择错误的初始点会导致很糟的后果。

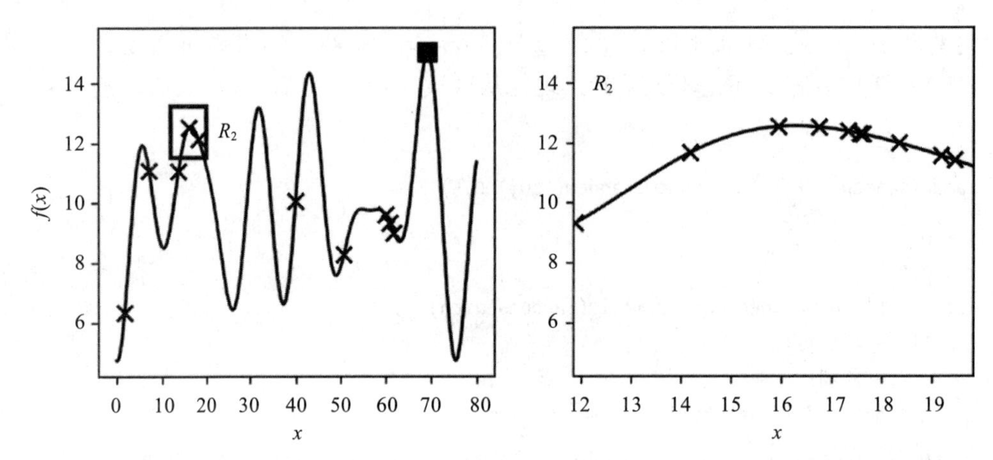

图 7-10 函数 $f(x)$。叉号表示采样点：左图中 10 个采样点在区域 R_1（整个区域）中，右图中 10 个点在区域 R_2 中。黑色方块表示实际最大值。左图中小矩形表示区域 R_2，右图是区域 R_2 的放大显示

在图 7-10 中，请注意算法是怎样在 16 附近找到最大值的。从图 7-10 的左图中可以观察到，在初始采样点中最大值在 $x=16$ 附近。而在真正的最大值（即 $x=69$）附近，没有选取到采样点。算法很快找了一个最大值，却不是真正的最大值。这就是使用它的风险，还有可能更糟。请看图 7-11，一开始只采样一个点，图 7-11 左图说明算法如何完整地错过了所有最大值。它只是找出了用叉号表示的点中的最大值，即右图中的（58.4，9.78）。

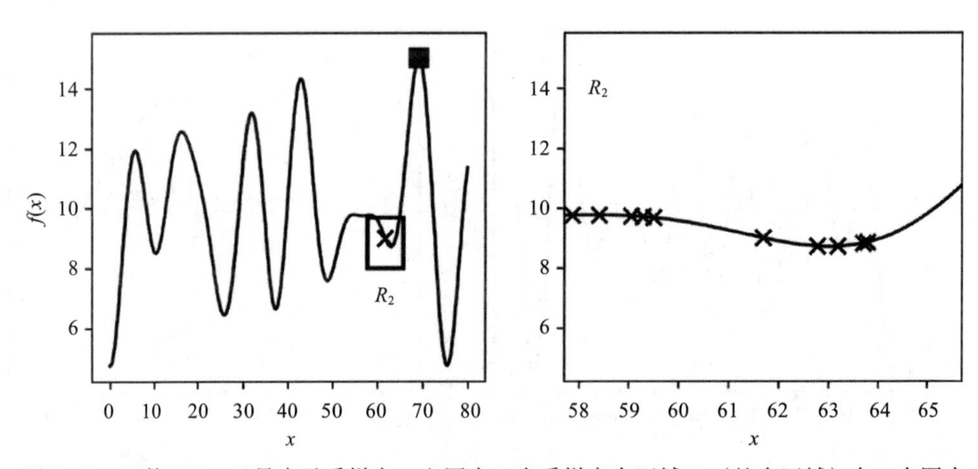

图 7-11 函数 $f(x)$。叉号表示采样点：左图中 1 个采样点在区域 R_1（整个区域）中，右图中 10 个点在区域 R_2 中，黑色方块表示实际最大值。算法没有找到任何最大值，因为它不在区域 R_2 中，右图是区域 R_2 的放大显示

如果你决定使用这个方法，请注意，在进行搜索优化前，开始时要选择足够数量的采样点，这样有助于靠近最大值。当你基本确信有采样点在最大值附近时，可以采取这项技术来优化搜索。

7.8 贝叶斯优化

本节将介绍一项用于查找黑盒函数的最小（最大）值的独特而有效的技术。这是一种相当聪明的算法，与简单随机或在网格上选取采样点的方式相比，它基本包括以一种更智能得多的方式选择用于评估函数的采样点。为了理解它如何工作，必须首先了解几个新的数学概念，因为这个方法并不简单，并且需要理解一些更高级的概念。首先介绍 Nadaray-Watson 回归。

7.8.1 Nadaraya-Watson 回归

这种方法由 Elizbar Akakevič（E.A.）于 1964 年在“On Estimating Regression”中提出，发表于俄罗斯期刊“概率理论及其应用”。基本思路十分简单。给定一个未知函数 $y(x)$ 和 N 个点 x_i=1，…，N，我们用 $y_i=f(x_i)$（i=1，…，N）表示在不同 x_i 处计算的函数值。Nadaray-Watson 回归的思想是，我们能用下面的公式评估未知点 x 处的未知函数：

$$y(x)=\sum_{i=1}^{N} w_i(x) y_i$$

其中，$w_i(x)$ 是通过以下公式计算出的权重：

$$w_i(x)=\frac{K(x, x_i)}{\sum_{j=1}^{N} K(x, x_j)}$$

其中，$K(x, x_i)$ 称为核。注意，有了权重定义后，我们有

$$\sum_{i=1}^{N} w_i(x)=1$$

在文献中，可以找到几个核，但我们感兴趣的是高斯核，它常常叫作径向基函数（RBF）：

$$K(x, x_i)=\sigma^2 \mathrm{e}^{-\frac{1}{2l^2}\|x-x_i\|^2}$$

参数 l 控制高斯核形状的宽窄。σ 通常是数据的方差，但是，在这种情况下并不起作用，因为权重被标准化为 1。这就是贝叶斯优化的基础，随后将介绍它。

7.8.2 高斯过程

在讨论高斯过程之前，首先必须定义随机过程是什么。一个“随机过程”是指我们为

其分配一个随机变量$f(x) \in R$的任意点$x \in R^d$。如果对任意有限数量的点，它们的联合分布是正态的，则称随机过程是高斯过程。这意味着$\forall n \in N$，并且对$\forall x_1, \cdots, x_n \in R^d$，向量为

$$\boldsymbol{f} \equiv \begin{bmatrix} f(x_1) \\ \vdots \\ f(x_n) \end{bmatrix} \sim \mathcal{N}$$

用上面的符号，我们表示向量的分量是正态分布的，用$\mathcal{N}$表示。请记住，一个具有高斯分布的随机变量被认为是正态分布。高斯过程的名称由此而来。正态分布的概率分布通过下面函数给出：

$$g(x \mid \mu, \sigma^2) = \frac{1}{\sqrt{2\pi\sigma^2}} \mathrm{e}^{\frac{(x-\mu)^2}{2\sigma^2}}$$

其中，μ是分布的均值或期望值，而σ是标准差。从下面开始我将使用以下符号：

f的均值：m

并且随机值的协方差将用K表示：

$$\text{cov}\left[f(x_1), f(x_2)\right] = K(x_1, x_2)$$

这里选择字母K是有理由的。在接下来的内容中，我们假定协方差有高斯形状，并且我们将为前面定义过的RBF函数选择K。

7.8.3 平稳过程

为了简单起见，我们这里只考虑平稳过程。如果一个随机过程的联合概率分布不随时间改变，则称它是平稳过程。这也意味着均值和方差将不随时间改变。我们也将考虑一个其分布只取决于点的相对位置的过程。这意味着有条件：

$$K(x_1, x_2) = \tilde{K}(x_1 - x_2)$$
$$\text{Var}\left[f(x)\right] = \tilde{K}(0)$$

注意，要应用我们描述的方法，如果数据不是平稳的，首先必须把数据转化为平稳数据，比如，消除季节性或时间趋势。

7.8.4 用高斯过程预测

现在到了有趣的部分：给定向量$\boldsymbol{f}$，那么怎么估计任意一个点x的$f(x)$？因为我们正处理随机过程，所以我们将估计未知函数得到给定值$f(x)$的概率。数学上，我们将预测以下量：

$$p(f(x) \mid \boldsymbol{f})$$

或者换而言之，对于由所有点$f(x_1), \cdots, f(x_n)$组成的给定向量$\boldsymbol{f}$，得到值$f(x)$的概率。

假设$f(x)$是一个m=0的平稳高斯过程，那么预测可以通过下公式给出：

$$p(f(x)|\boldsymbol{f})=\frac{p(f(x),f(x_1),\cdots,f(x_n))}{p(f(x_1),\cdots,f(x_n))}=\frac{\mathcal{N}(f(x),f(x_1),\cdots,f(x_n)|0,\tilde{C})}{\mathcal{N}(f(x_1),\cdots,f(x_n)|0,C)}$$

其中，$\mathcal{N}(f(x),f(x_1),\cdots,f(x_n)|0,\tilde{C})$用于表示以均值 0 和维度为 $n+1\times n+1$ 的协方差矩阵 $\tilde{C}$ 对各点计算的正态分布，因为我们的分子有 $n+1$ 个点。推导过程较复杂并基于几个定理，比如贝叶斯定理。如果想要得到更多信息，可以参考 Chuong B. Do 在 “Gaussian Processes”（2007）中的更高级的解释，其中包含所有细节的解释。为了理解贝叶斯优化是什么，我们可以直接使用这个公式，而无须推导。C 的大小是 $n\times n$，因为分母中只有 n 个点。

我们有

$$C=\begin{bmatrix} K(0) & K(x_1-x_2) & \cdots \\ K(x_2-x_1) & \ddots & \vdots \\ \vdots & \cdots & K(0) \end{bmatrix}$$

和

$$\tilde{C}=\begin{bmatrix} K(0) & \boldsymbol{k}^{\mathrm{T}} \\ \boldsymbol{k} & C \end{bmatrix}$$

其中，我们定义：

$$\boldsymbol{k}=\begin{bmatrix} K(x-x_1) \\ \vdots \\ K(x-x_n) \end{bmatrix}$$

不难看出，两个正态分布之比仍为正态分布。所以可以写为

$$p(f(x)|\boldsymbol{f})=\mathcal{N}(f(x)|\mu,\sigma^2)$$

其中，

$$\mu=\boldsymbol{k}^{\mathrm{T}}C^{-1}\boldsymbol{f}$$
$$\sigma^2=K(0)-\boldsymbol{k}^{\mathrm{T}}C^{-1}\boldsymbol{k}$$

μ 和 σ 具体的推导过程较长，超出了本书的范围。基本上，我们现在知道，平均来说，我们的未知函数将以方差 σ 在 x 中得到 μ。现在我们看看这种方法在 Python 中是如何运行的。首先定义核 $K(x)$：

```
def K(x, l, sigm = 1):
    return sigm**2*np.exp(-1.0/2.0/l**2*(x**2))
```

用一个简单函数模拟未知函数：

$$f(x)=x^2-x^3+3+10x+0.07x^4$$

它可以通过以下代码实现：

```
def f(x):
    return x**2-x**3+3+10*x+0.07*x**4
```

我们考虑（0，12）范围内的函数。在图 7-12 中，可以看到该函数的样子。

首先用 5 个点构建向量 $\boldsymbol{f}$，代码如下：

```
randompoints = np.random.random([5])*12.0
f_ = f(randompoints)
```

其中，使用种子 42 产生随机数：np.random.seed(42)。在图 7-13 中，可以看到图中的随机点用叉号标出。

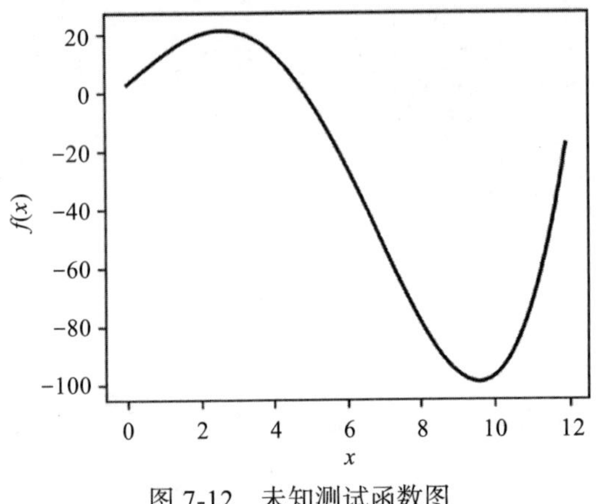

图 7-12　未知测试函数图

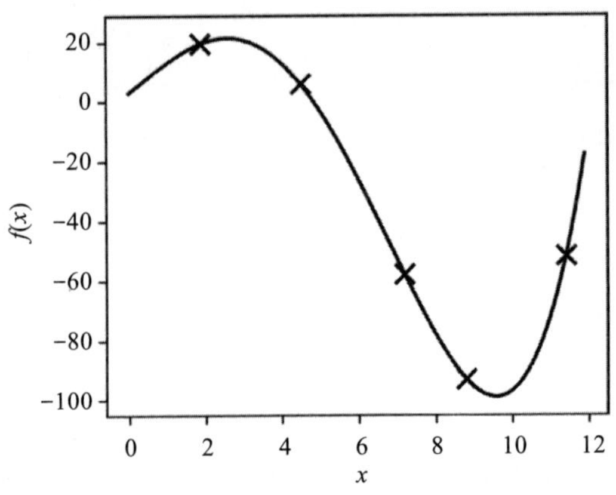

图 7-13　未知函数图，叉号表示选取的随机点

可以通过如下代码应用前面描述的方法：

```
xsampling = np.arange(0,14,0.2)

ybayes_ = []
sigmabayes_ = []
for x in xsampling:

    f1 = f(randompoints)
    sigm_ = np.std(f1)**2
    f_ = (f1-np.average(f1))

    k = K(x-randompoints, 2 , sigm_)

    C = np.zeros([randompoints.shape[0], randompoints.shape[0]])
    Ctilde = np.zeros([randompoints.shape[0]+1, randompoints.shape[0]+1])
    for i1,x1_ in np.ndenumerate(randompoints):
        for i2,x2_ in np.ndenumerate(randompoints):
            C[i1,i2] = K(x1_-x2_, 2.0, sigm_)
```

```
        Ctilde[0,0] = K(0, 2.0, sigm_)
        Ctilde[0,1:randompoints.shape[0]+1] = k.T
        Ctilde[1:,1:] = C
        Ctilde[1:randompoints.shape[0]+1,0] = k
        mu = np.dot(np.dot(np.transpose(k), np.linalg.inv(C)), f_)
        sigma2 = K(0, 2.0,sigm_)- np.dot(np.dot(np.transpose(k), np.linalg.
        inv(C)), k)
        ybayes.append(mu)
        sigmabayes_.append(np.abs(sigma2))

    ybayes = np.asarray(ybayes_)+np.average(f1)
    sigmabayes = np.asarray(sigmabayes_)
```

现在请花时间理解这些代码。在列表 ybayes 中，将找到根据数组 xsampling 中的值估计的 $\mu(x)$ 的值。这里有一些提示将有助于理解这些代码：

- 通过代码 `for x in xsampling:` 来遍历用于评估函数的 x 点范围。
- 用代码 `k = K(x-randompoints, 2 , sigm_)` 和 `f1 = f(randompoints)` 为向量分量赋值，以构建 $\boldsymbol{k}$ 和 $\boldsymbol{f}$。对于核，我们为参数 l 选择一个值，即在函数中定义的 2。在向量 $\boldsymbol{f}$ 中减去均值，从而使 $m(x)=0$，以便适用推导得到的公式。
- 构建矩阵 C 和 $\tilde{C}$。
- 用 `mu = np.dot(np.dot(np.transpose(k), np.linalg.inv(C)), f_)` 计算 μ 和标准差。
- 最后，重新应用所做的所有转换，从而使过程以相反的顺序平稳，具体来说，只需将 $f(x)$ 的均值再次与估计的替代函数相加：`ybayes=np.asarray (ybayes_)+np.average(f1)`。

在图 7-14 中，可以看到这个方法如何生效的。正如代码计算所得，使用 5 个点时 (n=5)，通过画出 $\mu(x)$ 得到预测函数，如虚线所示。灰色区域是介于估计函数与 +/–σ 间的区域。

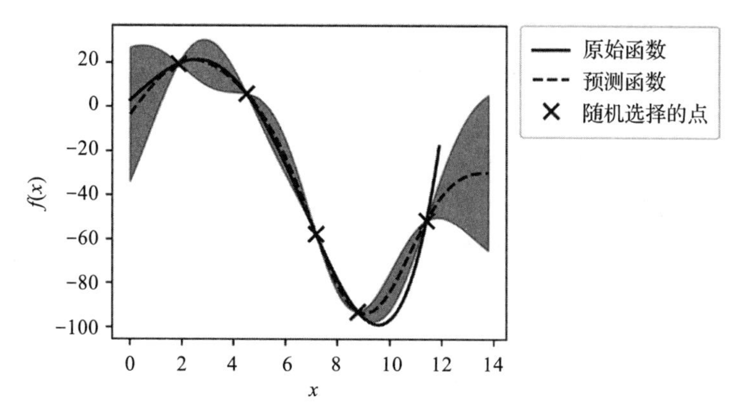

图 7-14　通过计算 $\mu(x)$ 得到的预测函数（虚线）。灰色区域为估计函数和 +/–σ 之间的区域

在给定的几个点的情况下，这还算是一个不太差的结果。现在请记住，仍然需要几个点才能得到一个合理的逼近。在图 7-15 中，可以看到这个结果，如果只使用 2 个点，这个结果并不太好。灰色区域是估计函数和 $+/-\sigma$ 之间的区域。可以看到，从已有的点来看，预测函数的不确定性或方差更高。

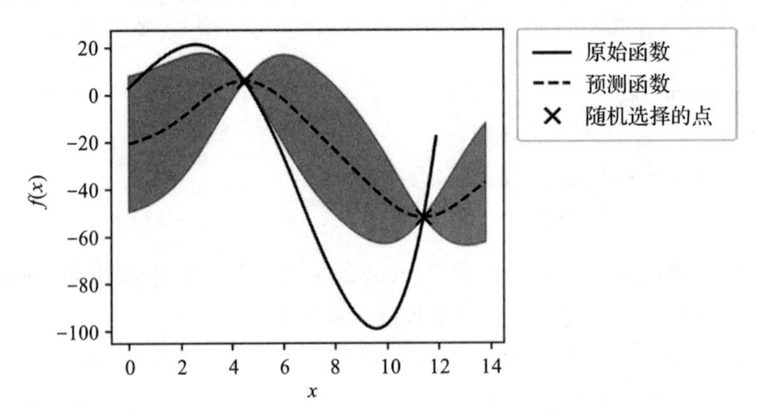

图 7-15　只使用两个点的预测函数（虚线）。灰色区域为估计函数和 $+/-\sigma$ 之间的区域

先暂停一下，想一想为什么这样做。其思想是要找到一个所谓的替代函数 $\tilde{f}$，它能逼近函数 f，并有以下属性：

$$\max \tilde{f} \approx \max f$$

这个替代函数必须有另一个十分重要的属性：它运算时必须是低代价的。这样，才能轻松找到 $\tilde{f}$ 的最大值，并且，在应用上一个属性的情况下，我们将有 f 的最大值，而根据假设这是高代价的。

但是，如你所见，我们很难知道是否有足够的点来找到正确的最大值。毕竟，按照定义，我们无法知晓黑盒函数是怎样的。所以，如何解决这一问题？

该方法背后的主要思想可以通过以下算法进行描述：

1. 开始时随机选取少量采样点（具体数量取决于你的问题）。
2. 使用这个点集得到替代函数（如前所述）。
3. 在点集中添加一个额外的点，通过一个后面将讨论的特别方法，重新评估替代函数。
4. 如果用替代函数找到的最大值持续改变，则继续按照步骤 3 添加点，直到最大值不再改变，或者时间或预算用尽，而无法做更多评估。

如果在步骤 3 中提示的方法足够智能，我们将能相对快速和精准地找到最大值。

7.8.5 采集函数

但是如何选择在上一节的步骤 3 中提到的额外的点呢？我们的想法是使用一个采集函数，其算法通过这种方式工作：

1. 选择一个称为采集函数的函数（稍后我们将看到几个可能的选择）。

2. 然后选择采集函数有最大值的点作为额外的点。

这里有几个可以使用的采集函数，但下面只描述一个我们将使用的，从而观察这个方法如何工作，不过你可能使用其他采集函数，比如熵搜索、改进可能性、预期改进和上置信界。

7.8.6 上置信界（UCB）

在文献中，可以找到该采集函数的两种变体，该函数可以写作：

$$a_{\mathrm{UCB}}(x) = \mathbb{E}\,\tilde{f}(x) = \eta\sigma(x)$$

其中，我们用 $\mathbb{E}\,\tilde{f}(x)$ 表示替代函数在我们的问题中的 x 范围内的“预期”值。这一预期值只不过是函数在给定的 x 范围内的平均值。$\sigma(x)$ 是用我们的模型在点 x 处计算的替代函数的方差。我们选择的新点是 $a_{\mathrm{UCB}}(x)$ 为最大值的点。$\eta>0$ 是一个权衡参数。这个采集函数基本上选择其方差最大的点。请回顾图 7-15，这一方法会选择其方差更大的点，所以会尽可能远离已有的点。这样，逼近效果往往越来越好。

另外一个 UCB 采集函数的变体如下：

$$\tilde{a}_{\mathrm{UCB}}(x) = \tilde{f}(\mathrm{x}) = \eta\sigma(x)$$

这一次，采集函数在从替代函数最大值周围选择点与选择其方差最大的点之间进行权衡。第二种方法最适用于快速找到 f 的近似最大值，而第一种易于在整个 x 范围内找到 f 的良好近似值。下一节，我们将介绍这两种方法如何工作。

7.8.7 示例

我们从本章开头提到的复杂三角函数开始，考虑 x 范围为 [0, 40]，我们的目标是找到其最大值，并逼近该函数。为了有助于编码，我们定义两个函数：一个用于评估替代函数，另一个用于评估新的点。为了评估替代函数，我们使用以下函数：

```
def get_surrogate(randompoints):
    ybayes_ = []
    sigmabayes_ = []
    for x in xsampling:

        f1 = f(randompoints)
        sigm_ = np.std(f_)**2
        f_ = (f1-np.average(f1))
        k = K(x-randompoints, 2.0, sigm_ )

        C = np.zeros([randompoints.shape[0], randompoints.shape[0]])
        Ctilde = np.zeros([randompoints.shape[0]+1, randompoints.shape[0]+1])
        for i1,x1_ in np.ndenumerate(randompoints):
```

```
            for i2,x2_ in np.ndenumerate(randompoints):
                C[i1,i2] = K(x1_-x2_, 2.0, sigm_)

        Ctilde[0,0] = K(0, 2.0)
        Ctilde[0,1:randompoints.shape[0]+1] = k.T
        Ctilde[1:,1:] = C
        Ctilde[1:randompoints.shape[0]+1,0] = k

        mu = np.dot(np.dot(np.transpose(k), np.linalg.inv(C)), f_)
        sigma2 = K(0, 2.0, sigm_)- np.dot(np.dot(np.transpose(k),
        np.linalg.inv(C)), k)
        ybayes_.append(mu)
        sigmabayes_.append(np.abs(sigma2))

    ybayes = np.asarray(ybayes_)+np.average(f1)
    sigmabayes = np.asarray(sigmabayes_)

    return ybayes, sigmabayes
```

该函数有之前章节的例子中已讨论过的代码，但是被打包在一个函数中，并由这个函数返回替代函数（包含于数组 ybayes）和包含于数组 sigmabayes 中的 σ^2。另外，我们需要一个函数使用采集函数 $a_{\text{UCB}}(x)$ 评估新的点。我们可以轻松做到：

```
def get_new_point(ybayes, sigmabayes, eta):

    idxmax = np.argmax(np.average(ybayes)+eta*np.sqrt(sigmabayes))
    newpoint = xsampling[idxmax]

    return newpoint
```

为了简易起见，我决定在这个函数之外定义一个数组，用它包含初始时想要的所有 x 值。我们用 6 个随机选取的点开始。为了检查我们的方法如何工作，我们先进行一些定义。

```
xmax = 40.0
numpoints = 6
xsampling = np.arange(0,xmax,0.2)
eta = 1.0

np.random.seed(8)
randompoints1 = np.random.random([numpoints])*xmax
```

数组 randompoints1 中将包含首先选取的 6 个随机点，然后可以轻松得到替代函数：

```
ybayes1, sigmabayes1 = get_surrogate(randompoints1)
```

在图 7-16 中，可以看到运行结果。虚线表示采集函数 $a_{\text{UCB}}(x)$，它在图中进行了归一化以便于绘制。

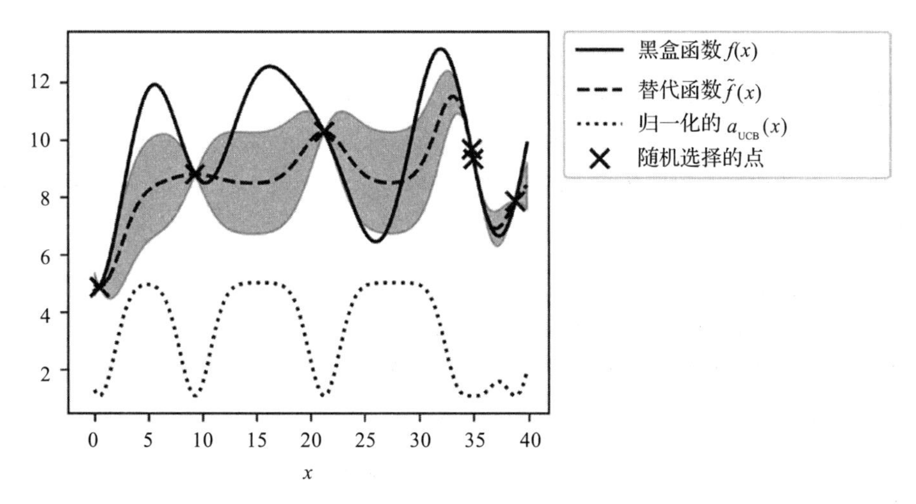

图 7-16 黑盒函数（实线）、随机选取点（叉号）、替代函数 $a_{\text{UCB}}(x)$（虚线）、采集函数（点线）概览。灰色区域为 $\tilde{f}(x)+\sigma(x)$ 和 $\tilde{f}(x)-\sigma(x)$ 之间的区域

替代函数还不是很好，因为我们没有足够的点，而且大的方差（灰色区域）显示了这一点。较好的逼近区域是 $x \gtrsim 35$ 的区域。可以看到，当替代函数不能很好地逼近黑盒函数时，采集函数明显较大，而较好近似（如 $x \gtrsim 35$）时，采集函数较小。所以，直观地在 $a_{\text{UCB}}(x)$ 最大处选择一个新点等价于在不能较好逼近函数的地方（或者用数学术语来说，在方差更大的地方）选择点。通过比较，在图 7-17 中可以看到与图 7-16 相同的图，但是采集函数为 $\tilde{a}_{\text{UCB}}(x)$ 且 $\eta=3.0$。

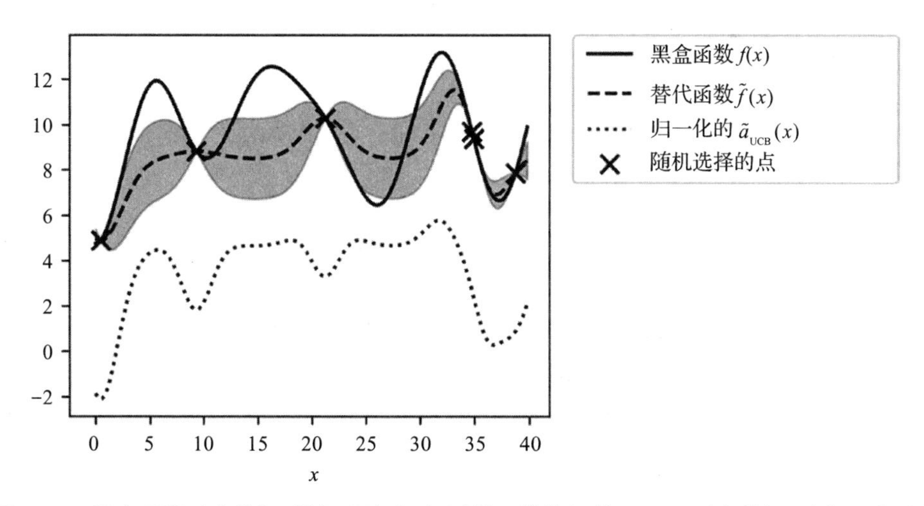

图 7-17 黑盒函数（实线）、随机选取点（叉号）、替代函数 $\tilde{a}_{\text{UCB}}(x)$（虚线）、采集函数（点线）概览。灰色区域为 $\tilde{f}(x)+\sigma(x)$ 和 $\tilde{f}(x)-\sigma(x)$ 之间的区域

如图所示，$\tilde{a}_{\mathrm{UCB}}(x)$趋向于在替代函数的最大值附近有最大值。请记住，如果η很大，则采集函数的最大值将向高方差的区域移动。但是这个采集函数常常会更快找到“一个”最大值。之所以是“一个”，因为它取决于替代函数的最大值在哪里，而不是黑盒函数的最大值在哪里。

现在我们来看使用η=1.0的$\tilde{a}_{\mathrm{UCB}}(x)$会发生什么。对于第一个额外点，必须简单运行下面三行代码：

```
newpoint = get_new_point(ybayes1, sigmabayes1, eta)
randompoints2 = np.append(randompoints1, newpoint)
ybayes2, sigmabayes2 = get_surrogate(randompoints2)
```

为了简单起见，分别为每个步骤命名一个数组，而不是建立一个列表。但是，通常你应该使这些迭代自动进行。在图7-18中，可以看到添加一个额外点后的结果，这个点用一个黑点表示。

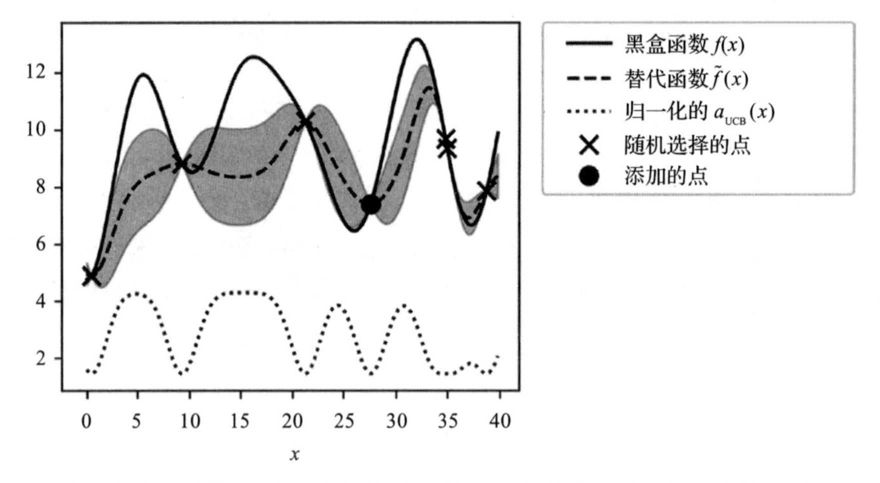

图7-18　黑盒函数（实线）、随机选取点（叉号）、添加点（黑点）、替代函数（虚线）、采集函数（点线）概览。灰色区域为$\tilde{f}(x)+\sigma(x)$和$\tilde{f}(x)-\sigma(x)$之间的区域

这个新的点在$x\approx27$附近。我们继续添加点。在图7-19中，可以看到添加5个点之后的结果。

注意图中虚线。现在，替代函数非常好地逼近了黑盒函数，尤其在实际最大值附近。通过使用替代函数，我们仅仅使用总计11次计算就可以找到原函数的一个非常好的近似函数！请记住，我们不需要更多额外的信息，除了这11次计算。

现在我们来看采集函数$\tilde{a}_{\mathrm{UCB}}(x)$发生了什么，并且检查多快可以找到最大值。在这种情况下，使用η=3.0，从而在替代函数的最大值和方差之间取得平衡。在图7-20中，可以看到只添加一个额外点的结果，此点用黑点标记。现在已经得到了一个实际最大值的较好逼近值！

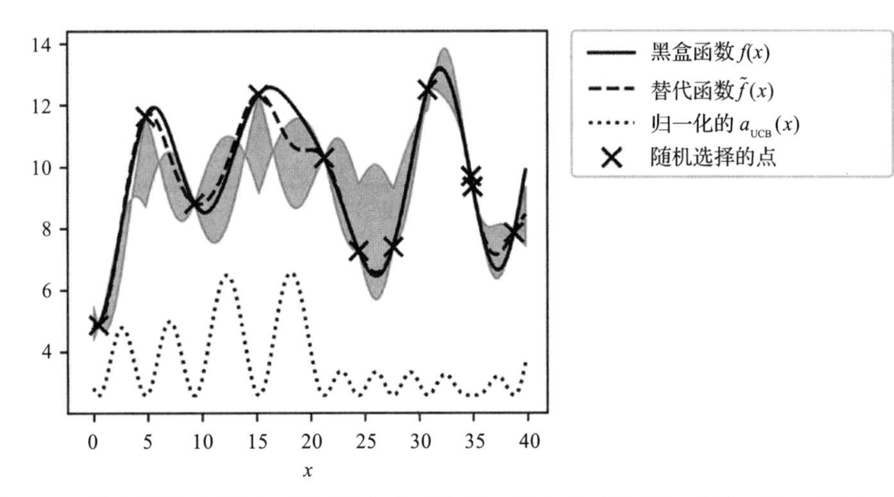

图 7-19 黑盒函数（实线）、随机选取点（叉号）、添加点（黑点）、替代函数（虚线）、采集函数（点线）概览。灰色区域为 $\tilde{f}(x)+\sigma(x)$ 和 $\tilde{f}(x)-\sigma(x)$ 之间的区域

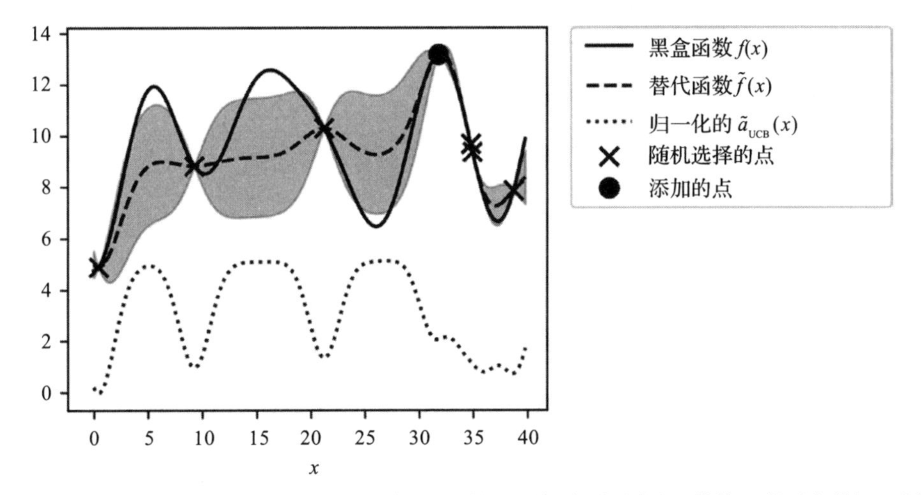

图 7-20 黑盒函数（实线）、随机选取点（叉号）、添加点（黑点）、替代函数（虚线）、采集函数（点线）概览。灰色区域为 $\tilde{f}(x)+\sigma(x)$ 和 $\tilde{f}(x)-\sigma(x)$ 之间的区域

现在我们添加一个额外点。在图 7-21 中可以看到这个点现在仍接近最大值点，但是向高方差的区域移动，位于 30 附近。

如果选择小一些的 η，那么额外点将更靠近最大值点，如果选择大一些的 η，这个点会更接近高方差的区域，介于 25 和大约 32 之间。现在来看再添加一个额外点，并观察结果。在图 7-22 中，可以看到这一方法现在选择了一个接近另一个高方差区域的点，介于 10 和大约 22 之间，同样，我们用黑点标记它。

最后，正如在图 7-23 中所见，通过在 14 附近添加一个点（用黑点标记）这一方法改进了 15 附近的最大值区域。

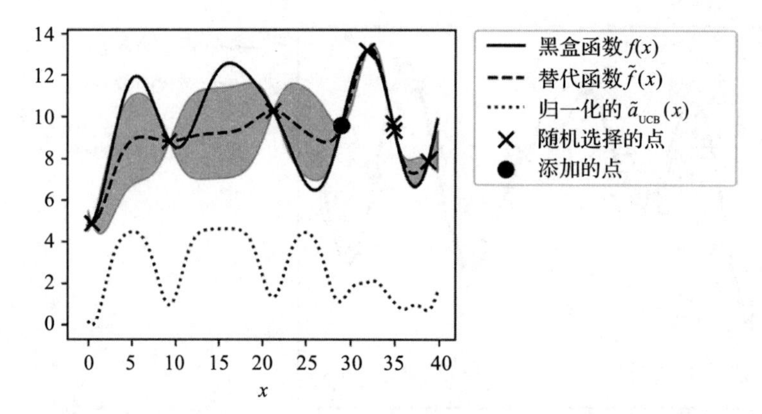

图 7-21　黑盒函数（实线）、随机选取点（叉号）、添加点（黑点）、替代函数（虚线）、采集函数（点线）概览。灰色区域为 $\tilde{f}(x)+\sigma(x)$ 和 $\tilde{f}(x)-\sigma(x)$ 之间的区域

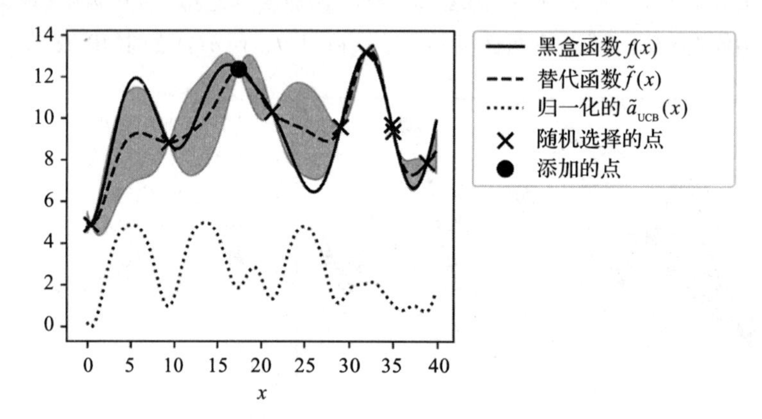

图 7-22　黑盒函数（实线）、随机选取点（叉号）、添加点（黑点）、替代函数（虚线）、采集函数（点线）概览。灰色区域为 $\tilde{f}(x)+\sigma(x)$ 和 $\tilde{f}(x)-\sigma(x)$ 之间的区域

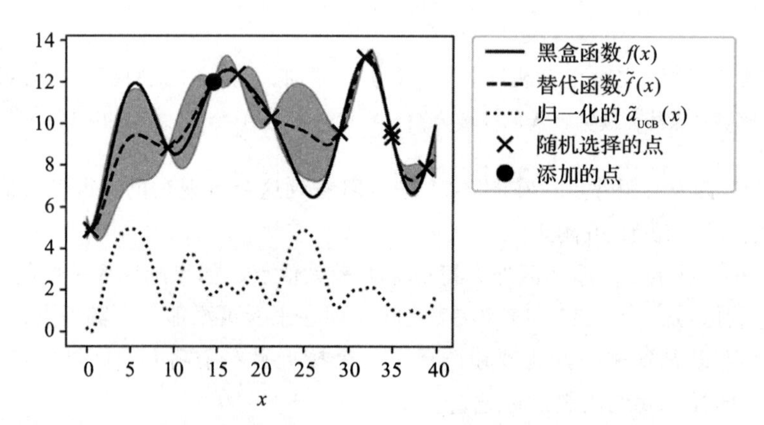

图 7-23　黑盒函数（实线）、随机选取点（叉号）、添加点（黑点）、替代函数（虚线）、采集函数（点线）概览。灰色区域为 $\tilde{f}(x)+\sigma(x)$ 和 $\tilde{f}(x)-\sigma(x)$ 之间的区域

以上对两种采集函数的表现进行的讨论和比较应当已经清楚表明，你应该依据你想要用于逼近黑盒函数的策略来选择正确的采集函数。

注释 不同类型的采集函数将给出不同的逼近黑盒函数的策略。比如，$a_{\text{UCB}}(x)$ 将在高方差的区域添加点，而 $\tilde{a}_{\text{UCB}}(x)$ 将通过 η 进行调整，在替代函数的最大值与高方差区域之间取得平衡。

分析所有不同类型的采集函数将超出本书的讲解范畴，若想得到大量经验并理解不同的采集函数如何工作和表现，需要做大量研究并阅读文章。

如果你想在 TensorFlow 模型中使用贝叶斯优化，而不是从零开始建立模型，可以尝试 GPflowOpt 库。Nicolas Knudde 等人的论文“GPflowOpt: A Bayesian Optimization Library using TensorFlow”描述了这个库。

7.9 对数尺度采样

这里有一个小细节需要讨论一下。在某种情况下，有时你会发现需要大范围地试验一个参数的可能值，但你知道，从经验来说最佳值可能在一个特定的范围内。假设你想要为你的模型找到学习率的最佳值，并且决定从 10^{-4} 到 1 测试这些值，但你知道或至少猜测，最佳值可能位于 10^{-3}～10^{-4} 之间。现在我们假设你在使用网格搜索，并且采样 1000 个点。你也许认为有足够的点，但是你将得到：

- 0 个点在 10^{-4} 和 10^{-3} 之间
- 8 个点在 10^{-3} 和 10^{-2} 之间
- 89 个点在 10^{-1} 和 10^{-2} 之间
- 899 个点在 1 和 10^{-1} 之间

在不感兴趣的范围内得到多得多的点，而在想要的范围内却没有点。在图 7-24 中，可以看到这些点的分布。注意，在 x 轴上我使用了对数尺度。你可以清楚地看到在学习率的值更高的区域获得了更多点。

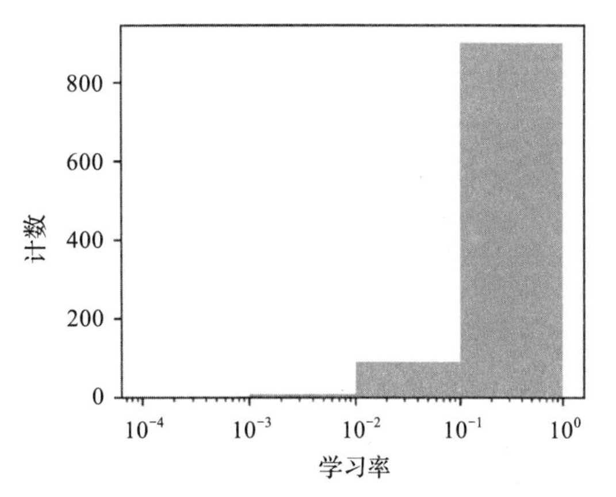

图 7-24 网格搜索以对数尺度在 x 轴选取的 1000 个点的分布

你也许想要以更精细的方式对较小的学习率值，而不是较大值进行采样。你应该做的是以对数尺度采样取点。让我解释一下，基本想法是在 10^{-4} 和 10^{-3} 之间、10^{-3} 和 10^{-2} 之间、10^{-1} 和 10^{-2} 之间以及 1 和 10^{-1} 之间各采样相同数量的点。为了做到这一点，可以使用下面的 Python 代码。首先，在 0 和你有的 10 的最大幂数（这种情况下为 –4）的负绝对值之间选择随机数。

```
r = - np.arange(0,1,0.001)*4.0
```

然后用选取的点创建数组：

```
points2 = 10**r
```

在图 7-25 中，你能看到数组 points2 中的点是完全均匀分布的，正如我们所希望的那样。

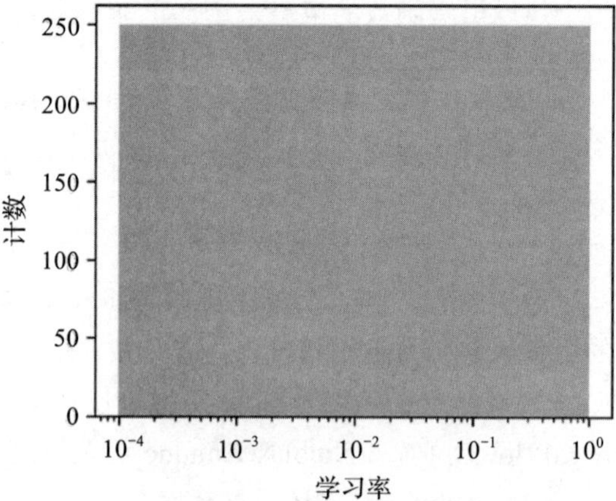

图 7-25　通过改进方法以对数尺度网格搜索在 x 轴上选取的 1000 个点的分布

在每个区域中得到了 250 个点，你可以轻易用以下代码在 10^{-3}～10^{-4} 范围内进行核实（只需改变代码中的数字即可换为其他范围）：

```
print(np.sum((alpha <= 1e-3) & (alpha > 1e-4)))
```

现在可以看到在 10 的不同幂之间有相同数量的点了。通过这个简单的技巧，可以确保在选定的区域也有足够的点，否则，在该区域中几乎得不到任何点。请记住，在这个例子中，用标准方法获得 1000 个点时，我们在 10^{-3} 和 10^{-4} 之间得到 0 个点。而这个区域的点对于学习率的研究最有用，所以你希望在该区域有足够多的点用于优化模型。注意，这种方法同样适用于随机搜索，工作原理相同。

7.10　使用 Zalando 数据集的超参数调优

为了提供一个具体的例子来展示超参数调优是如何工作的，我们在一个简单的案例中应用刚学到的知识。和平常一样，先准备数据。我们将使用第 3 章中的 Zalando 数据集。完整的讨论请参阅第 3 章。我们将快速加载并准备数据，然后讨论如何调整。

首先，加载必需的库：

```
import pandas as pd
import numpy as np
import tensorflow as tf

%matplotlib inline

import matplotlib
import matplotlib.pyplot as plt

from random import *
```

你需要将必要的 CSV 文件放在你的 Jupyter 笔记本所在的文件夹中。关于如何得到它们，请再次参阅第 3 章。一旦将文件放在笔记本所在的同一文件夹中之后，则可以这样简单加载数据：

```
data_train = pd.read_csv('fashion-mnist_train.csv', header = 0)
data_dev = pd.read_csv('fashion-mnist_test.csv', header = 0)
```

请记住，训练集中有 60 000 个样本，而验证集中有 10 000 个样本。比如，用代码打印数组 data_train 的形状：

```
print(data_train.shape)
```

你将得到（60 000，785）。请记住，data_train 数组中有一列包含标签，其他 784 列是图像像素的灰度值（大小为 28*28 个像素）。我们必须将标签和特征（像素的灰度值）分开，因此我们需要重整数组：

```
labels = data_train['label'].values.reshape(1, 60000)
labels_ = np.zeros((60000, 10))
labels_[np.arange(60000), labels] = 1
labels_ = labels_.transpose()
train = data_train.drop('label', axis=1).transpose()
```

检查维数：

```
print(labels_.shape)
print(train.shape)
```

我们将得到：

```
(10, 60000)
(784, 60000)
```

这与我们预期一致。（更多关于准备该数据集的细节讨论，请参阅第 3 章）我们当然必须对验证集做同样的处理：

```
labels_dev = data_test['label'].values.reshape(1, 10000)
labels_dev_ = np.zeros((10000, 10))
labels_dev_[np.arange(10000), labels_test] = 1
labels_dev_ = labels_test_.transpose()
dev = data_dev.drop('label', axis=1).transpose()
```

现在，我们在 NumPy 数组中标准化特征并转换所有数据。

```
train = np.array(train / 255.0)
dev = np.array(dev / 255.0)
```

```
labels_ = np.array(labels_)
labels_dev_ = np.array(labels_dev_)
```

我们已按照需要准备数据，现在，转到模型上，先从简单的事情开始。由于数据集是平衡的，所以将使用准确率作为该示例的指标。我们考虑只有一层的网络，并确定用多少数量的神经元才能得到最佳准确率。该示例的超参数将是隐藏层中神经元的数量。基本上，必须为每个超参数值（隐藏层的神经元数量）构建一个新的网络，然后训练它。我们将需要两个函数：一个用于构建网络，另一个用于训练它。为了构建模型，可以定义以下函数：

```
def build_model(number_neurons):
    n_dim = 784
    tf.reset_default_graph()

    # Number of neurons in the layers
    n1 = number_neurons # Number of neurons in the hidden layer
    n2 = 10 # Number of neurons in output layer

    cost_history = np.empty(shape=[1], dtype = float)
    learning_rate = tf.placeholder(tf.float32, shape=())

    X = tf.placeholder(tf.float32, [n_dim, None])
    Y = tf.placeholder(tf.float32, [10, None])
    W1 = tf.Variable(tf.truncated_normal([n1, n_dim], stddev=.1))
    b1 = tf.Variable(tf.constant(0.1, shape = [n1,1]) )
    W2 = tf.Variable(tf.truncated_normal([n2, n1], stddev=.1))
    b2 = tf.Variable(tf.constant(0.1, shape = [n2,1]))

    # Let's build our network...
    Z1 = tf.nn.relu(tf.matmul(W1, X) + b1) # n1 x n_dim * n_dim x n_obs =
    n1 x n_obs
    Z2 = tf.matmul(W2, Z1) + b2 # n2 x n1 * n1 * n_obs = n2 x n_obs
    y_ = tf.nn.softmax(Z2,0) # n2 x n_obs (10 x None)

    cost = - tf.reduce_mean(Y * tf.log(y_)+(1-Y) * tf.log(1-y_))
    optimizer = tf.train.GradientDescentOptimizer(learning_rate).
    minimize(cost)

    init = tf.global_variables_initializer()


    return optimizer, cost, y_, X, Y, learning_rate
```

你应该理解这个函数，因为已经多次使用这些代码了。这个函数有一个输入参数 number_neurons，正如名字所示，它将包含隐藏层中的神经元数量。但是，这里有一个小区别：训练过程中，函数会返回必须引用的张量，比如，在评估训练过程中的 cost 张量时，如果不将它们返回给调用函数，那它们只能在该函数内可见，并且不能训练该模型。训练模型的函数将类似下面这样：

```
def model(minibatch_size, training_epochs, features, classes, logging_step
= 100, learning_r = 0.001, number_neurons = 15):

    opt, c, y_, X, Y, learning_rate = build_model(number_neurons)

    sess = tf.Session()
    sess.run(tf.global_variables_initializer())

    cost_history = []
    for epoch in range(training_epochs+1):
        for i in range(0, features.shape[1], minibatch_size):
            X_train_mini = features[:,i:i + minibatch_size]
            y_train_mini = classes[:,i:i + minibatch_size]

            sess.run(opt, feed_dict = {X: X_train_mini, Y: y_train_mini,
            learning_rate: learning_r})
        cost_ = sess.run(c, feed_dict={ X:features, Y: classes, learning_
        rate: learning_r})
        cost_history = np.append(cost_history, cost_)

        if (epoch % logging_step == 0):
                print("Reached epoch",epoch,"cost J =", cost_)

    correct_predictions = tf.equal(tf.argmax(y_,0), tf.argmax(Y,0))
    accuracy = tf.reduce_mean(tf.cast(correct_predictions, "float"))
    accuracy_train = accuracy.eval({X: train, Y: labels_, learning_rate:
    learning_r}, session = sess)
    accuracy_dev = accuracy.eval({X: dev, Y: labels_dev_, learning_rate:
    learning_r}, session = sess)

    return accuracy_train, accuracy_dev, sess, cost_history
```

你已经多次看到类似上面的函数了，主体部分应该是清晰的，但有一些新东西。首先，通过下面的代码在函数本身中构建模型：

```
opt, c, y_, X, Y, learning_rate = build_model(number_neurons)
```

此外，在训练集和验证集上评估准确率，并将值返回给调用函数。以这种方式，对隐藏层中的几个神经元数量值进行循环，并得到其准确率。注意，这一次，函数有一个额外的输入参数：number_neurons。我们必须将这个值传递给构建模型的函数。

我们假设选择以下参数：小批量大小 =50，训练 100 个周期，学习率为 0.00，并且用包含 15 个神经元的隐藏层构建模型。

然后运行模型：

```
acc_train, acc_test, sess, cost_history = model(minibatch_size = 50,
                                    training_epochs = 100,
                                    features = train,
                                    classes = labels_,
                                    logging_step = 10,
                                    learning_r = 0.001,
                                    number_neurons = 15)

print(acc_train)
print(acc_test)
```

对于训练集，得到0.75755的准确率，验证集有0.754的准确率。能做得更好吗？当然可以从网格搜索做起：

```
nn = [1,5,10,15,25,30, 50, 150, 300, 1000, 3000]
for nn_ in nn:
    acc_train, acc_test, sess, cost_history = model(minibatch_size = 50,
                                    training_epochs = 50,
                                    features = train,
                                    classes = labels_,
                                    logging_step = 50,
                                    learning_r = 0.001,
                                    number_neurons = nn_)
    print('Number of neurons:',nn_,'Acc. Train:', acc_train, 'Acc. Test',
    acc_test)
```

请记住，这将花费相当长的时间。3000个神经元是相当大的数字，如果你想尝试这样做，应当注意这样的警告。我们得到了结果，如表7-1所示。

表7-1 不同神经元数量的训练集和测试集的准确率概览

神经元数量	训练集的准确率	测试集的准确率	神经元数量	训练集的准确率	测试集的准确率
1	0.201383	0.2042	50	0.73665	0.7369
5	0.639417	0.6377	150	0.78545	0.7848
10	0.639183	0.6348	300	0.806267	0.8067
15	0.687183	0.6815	1000	0.828117	0.8316
25	0.690917	0.6917	3000	0.8468	0.8416
30	0.6965	0.6887			

毫不奇怪，更多的神经元提供了更好的准确率，并且训练集没有过拟合的迹象，因为验证集的准确率几乎与训练集的一样。在图7-26中，可以看到测试集的准确率与隐藏层中

神经元的数量的关系图。注意，x 轴使用了对数尺度，以使变化更显著。

如果你的目标是达到 80% 的准确率，到这里应该就能停止了。但是还有一些事需要考虑。首先，我们也许能做得更好。第二，训练 3000 个神经元的网络将花费相当长的时间——在我的笔记上大约 35 分钟。我们应该看看能否在短时间内得到相同的结果，因此我们希望有一个能尽可能快地执行训练的模型。让我们尝试一个稍微不同的方法。因为我们希望更快，所以可以考虑有 4 层的模型。实际上，还可以调整层数，但是我们在这里保持 4 层不变，并调整其他参数。我们将努力找到学习率、小批量大小、每层神经元数量和周期数的最优值。为此，我们将使用随机搜索。对于每个参数，我们随机选取 10 个值。

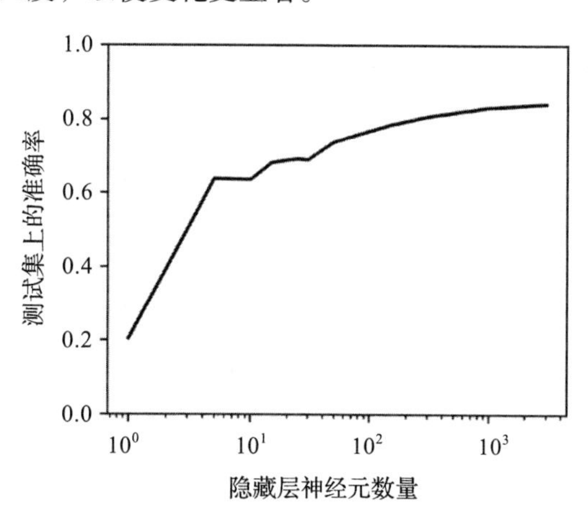

图 7-26　测试集上的准确率与隐藏层的神经元数量

- 神经元数量：35～60
- 学习率：以对数尺度在 10^{-1}～10^{-3} 之间搜索
- 小批量大小：20～80
- 周期数：40～100

如下代码以这些可能的值创建数组：

```
neurons_ = np.random.randint(low=35, high=60.0, size=(10))
r = -np.random.random([10])*3.0-1
learning_ = 10**r
mb_size_ = np.random.randint(low=20, high=80, size = 10)
epochs_ = np.random.randint(low = 40, high = 100, size = (10))
```

注意，我们将不尝试所有可能的组合，而仅仅考虑 10 个可能的组合：每个数组的第一个值，每个数组的第二个值，等等。我想向你展示仅仅用这 10 次评估即可实现高效的随机搜索！可以通过以下循环测试我们的模型：

```
for i in range(len(neurons_)):
    acc_train, acc_test, sess, cost_history = model_layers(minibatch_size =
mb_size_[i],
                                    training_epochs = epochs_[i],
                                    features = train,
                                    classes = labels_,
                                    logging_step = 50,
                                    learning_r = learning_[i],
```

```
                                number_neurons = neurons_[i], debug = False)
    print('Epochs:', epochs_[i], 'Number of neurons:',neurons_[i],'learning
rate:', learning_[i], 'mb size',mb_size_[i],
          'Acc. Train:', acc_train, 'Acc. Test', acc_test)
```

如果运行这段代码，将得到几个以nan结束的组合，因此会有一个0.1的准确率（基本随机，因为有10个类）和一些好的组合。你将发现41个周期、每层41个神经元、学习率为0.0286和小批量大小为61的组合可以得到0.86的验证集准确率。这并不坏，考虑到它运行用时2.5分钟，因而比使用1层和3000个神经元的模型快14倍，而且提高6%。初始测试得到0.75的准确率，所以，通过超参数调整，得到比最初猜测结果提高11%的结果。在深度学习中准确率提高11%是一个不可思议的结果。通常，即便是提高1%或2%也会被认为是一个好的结果。这些应该已经使你了解，如果做得好，超参数调整将会多么有效。请牢记，你应该花相当多的时间进行调整，尤其是思考如何做。

注释　请务必思考如何进行超参数调整，并且使用你的经验，或向有经验的人寻求帮助。花费时间和资源尝试已经知道无效的参数组合是无用的。比如，花费时间测试非常小的学习率比测试1附近的学习率更好。请牢记，即使结果无用，但每一轮模型的训练都将消耗时间！

这一节的目的并不是为了得到一个最佳的模型，而是让你明白调整过程如何工作。你可以继续尝试不同的优化器（比如Adam），考虑更广范围的参数，使用更多的参数组合，等等。

7.11　径向基函数注意事项

在结束本章之前，我想讨论一个关于径向基函数（如下所示）的小问题。

$$K(x,x_i)=\sigma^2 e^{-\frac{1}{2l^2}\|x-x_i\|^2}$$

理解参数l的作用非常重要。在例子中，我选择了l=2，但我没有讨论为什么。原因如是：选择太小的l将使采集函数在现有点的周围形成非常窄的尖峰，正如图7-27左图所示；大的l值对采集函数有平滑影响，如图2-27的中间和右图所示。

通常，为了得到在已知点间平滑变化的方差，避免让l的值太大或太小是一种好的做法，正如图7-27所示l=1。有一个非常小的l将使点之间的方差几乎恒定，因此从采集函数可以看出，算法几乎总是选择点之间的中间点。选择一个大的l将使方差变小，因而一些采集函数很难使用。正如图7-27所示的l=5的情况，采集函数几乎是恒定的。通常使用的值介于1和2之间。

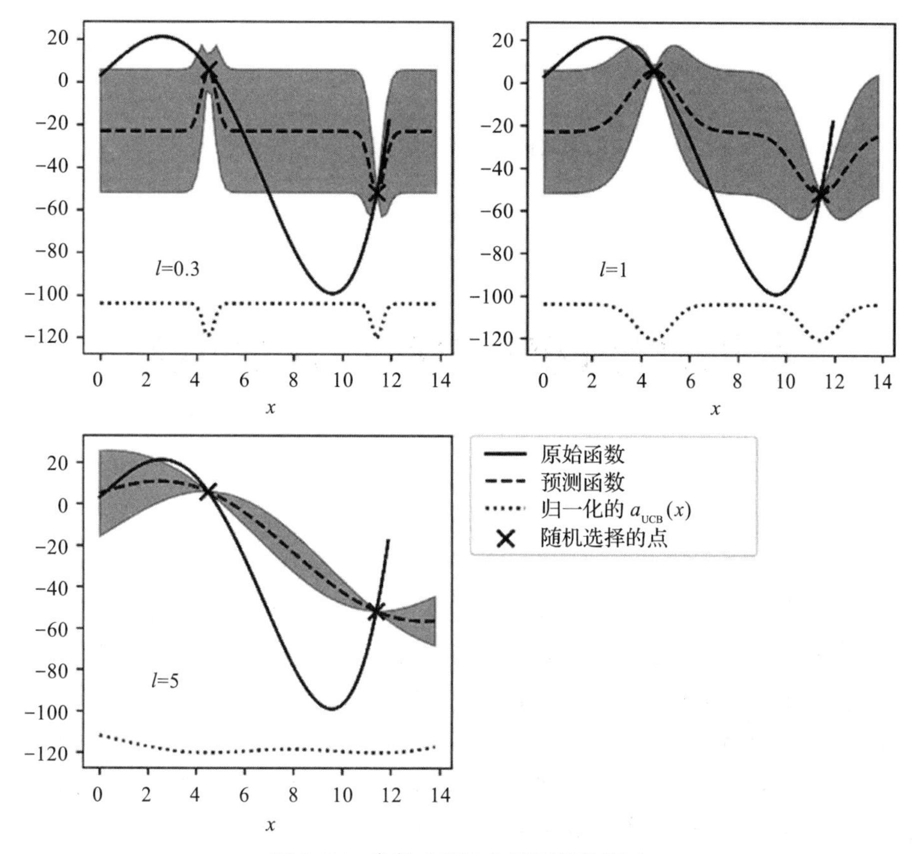

图 7-27 参数 l 对径向基函数的影响

CHAPTER 8

第 8 章

卷积神经网络和循环神经网络

在前面的章节中，读者已经了解全连接网络以及在训练它们时遇到的所有问题。在我们使用的全连接网络架构中，各层的每个神经元连接到前一层和后一层的所有神经元，这样的网络架构不太擅长处理许多基本任务，如图像识别、语音识别、时间序列预测等。卷积神经网络（Convolutional neural network，CNN）和循环神经网络（recurrent neural network，RNN）是当前最常用的高级架构。本章首先介绍卷积和池化，这是卷积神经网络的基石。然后进一步探讨 RNN 如何在更高层次工作，并提供一些应用示例。本章还将探讨一个用 TensorFlow 实现的较为基础但完整的 CNN 和 RNN 示例。由于 CNN 和 RNN 涉及甚广，一章的篇幅不能逐一介绍，笔者将着重介绍基本概念，并探讨这两个架构的工作机制，更为深入的学习则需要读者阅读另外的书籍。

8.1 卷积核和过滤器

CNN 的主要构件之一是过滤器——$n_K \times n_K$ 方阵。通常，n_K 是一个较小的数值，比如 3 或者 5。过滤器有时也被称作卷积核。我们定义 4 个不同的过滤器，在本章后面的卷积操作中会用到它们，那时可以看到其作用效果。在这些示例中，我们使用 3×3 的过滤器。下面先列出它们的定义以供参考，本章稍后会介绍其使用方法。

- 用于检测水平边缘的卷积核：

$$\mathfrak{I}_H = \begin{bmatrix} 1 & 1 & 1 \\ 0 & 0 & 0 \\ -1 & -1 & -1 \end{bmatrix}$$

- 用于检测垂直边缘的卷积核：

$$\mathfrak{I}_V=\begin{bmatrix}1 & 0 & -1\\1 & 0 & -1\\1 & 0 & -1\end{bmatrix}$$

- 用于在亮度变化明显时检测边缘的卷积核：

$$\mathfrak{I}_L=\begin{bmatrix}-1 & -1 & -1\\-1 & 8 & -1\\-1 & -1 & -1\end{bmatrix}$$

- 用于模糊图像边缘的卷积核：

$$\mathfrak{I}_B=-\frac{1}{9}\begin{bmatrix}1 & 1 & 1\\1 & 1 & 1\\1 & 1 & 1\end{bmatrix}$$

下一节中，我们用这些过滤器对测试图像进行卷积操作，你将看到它们的效果。

8.2 卷积

理解 CNN 的第一步是理解卷积，通过了解一些简单情况下的实际应用，会比较容易理解它。首先，在神经网络中，卷积运算发生在张量之间。由两个张量作为输入并产生一个张量作为输出，这个运算通常使用运算符 * 来表示。下面来看它是如何工作的。取两个维度为 3×3 的张量，依照下面的公式进行卷积运算：

$$\begin{bmatrix}a_1 & a_2 & a_3\\a_4 & a_5 & a_6\\a_7 & a_8 & a_9\end{bmatrix}*\begin{bmatrix}k_1 & k_2 & k_3\\k_4 & k_5 & k_6\\k_7 & k_8 & k_9\end{bmatrix}=\sum_{i=1}^{9}a_ik_i$$

这里，运算结果是每个元素 a_i 分别乘以相应的元素后求和。在更为通常的矩阵形式中，可以将这个公式写成二次求和：

$$\begin{bmatrix}a_{11} & a_{12} & a_{13}\\a_{21} & a_{22} & a_{23}\\a_{31} & a_{32} & a_{33}\end{bmatrix}*\begin{bmatrix}k_{11} & k_{12} & k_{13}\\k_{21} & k_{22} & k_{23}\\k_{31} & k_{32} & k_{33}\end{bmatrix}=\sum_{i=1}^{3}\sum_{j=1}^{3}a_{ij}k_{ij}$$

但是，从第一个公式可以看出其基本思想非常清晰：第一个张量的每个元素乘以第二个张量的相应元素（相同的位置），然后将所有值求和作为结果。

在上一节中，我提到了卷积核，原因在于卷积运算通常发生在一个张量和一个卷积核之间，这里的张量用矩阵 A 表示。通常，卷积核很小，比如 3×3 或 5×5，而输入张量 A 通常则会更大。举例来说，在图像识别中，输入张量 A 可能会是维度高达 1024×1024×3 的图像，其中 1024×1024 是分辨率，最后一个维度 3 是色彩通道的数量，即 RGB（红色，绿色，蓝色）的取值。在高级的应用中，图像可能还会有更高的分辨率。在矩阵维度不同的情况下怎么进行卷积运算呢？为了理解这一点，来看一个 4×4 矩阵 A：

$$A=\begin{bmatrix} a_1 & a_2 & a_3 & a_4 \\ a_5 & a_6 & a_7 & a_8 \\ a_9 & a_{10} & a_{11} & a_{12} \\ a_{13} & a_{14} & a_{15} & a_{16} \end{bmatrix}$$

来看怎样用卷积核 K 进行卷积运算，这个例子中，K 是 3×3 的矩阵：

$$K=\begin{bmatrix} k_1 & k_2 & k_3 \\ k_4 & k_5 & k_6 \\ k_7 & k_8 & k_9 \end{bmatrix}$$

思路是从矩阵 A 的左上角开始选取 3×3 的区域，在这里是

$$A_1=\begin{bmatrix} a_1 & a_2 & a_3 \\ a_5 & a_6 & a_7 \\ a_9 & a_{10} & a_{11} \end{bmatrix}$$

也就是下面在矩阵 A 中用粗体表示的元素：

$$A=\begin{bmatrix} \boldsymbol{a_1} & \boldsymbol{a_2} & \boldsymbol{a_3} & a_4 \\ \boldsymbol{a_5} & \boldsymbol{a_6} & \boldsymbol{a_7} & a_8 \\ \boldsymbol{a_9} & \boldsymbol{a_{10}} & \boldsymbol{a_{11}} & a_{12} \\ a_{13} & a_{14} & a_{15} & a_{16} \end{bmatrix}$$

然后进行卷积运算，按开头所叙述的计算方法，用更小的矩阵 A_1 和 K 进行运算，得到结果（我们把运算结果记为 B_1）：

$$B_1 = A_1 * K = a_1k_1 + a_2k_2 + a_3k_3 + k_4a_5 + k_5a_5 + k_6a_7 + k_7a_9 + k_8a_{10} + k_9a_{11}$$

接下来，在矩阵 A 中将 3×3 的选择区域向右移 1 列，并选取下面用粗体表示的元素：

$$A=\begin{bmatrix} a_1 & \boldsymbol{a_2} & \boldsymbol{a_3} & \boldsymbol{a_4} \\ a_5 & \boldsymbol{a_6} & \boldsymbol{a_7} & \boldsymbol{a_8} \\ a_9 & \boldsymbol{a_{10}} & \boldsymbol{a_{11}} & \boldsymbol{a_{12}} \\ a_{13} & a_{14} & a_{15} & a_{16} \end{bmatrix}$$

这样得到第二个子矩阵 A_2：

$$A_2=\begin{bmatrix} a_2 & a_3 & a_4 \\ a_6 & a_7 & a_8 \\ a_{10} & a_{11} & a_{12} \end{bmatrix}$$

再用这个较小的矩阵 A_2 和卷积核 K 进行一次卷积运算：

$$B_2 = A_2 * K = a_2k_1 + a_3k_2 + a_4k_3 + a_6k_4 + a_7k_5 + a_8k_6 + a_{10}k_7 + a_{11}k_8 + a_{12}k_9$$

现在，这个3×3的选择区域不能再往右移了，因为已经到了矩阵A的最右端。接下来往下移一行，再从左边开始选取。下一个选取的区域是：

$$A_3 = \begin{bmatrix} a_5 & a_6 & a_7 \\ a_9 & a_{10} & a_{11} \\ a_{13} & a_{14} & a_{15} \end{bmatrix}$$

再次，用矩阵A_3和卷积核K进行卷积运算：

$$B_3 = A_3 * K = a_5k_1 + a_6k_2 + a_7k_3 + a_9k_4 + a_{10}k_5 + a_{11}k_6 + a_{13}k_7 + a_{14}k_8 + a_{15}k_9$$

依此类推，直到最后一步往右移动3×3选择区域进行卷积运算。最后一个选择区域是：

$$A_4 = \begin{bmatrix} a_6 & a_7 & a_8 \\ a_{10} & a_{11} & a_{12} \\ a_{14} & a_{15} & a_{16} \end{bmatrix}$$

卷积运算的结果为

$$B_4 = A_4 * K = a_6k_1 + a_7k_2 + a_8k_3 + a_{10}k_4 + a_{11}k_5 + a_{12}k_6 + a_{14}k_7 + a_{15}k_8 + a_{16}k_9$$

至此，不能再移动3×3选择区域了，无论是往右还是下移。我们已经计算了4个值：B_1、B_2、B_3和B_4。这些元素组成了该卷积运算的结果张量，即张量B。

$$B = \begin{bmatrix} B_1 & B_2 \\ B_3 & B_4 \end{bmatrix}$$

当张量A是更大的矩阵时，运算步骤是一样的。仅仅是得到一个更大的结果张量B，但得到每个B_i的运算是一样的。在继续往下探讨之前，还有一个小细节必须要说明，也就是步长的概念。在前面的运算过程中，我们都是将3×3区域向右移动1列或向下移动1行。在本例中，移动的行数和列数1称为步长，通常用s表示。步长s=2意味着将3×3区域向右移动2列，向下移动时移动2行。另一个必须要说明的问题是输入矩阵A中的选择区域的大小。运算过程中，选择区域的维度必须与卷积核维度相同。如果使用5×5卷积核，则必须在A中选择一个5×5区域。一般来说，给定$n_K \times n_K$卷积核，应当在A中选择$n_K \times n_K$区域。

给卷积一个较为正式的定义是：在神经网络中步长为s的卷积是指给定一个维度为$n_A \times n_A$的张量A和一个维度为$n_K \times n_K$的卷积核进行运算，得到维度为$n_B \times n_B$的矩阵B作为输出。其中，

$$n_B = \left\lfloor \frac{n_A - n_K}{s} + 1 \right\rfloor$$

我们用$\lfloor x \rfloor$表示x的整数部分（在程序设计中，通常称为x的底）。这个公式的证明需要一些篇幅，但很容易验证其正确性（可以试着推导它）。为了使问题理解起来更容易一些，

我们假定 n_K 是奇数。马上你就会发现为什么这一点很重要（当然不是关键）。

我们以步长 s=1 开始正式说明这个问题。依照下面的公式，一个输入张量 A 和一个卷积核 K 进行卷积运算，产生一个新的张量 B。

$$B_{ij}=(A*K)_{ij}=\sum_{f=0}^{n_K-1}\sum_{h=0}^{n_K-1}A_{i+f,\,j+h}K_{i+f,\,j+h}$$

这个公式看起来晦涩难懂。来看一些例子，以便更好地理解它。图 8-1 是一个卷积运算的直观解释图。假设有一个 3×3 的过滤器。然后在图中，矩阵 A 中左上角 9 个元素被黑色实线绘制的正方形框选中，根据前面的公式，它们用于生成矩阵 B 中第 1 个元素 B_1。用虚线绘制的正方形选中的部分则是用于生成第 2 个元素 B_2 的元素，依此类推。我在开头所讨论的例子中提到过，基本思想是将取自矩阵 A 的 3×3 方阵中的每个元素乘以内核 K 的相应元素，然后将所有乘积相加，得到新矩阵 B 的元素。计算出 B_1 的值后，将矩阵中选定的区域向右移动 1 列（图 8-1 中用虚线表示的方阵），并重复操作。将区域向右移动，直到到达边界，然后向下移动 1 行，从左侧重新开始右移并以此方式继续，直到矩阵的右边。用来与矩阵中的所有选定区域进行运算的卷积核是同一个卷积核。

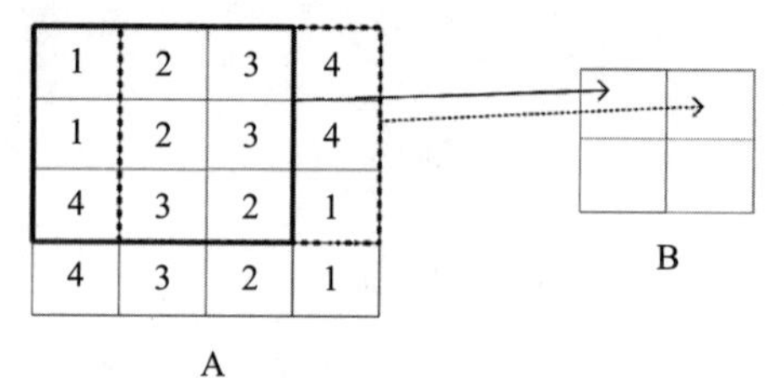

图 8-1　卷积运算的可视化

给定一个卷积核 $\mathfrak{I}_H$，图 8-2 显示在 A 中是哪个元素和卷积核 $\mathfrak{I}_H$ 中的哪个元素相乘，然后将乘积求和，得到结果 B_1。

$$B_{11}=1\times1+2\times1+3\times1+1\times0+2\times0+3\times0+4\times(-1)+3\times(-1)+2\times(-1)=-3$$

图 8-3 是一个步长为 s=2 的卷积运算例子的示意图：

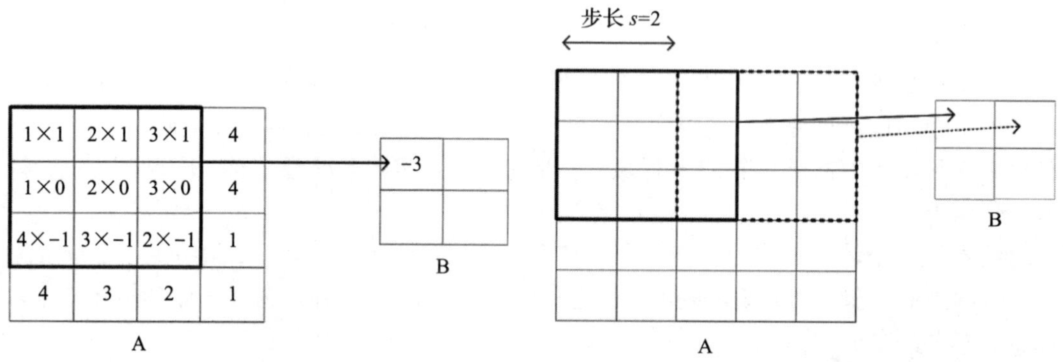

图 8-2　用卷积核 $\mathfrak{I}_H$ 进行运算的卷积运算可视化　　图 8-3　步长 s=2 时运算的可视化

图 8-4 直观地说明了为什么输出矩阵的维度只能取 $\frac{n_A-n_K}{s}+1$ 的整数部分。如果 $s>1$，

根据 A 的维度不同，可能发生的一种情况是：某些时候窗口不能继续移动（比如图 8-3 中的黑色方框），这样就无法覆盖到矩阵 A 的全部元素。在图 8-4 中，可以看到在矩阵 A 的右侧（有许多 X 标记）需要增加额外的 1 列才能够继续执行卷积操作。图 8-4 中的情况是 $s=3$，由于 $n_A=5$ 且 $n_K=3$，因此结果 B 将是标量。

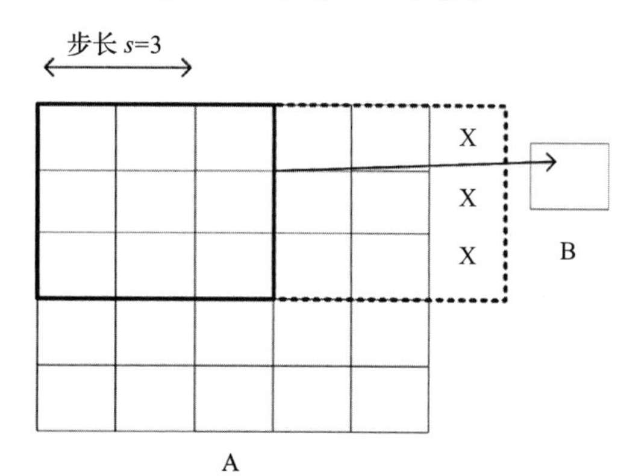

图 8-4 可视化解释为什么计算矩阵 B 的维度时需要 floor 函数

从图 8-4 中不难发现，3×3 选择区域最后只能覆盖到 A 的左上区域，因为步长 $s=3$，右移会超出 A 的右边，因此卷积运算只计算一次，由此产生的张量 B 是一个标量。

为了使该公式更为清晰，现在举一些其他例子。这里给定一个小的 3×3 矩阵

$$A=\begin{bmatrix}1 & 2 & 3\\4 & 5 & 6\\7 & 8 & 9\end{bmatrix}$$

以及一个卷积核

$$K=\begin{bmatrix}k_1 & k_2 & k_3\\k_4 & k_5 & k_6\\k_7 & k_8 & k_9\end{bmatrix}$$

步长为 $s=1$，进行卷积运算：

$$B=A*K=1\cdot k_1+2\cdot k_2+3\cdot k_3+4\cdot k_4+5\cdot k_5+6\cdot k_6+7\cdot k_7+8\cdot k_8+9\cdot k_9$$

得到的结果 B 为一个标量，因为 $n_A=3$，$n_K=3$，因此

$$n_B=\left\lfloor \frac{n_A-n_K}{s}+1 \right\rfloor=\left\lfloor \frac{3-3}{1}+1 \right\rfloor=1$$

如果矩阵 A 为 4×4，或 $n_A=4$，$n_K=3$ 和 $s=1$，得到的输出矩阵 B 的维度为 2×2，因为

$$n_B\left\lfloor \frac{n_A-n_K}{s}+1 \right\rfloor=\left\lfloor \frac{4-3}{1}+1 \right\rfloor=2$$

再比如，可以验证给定

$$A=\begin{bmatrix}1 & 2 & 3 & 4\\5 & 6 & 7 & 8\\9 & 10 & 11 & 12\\13 & 14 & 15 & 16\end{bmatrix}$$

和

$$K = \begin{bmatrix} 1 & 2 & 3 \\ 4 & 5 & 6 \\ 7 & 8 & 9 \end{bmatrix}$$

步长为 s=1，那么

$$B = A * K = \begin{bmatrix} 348 & 393 \\ 528 & 573 \end{bmatrix}$$

用前面的公式来验证其中一个元素 B_{11}，有

$$\begin{aligned} B_{11} &= \sum_{f=0}^{2}\sum_{h=0}^{2} A_{1+f,1+h}K_{1+f,1+h} = \sum_{f=0}^{2}(A_{1+f,1}K_{1+f,1} + A_{1+f,2}K_{1+f,2} + A_{1+f,3}K_{1+f,3}) \\ &= (A_{1,1}K_{1,1} + A_{1,2}K_{1,2} + A_{1,3}K_{1,3}) + (A_{2,1}K_{2,1} + A_{2,2}K_{2,2} + A_{2,3}K_{2,3}) \\ &\quad + (A_{3,1}K_{3,1} + A_{3,2}K_{3,2} + A_{3,3}K_{3,3}) \\ &= (1\cdot 1 + 2\cdot 2 + 3\cdot 3) + (5\cdot 4 + 6\cdot 5 + 7\cdot 6) + (9\cdot 7 + 10\cdot 8 + 11\cdot 9) \\ &= 14 + 92 + 242 = 348 \end{aligned}$$

请注意，给出的卷积公式只用于步长 s=1，但可以很容易地推广到 s 取其他值的情况。

卷积运算很容易在 Python 中实现。对于 s=1，以下函数可以很容易地计算出两个矩阵的卷积（你也可以用 Python 中已有的函数来实现，但是从头来看如何实现是很有益处的）：

```
import numpy as np
def conv_2d(A, kernel):
    output = np.zeros([A.shape[0]-(kernel.shape[0]-1), A.shape[1]-(kernel.
    shape[0]-1)])

    for row in range(1,A.shape[0]-1):
        for column in range(1, A.shape[1]-1):
            output[row-1, column-1] = np.tensordot(A[row-1:row+2,
            column-1:column+2], kernel)

    return output
```

请注意，输入矩阵 A 并不要求一定是方阵，但是卷积核要求是方阵并且维度 n_K 是奇数。前面的例子可以用代码实现如下：

```
A = np.array([[1,2,3,4],[5,6,7,8],[9,10,11,12],[13,14,15,16]])
K = np.array([[1,2,3],[4,5,6],[7,8,9]])
print(conv_2d(A,K))
```

运行结果为：

```
[[ 348. 393.]
[ 528. 573.]]
```

8.3　卷积运算示例

现在我们试着将一开始定义的卷积核应用到测试图像并查看结果。我们新建一个大小为 160×160 像素的棋盘作为测试图像，用下面的代码来实现：

```
chessboard = np.zeros([8*20, 8*20])
for row in range(0, 8):
    for column in range (0, 8):
        if ((column+8*row) % 2 == 1) and (row % 2 == 0):
            chessboard[row*20:row*20+20, column*20:column*20+20] = 1
        elif ((column+8*row) % 2 == 0) and (row % 2 == 1):
            chessboard[row*20:row*20+20, column*20:column*20+20] = 1
```

图 8-5 可以看到效果。

我们用不同的卷积核对这个图像进行卷积运算，步长为 s=1。

卷积核 $\mathfrak{I}_H$ 可以检测水平边缘，实现代码如下：

```
edgeh = np.matrix('1 1 1; 0 0 0; -1 -1 -1')
outputh = conv_2d (chessboard, edgeh)
```

图 8-6 中可看到输出图像。

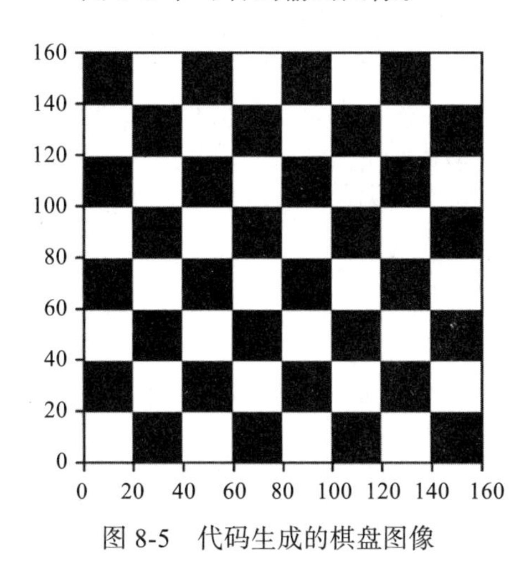

图 8-5　代码生成的棋盘图像

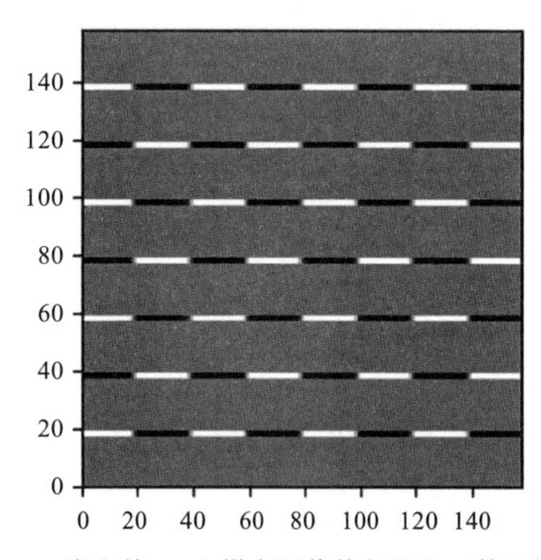

图 8-6　卷积核 $\mathfrak{I}_H$ 和棋盘图像执行卷积运算的结果

你现在能明白为什么说这个卷积核用于检测水平边缘。此外，这个卷积核还可用来检测从浅色到深色的变化，反之亦然。这里注意，得到的图像只有 158×158 像素，因为：

$$n_B = \left[\frac{n_A - n_K}{s} + 1\right] = \left[\frac{160-3}{1} + 1\right] = \left[\frac{157}{1} + 1\right] = [158] = 158$$

接下来，应用卷积核 $\mathfrak{I}_V$ 运算，代码如下：

```
edgev = np.matrix('1 0 -1; 1 0 -1; 1 0 -1')
outputv = conv_2d (chessboard, edgev)
```

在图 8-7 中可以看到输出结果。

然后使用卷积核 $\mathfrak{I}_L$：

```
edgel = np.matrix ('-1 -1 -1; -1 8 -1; -1 -1 -1')
outputl = conv_2d (chessboard, edgel)
```

得到的结果如图 8-8 所示。

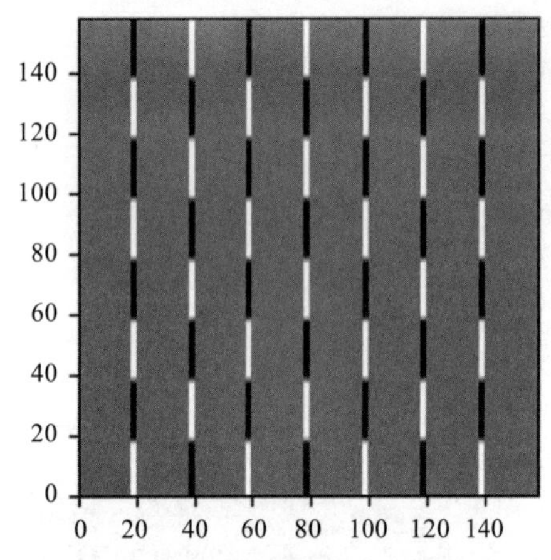

图 8-7　卷积核 $\mathfrak{I}_V$ 和棋盘图像执行卷积运算的结果

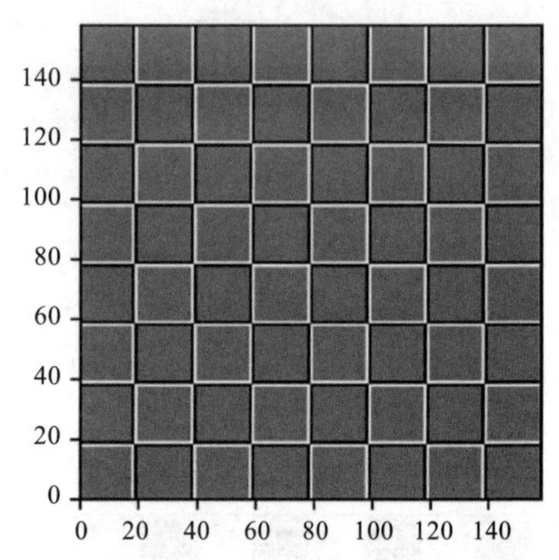

图 8-8　卷积核 $\mathfrak{I}_L$ 和棋盘图像执行卷积运算的结果

最后应用模糊卷积核 $\mathfrak{I}_B$：

```
edge_blur = -1.0/9.0*np.matrix('1 1 1; 1 1 1; 1 1 1')
output_blur = conv_2d (chessboard, edge_blur)
```

图 8-9 中有两张图，左边是经过模糊处理的图像，右边是原始图像。为使模糊的部分能被清楚观察到，图像只显示了原棋盘的一小部分区域。

本节剩下的内容将分析边缘检测是如何实现的。下面给出一个尖锐垂直过渡的矩阵，因为矩阵左边全为 10，右边全为 0：

```
ex_mat = np.matrix('10 10 10 10 0 0 0 0; 10 10 10 10 0 0 0 0; 10 10 10 10 0
0 0 0; 10 10 10 10 0 0 0 0; 10 10 10 10 0 0 0 0; 10 10 10 10 0 0 0 0; 10 10
10 10 0 0 0 0; 10 10 10 10 0 0 0 0')
```

代码执行结果是这样：

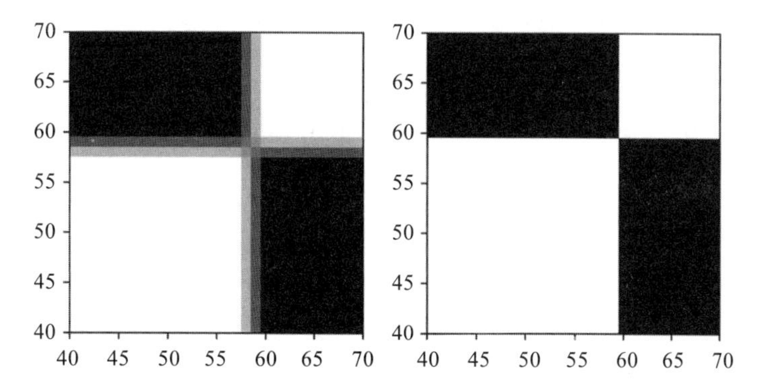

图 8-9 模糊卷积核$\mathfrak{J}_B$的效果，左边是模糊后的图像，右边是原始图像

```
matrix([[10, 10, 10, 10, 0, 0, 0, 0],
        [10, 10, 10, 10, 0, 0, 0, 0],
        [10, 10, 10, 10, 0, 0, 0, 0],
        [10, 10, 10, 10, 0, 0, 0, 0],
        [10, 10, 10, 10, 0, 0, 0, 0],
        [10, 10, 10, 10, 0, 0, 0, 0],
        [10, 10, 10, 10, 0, 0, 0, 0],
        [10, 10, 10, 10, 0, 0, 0, 0]])
```

现在用卷积核$\mathfrak{J}_V$来与它进行卷积运算，代码为

```
ex_out = conv_2d (ex_mat, edgev)
```

结果为

```
array([[ 0., 0., 30., 30., 0., 0.],
       [ 0., 0., 30., 30., 0., 0.],
       [ 0., 0., 30., 30., 0., 0.],
       [ 0., 0., 30., 30., 0., 0.],
       [ 0., 0., 30., 30., 0., 0.],
       [ 0., 0., 30., 30., 0., 0.]])
```

在图 8-10 中，可以看到原始矩阵（左侧）和卷积输出（右侧）。用卷积核 $\mathfrak{J}_V$ 进行的卷积运算明确地检测到原始矩阵中的尖锐过渡，并用垂直黑线标记发生从黑色到白色变化的位置。比如，考虑 $B_{11}=0$：

$$B_{11}=\begin{bmatrix}10 & 10 & 10\\10 & 10 & 10\\10 & 10 & 10\end{bmatrix}*\mathfrak{J}_V=\begin{bmatrix}10 & 10 & 10\\10 & 10 & 10\\10 & 10 & 10\end{bmatrix}*\begin{bmatrix}1 & 0 & -1\\1 & 0 & -1\\1 & 0 & -1\end{bmatrix}$$
$$=10\times1+10\times0+10\times-1+10\times1+10\times0+10\times-1+10\times1+10\times0+10\times-1=0$$

注意，输入矩阵为

$$\begin{bmatrix} 10 & 10 & 10 \\ 10 & 10 & 10 \\ 10 & 10 & 10 \end{bmatrix}$$

该矩阵没有过渡，所有元素的值都是相同的。相反，如果考虑 B_{13}，则必须考虑输入矩阵的该区域：

$$\begin{bmatrix} 10 & 10 & 0 \\ 10 & 10 & 0 \\ 10 & 10 & 0 \end{bmatrix}$$

该区域有明显的过渡，最右边部分全为 0，而其余部分全为 10，所以得到不同的结果：

$$B_{11} = \begin{bmatrix} 10 & 10 & 0 \\ 10 & 10 & 0 \\ 10 & 10 & 0 \end{bmatrix} * \mathfrak{I}_V = \begin{bmatrix} 10 & 10 & 0 \\ 10 & 10 & 0 \\ 10 & 10 & 0 \end{bmatrix} * \begin{bmatrix} 1 & 0 & -1 \\ 1 & 0 & -1 \\ 1 & 0 & -1 \end{bmatrix}$$
$$= 10\times1+10\times0+0\times-1+10\times1+10\times0+0\times-1+10\times1+10\times0+0\times-1=30$$

所以说，一旦沿水平方向的值发生较大变化，卷积运算就将返回较高的值，因为这些值乘以卷积核中元素都为 1 的列，其结果将变得更大。相反，当沿水平轴存在从小到大的变化时，元素乘以 -1 将得到绝对值更大的结果，因此，最终结果将为负且绝对值很大。因此卷积核能够检测是否发生了由浅到深的色彩变化，反之亦然。实际上，如果在假设的不同矩阵 A 中考虑相反的过渡（0～10），则会有

$$B_{11} = \begin{bmatrix} 0 & 10 & 10 \\ 0 & 10 & 10 \\ 0 & 10 & 10 \end{bmatrix} * \mathfrak{I}_V = \begin{bmatrix} 0 & 10 & 10 \\ 0 & 10 & 10 \\ 0 & 10 & 10 \end{bmatrix} * \begin{bmatrix} 1 & 0 & -1 \\ 1 & 0 & -1 \\ 1 & 0 & -1 \end{bmatrix}$$
$$= 0\times1+10\times0+10\times-1+0\times1+10\times0+10\times-1+0\times1+10\times0+10\times-1=-30$$

因为这次是沿水平方向从 0 变到 10：

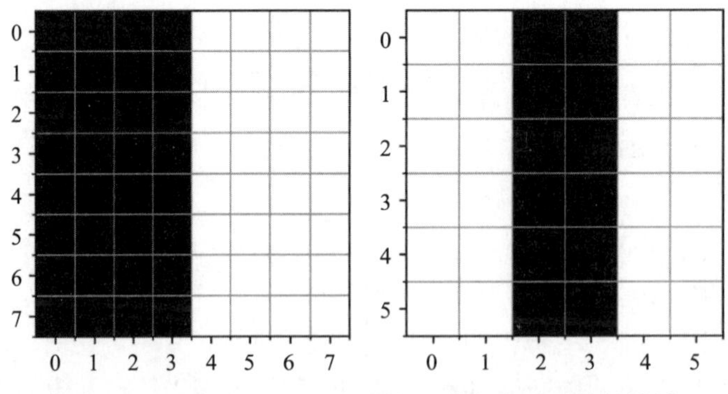

图 8-10　矩阵 ex_mat 和卷积核 $\mathfrak{I}_V$ 执行卷积运算的结果

这里注意，输出的矩阵维度为 5×5，因为原始矩阵维度为 7×7，卷积核维度为 3×3。

8.4 池化

池化是 CNN 的第二个基本操作，池化比卷积更容易理解。来看一个我们称为最大值池化的具体例子，先来看之前在卷积运算讨论中使用过的 4×4 矩阵：

$$A=\begin{bmatrix} a_1 & a_2 & a_3 & a_4 \\ a_5 & a_6 & a_7 & a_8 \\ a_9 & a_{10} & a_{11} & a_{12} \\ a_{13} & a_{14} & a_{15} & a_{16} \end{bmatrix}$$

要执行最大值池化运算，需要定义一个大小为 $n_K \times n_K$ 的区域，类似于在卷积运算中的做法。假定 n_K=2，我们要做的是从矩阵 A 的左上角开始选取一个 $n_K \times n_K$ 区域，在本例中，从 A 中取 2×2 的区域：

$$\begin{bmatrix} a_1 & a_2 \\ a_5 & a_6 \end{bmatrix}$$

即下面矩阵 A 中粗体标出的区域：

$$A=\begin{bmatrix} \boldsymbol{a_1} & \boldsymbol{a_2} & a_3 & a_4 \\ \boldsymbol{a_5} & \boldsymbol{a_6} & a_7 & a_8 \\ a_9 & a_{10} & a_{11} & a_{12} \\ a_{13} & a_{14} & a_{15} & a_{16} \end{bmatrix}$$

从所选元素 a_1、a_2、a_5 和 a_6 中执行最大值池化操作，即选择其中最大值作为操作结果，记为 B_1：

$$B_1 = \max_{i=1,2,5,6} a_i$$

现在将 2×2 窗口往右移动 2 列，这个值正好是窗口区域的列数，并选取下面粗体标记的元素：

$$A=\begin{bmatrix} a_1 & a_2 & \boldsymbol{a_3} & \boldsymbol{a_4} \\ a_5 & a_6 & \boldsymbol{a_7} & \boldsymbol{a_8} \\ a_9 & a_{10} & a_{11} & a_{12} \\ a_{13} & a_{14} & a_{15} & a_{16} \end{bmatrix}$$

也就是下面这个小矩阵：

$$\begin{bmatrix} a_3 & a_4 \\ a_7 & a_8 \end{bmatrix}$$

接下来，最大值池化运算选择上述元素中的最大值作为运算结果，记为 B_2：

$$B_2 = \max_{i=3,4,7,8} a_i$$

至此，不能再将 2×2 区域往右移动了，接下来，下移 2 行然后继续从 A 的左边开始移动，选取下面粗体标记的元素，得到其中最大值并记为 B_3，如下所示：

$$A = \begin{bmatrix} a_1 & a_2 & a_3 & a_4 \\ a_5 & a_6 & a_7 & a_8 \\ \boldsymbol{a_9} & \boldsymbol{a_{10}} & a_{11} & a_{12} \\ \boldsymbol{a_{13}} & \boldsymbol{a_{14}} & a_{15} & a_{16} \end{bmatrix}$$

这里的步长与卷积运算中的步长具有相同的含义，它就是在选择元素时移动区域的行数或列数。最后，我们选择 A 的底部右下的最后一个 2×2 区域，得到元素 a_{11}、a_{12}、a_{15} 和 a_{16}，并将其中的最大值记为 B_4。在这个过程中，获得四个值 B_1、B_2、B_3 和 B_4 并组成输出张量：

$$B = \begin{bmatrix} B_1 & B_2 \\ B_3 & B_4 \end{bmatrix}$$

在这个例子中，步长为 s=2。池化运算的输入包括矩阵 A、步长 s 和一个卷积核大小为 n_K（即上一个例子中的选择区域的维度），而输出一个新矩阵 B，其维度也和卷积运算中讨论的维度公式是一样的：

$$n_B = \frac{n_A - n_K}{s} + 1$$

重申一下，这个过程是从矩阵 A 的左上角开始，选取一个 $n_K \times n_K$ 的区域，将最大值函数应用于所选区域元素，然后向右移动 s 列，选择一个新区域（大小仍为 $n_K \times n_K$），并将最大值函数应用于它的值，依此类推。在图 8-11 中，可以看到如何从矩阵 A 以步长为 s=2 选择元素。

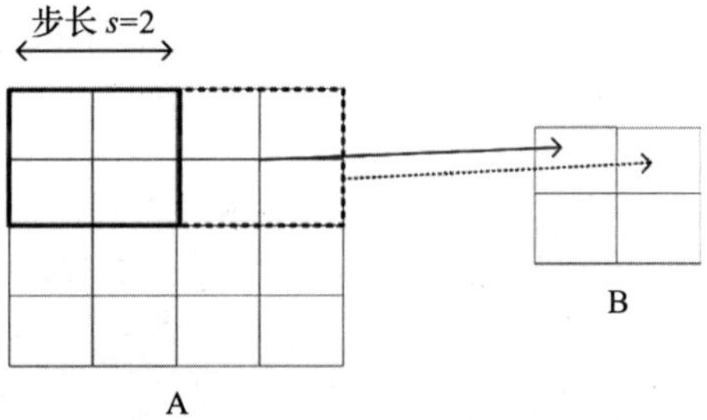

图 8-11　步长为 2 的池化可视化

例如，对输入矩阵 A 进行最大值池化操作：

$$A = \begin{bmatrix} 1 & 3 & 5 & 7 \\ 4 & 5 & 11 & 3 \\ 4 & 1 & 21 & 6 \\ 13 & 15 & 1 & 2 \end{bmatrix}$$

可以得到结果（很容易验证）：

$$B = \begin{bmatrix} 5 & 11 \\ 15 & 21 \end{bmatrix}$$

因为 5 是下面粗体标出的所有元素中最大值：

$$A=\begin{bmatrix}\mathbf{1} & \mathbf{3} & 5 & 7\\ \mathbf{4} & \mathbf{5} & 11 & 3\\ 4 & 1 & 21 & 6\\ 13 & 15 & 1 & 2\end{bmatrix}$$

11 是下面粗体标出所有元素中最大值：

$$A=\begin{bmatrix}1 & 3 & \mathbf{5} & \mathbf{7}\\ 4 & 5 & \mathbf{11} & \mathbf{3}\\ 4 & 1 & 21 & 6\\ 13 & 15 & 1 & 2\end{bmatrix}$$

依此类推。值得一提的是还有另一种池化的方法：平均值池化。但它不像最大值池化一样被广泛使用。平均值池化不返回所选择元素值的最大值，而是返回它们的平均值。

注释 最常用的池化操作是最大值池化，平均值池化应用没有这么广泛，但是会在一些特定的网络架构中使用。

填充

填充的概念值得一提。某些时候在处理图像时，通过卷积运算获得的结果图像和原始图像大小不同，结果让人不大满意。此时，需要进行填充。基本上，填充的思路非常简单：它在最终输出图像的顶部和底部添加像素行，在右侧和左侧添加像素列，通过填充一些值使得输出图像和原始图像大小一样。填充的策略可能是用 0 填充添加的像素，或者使用最邻近的像素值来填充，诸如此类。例如，一个用 0 填充的 ex_out 矩阵如下所示：

```
array([[ 0., 0., 0., 0., 0., 0., 0., 0.],
       [ 0., 0., 0., 30., 30., 0., 0., 0.],
       [ 0., 0., 0., 30., 30., 0., 0., 0.],
       [ 0., 0., 0., 30., 30., 0., 0., 0.],
       [ 0., 0., 0., 30., 30., 0., 0., 0.],
       [ 0., 0., 0., 30., 30., 0., 0., 0.],
       [ 0., 0., 0., 30., 30., 0., 0., 0.],
       [ 0., 0., 0., 0., 0., 0., 0., 0.]])
```

填充的用途及其原因超出了本书讨论的范围，但重要的是知道它的存在。可以知道的是，如果使用 p（填充的行和列的宽度）进行填充，在卷积和池化中，矩阵 B 的最终维度都可以由下式给出：

$$n_B=\left\lfloor \frac{n_A+2p-n_K}{s}+1 \right\rfloor$$

注释　在处理真实图像时，总是用三个通道 RGB 来对彩色图像进行编码。这意味着必须在三个维度上执行卷积和池化：宽度、高度和颜色通道。这就使算法变得更为复杂。

8.5　构建 CNN 块

基本上，卷积和池化操作可以用来构建 CNN 中的层。通常，CNN 网络都具有以下几层：

- 卷积层
- 池化层
- 全连接层

在前面章节中介绍过全连接层：层的每一个神经元连接都到前一层和后一层的所有神经元。下面对前两层作一些说明。

8.5.1　卷积层

卷积层的工作过程如下：以张量（对于三颜色通道，它可以三维的）作为输入，比如，具有某个维度的图像；应用一定数量的卷积核，通常为 10 个、16 个甚至更多；增加偏差；应用 ReLU 激活函数（假定用 ReLU 作激活函数），以便将非线性引入卷积运算结果；产生一个输出矩阵 B。如果你还记得我们在前面章节中使用的符号，卷积运算的结果将具有 $W^{[l]}Z^{[l-1]}$ 的作用，这一点在第 3 章中已经讨论过了。

上一节中介绍了一些仅使用一个卷积核进行卷积运算的例子。怎样才能同时使用几个卷积核进行运算呢？答案很简单。最终张量（这里使用张量这个词，因为它已不再是一个简单的矩阵）B 现在不再是 2 维，而是 3 维。用 n_c 表示要使用的卷积核数量（用 c 是因为经常用它表示图像通道数）。只需将每个过滤器独立应用于输入，并将结果堆叠。最后得到维度为 $n_B \times n_B \times n_c$ 的最终张量 $\tilde{B}$，而不是维度为 $n_B \times n_B$ 的矩阵 B。也就是说，

$$\tilde{B}_{i,j,1} \quad \forall i,j \in [1,n_B]$$

将是输入图像和第一个卷积核进行卷积运算之后的输出，而

$$\tilde{B}_{i,j,2} \quad \forall i,j \in [1,n_B]$$

是输入图像和第二个卷积核进行卷积运算之后的输出，依此类推。卷积层只是将输入转换为输出张量。但是这一层的权重是什么？在训练阶段要学习的权重（或者说参数）就是卷积核本身的元素。如前所述，有 n_c 个卷积核，每个卷积核维度都是 $n_K \times n_K$。这样，在一个卷积层中就有 $n_K^2 n_c$ 个参数。

注释　卷积层中的参数数量 $n_K^2 n_c$ 与输入图像的大小无关。这一点有助于减少过拟合，尤其是处理大尺寸输入图像时。

有时候，卷积层被标记为“CONV”和一个数字。在本例中，记作 CONV1。图 8-12 中有一个卷积层的图示。输入图像通过与 n_c 个卷积核进行卷积运算转换成一个维度为 $n_A \times n_A \times n_c$ 的张量。

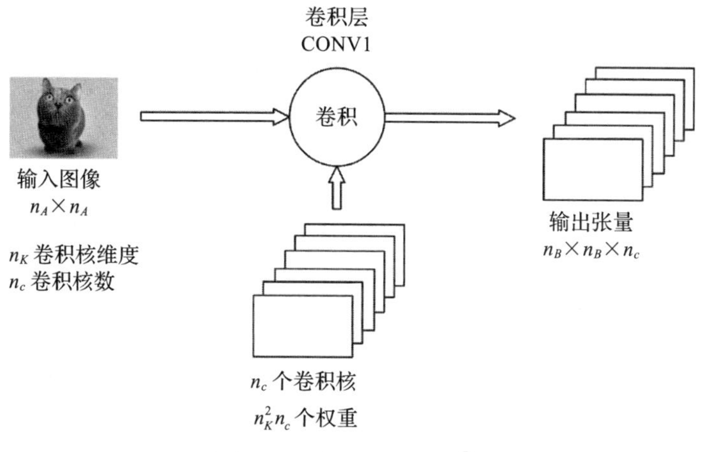

图 8-12　卷积层示意图[⊖]

卷积层并非一定要紧接着放置在输入之后。事实上，卷积层可以用任何其他层的输出作为输入。记住，输入图像的通常的维度为 $n_A \times n_A \times 3$，因为彩色图像有三个通道：RGB。对于给定的彩色图像，对 CNN 中涉及的张量进行详尽的分析不在本书的讨论范围内。在一般的示意图中，卷积层简单地表示为立方体或正方形。

8.5.2　池化层

池化层通常用 POOL 加一个数字来表示，例如 POOL1。池化层接受一个张量输入，并在对输入进行池化后输出另一个张量。

注释　池化层没有要学习的参数，但它引入了额外的超参数：n_K 和步长 s。通常，在池化层中不使用任何填充，因为通常使用池化的原因之一就是要减少张量的维度。

8.5.3　各层的叠加

在 CNN 中，通常会将卷积层和池化层一层接一层地堆叠在一起。在图 8-13 中，可以

⊖　猫的图像来源：www.shutterstock.com/。

看到一个卷积层和一个池化层堆叠在一起。卷积层之后始终跟着一个池化层。有时候，两者合称为一层。因为池化层没有需要学习的权重，从而被视为一个与卷积层相关联的简单操作。所以，阅读论文或博客时请注意这一点，并确认作者的原意。

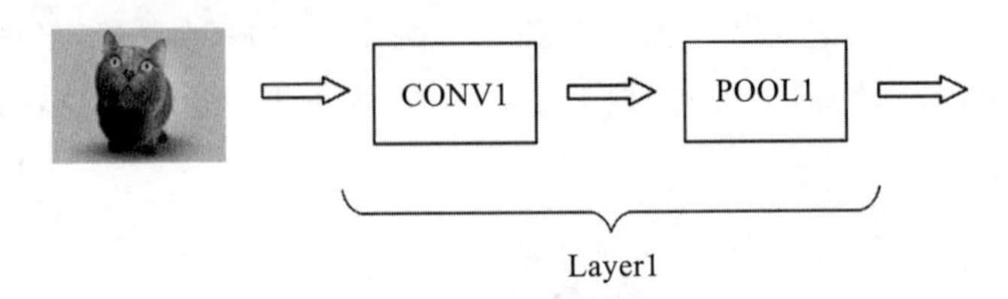

图 8-13　将卷积层和池化层堆叠在一起的示意图

关于 CNN 的探讨即将结束，在图 8-14 中，有一个 CNN 的示例。它类似于著名的 LeNet-5 网络。首先是输入，然后是两个卷积池化层，三个全连接层和一个输出层。可以在输出层中使用 softmax 函数，如果要执行多分类任务的话。在原图基础上笔者添加了一些数字，以帮助了解不同层的大小。

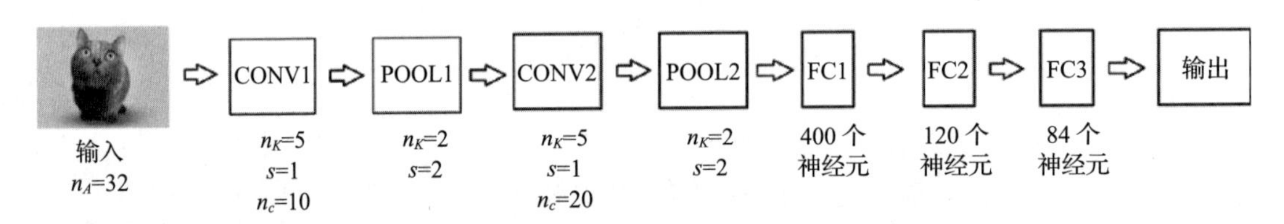

图 8-14　与著名的 LeNet-5 网络类似的 CNN 网络示意图

8.5.4　CNN 示例

现在，我们尝试构建一个网络，从中体验 CNN 是怎样工作以及代码是什么样的。我们不做任何超参数的调整或优化，这样有助于理解各组成部分，并按以下顺序构建网络：

- 卷积层 1，有 6 个 5×5 的过滤器，步长 s=1。
- 最大值池化层 1，窗口大小为 2×2，步长 s=2。
- 对上一层的输出加上 ReLU 函数。
- 卷积层 2，有 16 个 5×5 的过滤器，步长 s=1。
- 最大值池化层 2，窗口大小为 2×2，步长 s=2。
- 然后，对上一层的输出加上 ReLU 函数。
- 全连接层，包含 128 个神经元和 ReLU 激活函数。
- 全连接层，包含 10 个神经元用于对 Zalando 数据集分类。
- softmax 输出神经元。

这里将用到 Zalando 数据集，这与第 3 章一样，代码如下：

```
data_train = pd.read_csv('fashion-mnist_train.csv', header = 0)
data_test = pd.read_csv('fashion-mnist_test.csv', header = 0)
```

请参考第 3 章中获取文件的详细方法，下一步开始准备数据：

```
labels = data_train['label'].values.reshape(1, 60000)
labels_ = np.zeros((60000, 10))
labels_[np.arange(60000), labels] = 1
labels_ = labels_.transpose()
train = data_train.drop('label', axis=1)
```

和

```
labels_dev = data_test['label'].values.reshape(1, 10000)
labels_dev_ = np.zeros((10000, 10))
labels_dev_[np.arange(10000), labels_dev] = 1
test = data_dev.drop('label', axis=1)
```

注意，在本例中，与第 3 章不同，我们使用所有张量的转置，这意味着在每一行有一个样本。在第 3 章中，每个样本的值位于一列中。如果查看维度：

```
print(labels_.shape)
print(labels_dev_.shape)
```

将得到这样的结果：

```
(60000, 10)
(10000, 10)
```

在第 3 章中，行列被交换。原因是要用到 TensorFlow 提供的函数来构建卷积层和池化层，因为从零开始实现这些函数需要太多时间。而对于某些 TensorFlow 函数，如果张量沿着行具有不同的样本，则处理要容易一些。与在第 3 章一样，我们必须规范化数据：

```
train = np.array(train / 255.0)
dev = np.array(dev / 255.0)
labels_ = np.array(labels_)
labels_test_ = np.array(labels_test_)
```

接下来开始构建网络：

```
x = tf.placeholder(tf.float32, shape=[None, 28*28])
x_image = tf.reshape(x, [-1, 28, 28, 1])
y_true = tf.placeholder(tf.float32, shape=[None, 10])
y_true_scalar = tf.argmax(y_true, axis=1)
```

第二行 x_image = tf.reshape(x, [-1, 28, 28, 1]) 需要解释一下。请记住，卷积层将需要二维图像，而不是像素灰度值的一维列表。在第 3 章中的输入是具有 784（28×28）个元素的向量。

注释　CNN 的最大优点之一是它能使用输入图像中包含的二维信息，这就是卷积层的输入是二维图像而不是一维向量的原因。

在构建 CNN 时，通常通过定义函数来构建不同层。这样，后面进行超参数调整将更为容易，正如前面章节中看到的。另一个原因是，将各小块代码通过函数放在一起，代码将更具可读性。函数的名称尽量做到见名知义。现在，首先定义构建卷积层的函数。需要注意，TensorFlow 在它的文档中使用“filter”（过滤器）这个术语，因而，我们在代码中也使用它。

```
def new_conv_layer(input, num_input_channels, filter_size, num_filters):
    shape = [filter_size, filter_size, num_input_channels, num_filters]
    weights = tf.Variable(tf.truncated_normal(shape, stddev=0.05))
    biases = tf.Variable(tf.constant(0.05, shape=[num_filters]))
    layer = tf.nn.conv2d(input=input, filter=weights, strides=[1, 1, 1, 1],
    padding='SAME')
    layer += biases
    return layer, weights
```

这里，我们将从截断的正态分布初始化权重，并将偏差初始化为常量，然后使用步长 s=1。步长是一个列表，其中包含不同维度上的步幅。在例子中，有灰度图像，但也可能有 RGB 图像，因此有更多的维度：三个颜色通道。

池化层比较容易，因为它没有权重。

```
def new_pool_layer(input):
    layer = tf.nn.max_pool(value=input, ksize=[1, 2, 2, 1], strides=[1, 2,
    2, 1], padding='SAME')
    return layer
```

接下来定义一个函数，用于将激活函数应用于上一层，这里激活函数用 ReLU。

```
def new_relu_layer(input_layer):
    layer = tf.nn.relu(input_layer)
    return layer
```

最后，定义一个函数用来构建全连接层：

```
def new_fc_layer(input, num_inputs, num_outputs):
    weights = tf.Variable(tf.truncated_normal([num_inputs, num_outputs],
    stddev=0.05))
    biases = tf.Variable(tf.constant(0.05, shape=[num_outputs]))
```

```
    layer = tf.matmul(input, weights) + biases
    return layer
```

这里用到新的 TensorFlow 函数 tf.nn.conv2d，它用于构建卷积层；而 ft.nn.max_pool 用于构建池化层，从函数名称可以看出这是最大值池化。由于篇幅所限，这里不详细介绍每个函数的细节，读者可以从官方文档找到大量信息。现在将所有层都放在一起，构建在本节开头提出的 CNN 网络。

```
layer_conv1, weights_conv1 = new_conv_layer(input=x_image,
num_input_channels=1, filter_size=5, num_filters=6)
layer_pool1 = new_pool_layer(layer_conv1)
layer_relu1 = new_relu_layer(layer_pool1)
layer_conv2, weights_conv2 = new_conv_layer(input=layer_relu1,
num_input_channels=6, filter_size=5, num_filters=16)
layer_pool2 = new_pool_layer(layer_conv2)
layer_relu2 = new_relu_layer(layer_pool2)
```

全连接层是必须构建的，但要使用 layer_relu2 作为输入，需要先对它执行扁平化操作，因为它目前还是二维数据。

```
num_features = layer_relu2.get_shape()[1:4].num_elements()
layer_flat = tf.reshape(layer_relu2, [-1, num_features])
```

然后创建最后几层：

```
layer_fc1 = new_fc_layer(layer_flat, num_inputs=num_features,
num_outputs=128)
layer_relu3 = new_relu_layer(layer_fc1)
layer_fc2 = new_fc_layer(input=layer_relu3, num_inputs=128, num_outputs=10)
```

现在执行分类预测，准确率改进留待后续再做。

```
y_pred = tf.nn.softmax(layer_fc2)
y_pred_scalar = tf.argmax(y_pred, axis=1)
```

数组 arrayy_pred_scalar 中将存放类别编号作为标量。现在定义损失函数，再次用到 TensorFlow 的函数来减少工作量，本章的篇幅也因此不会过长。

```
cost = tf.reduce_mean(tf.nn.softmax_cross_entropy_with_logits(logits=layer_
fc2, labels=y_true))
```

一般来说，还需要一个优化器：

```
optimizer = tf.train.AdamOptimizer(learning_rate=1e-4).minimize(cost)
```

最后，定义一些操作来计算准确率。

```
correct_prediction = tf.equal(y_pred_scalar, y_true_scalar)
accuracy = tf.reduce_mean(tf.cast(correct_prediction, tf.float32))
```

下面准备开始训练网络。我们将使用批量大小为 100 的小批量梯度下降方式，并且只训练 10 个周期。我们可以定义变量如下：

```
num_epochs = 10
batch_size = 100
```

用下面的代码执行训练：

```
with tf.Session() as sess:
    sess.run(tf.global_variables_initializer())
    for epoch in range(num_epochs):
        train_accuracy = 0
        for i in range(0, train.shape[0], batch_size):
            x_batch = train[i:i + batch_size,:]
            y_true_batch = labels_[i:i + batch_size,:]

            sess.run(optimizer, feed_dict={x: x_batch, y_true: y_true_batch})
            train_accuracy += sess.run(accuracy, feed_dict={x: x_batch,
            y_true: y_true_batch})

        train_accuracy /= int(len(labels_)/batch_size)
        dev_accuracy = sess.run(accuracy, feed_dict={x:dev,
        y_true:labels_dev_})
```

如果运行代码（在我的笔记本电脑上花了大约 10 分钟），仅在 1 个周期训练之后，将得到最开始的准确率为 63.7%，在 10 个周期训练之后，将达到 86% 的训练准确率（也在验证集上）。我们曾在第 3 章开发第一个网络，其中，一层有 5 个神经元，通过小批量梯度下降训练后达到 66% 的准确率。在这里只进行了 10 周期训练。如果训练时间更长，准确率要高得多。另外，请注意我们没有进行任何超参数调整，如果花时间调整参数，将会获得更好的结果。

你可能已经注意到，每次引入卷积层时，都会为每一层引入新的超参数：

- 卷积核大小
- 步长
- 填充

必须对这些参数进行调整，以获得最佳结果。通常，研究人员倾向于使用现有的某些架构，这些架构已经在某些任务中被别的从业者优化过，并且在论文中有详细记载。

8.6 RNN 介绍

RNN 与 CNN 大不相同，通常在处理序列信息时使用，换句话说，用于处理那些顺序很重要的数据。典型的例子是句子中的一系列单词。不难理解句子中单词的不同顺序会带来很大的差别。例如，“the man ate the rabbit” 和 “the rabbit ate the man” 的意思不同，两句话的唯一区别是单词的顺序，谁被谁吃掉。使用 RNN，可以预测句子中的后续单词。比如，对于短语 “ Paris is the capital of ”，用 “ France” 完成句子很容易。这意味句子前面的单词蕴含了句子后面单词的信息，这些信息被 RNN 利用来预测句子中的后续单词。名称 “循环”（recurrent）来自网络的工作方式：对序列中每个元素应用相同的操作，从而积累前面的信息。总结一下：

- RNN 使用序列数据，并且使用序列的顺序所蕴含的信息。
- RNN 对序列中的所有元素做同类型的操作，并构建序列中先前元素的记忆，以预测下一个元素。

在理解 RNN 的运行机制之前，先来看几个重要的应用，从中可以了解其应用范围之广。

- 生成文本：在给定前一组单词的情况下，预测将要用到的单词。例如，用 RNN 可以轻松生成看起来像莎士比亚作品的文章，就像 A. Karpathy 在他的博客上所做的那样。
- 翻译：给定一种语言的一组单词，可以获得不同语言的这些单词。
- 语音识别：给定一系列音频信号（话语），可以预测形成语音的字母序列。
- 生成图像标签：配合 CNN，可以将 RNN 用于生成图像标签。请参阅 A.Karpathy 关于该主题的论文：“ DeepVisual-Semantic Alignments for Generating Image Descriptions”。请注意，这是一篇具有相当深度的论文，需要一定数学背景。
- 聊天机器人：使用一系列单词作为输入，RNN 尝试生成答案。

可以想象，要实现上述内容，需要复杂的架构，这些架构并不容易在简短的篇幅中描述，并且需要更深度地学习 RNN 的工作方式，这超出了本章和本书的范围。

8.6.1 符号

以 “ Paris is the capital of France” 这个句子为例，这句话被一次一个单词地输入一个 RNN 中：首先是 “Paris”，然后是 “is”，然后是 “the”，依此类推。在例子中，

- “Paris” 是句子的第 1 个单词：w1 = ‘ Paris ’
- “is” 是句子的第 2 个单词：w2 = ‘ is ’
- “the” 是句子的第 3 个单词：w3 = ‘ the ’
- “capital” 是句子的第 4 个单词：w4 = ‘ capital ’
- “of” 是句子的第 5 个单词：w5 = ‘ of ’
- “France” 是句子的第 6 个单词：w6 = ‘ France ’

这些单词按以下顺序输入 RNN：w1、w2、w3、w4、w5 和 w6，交由网络一个接一个地处理，或者说，在不同的时间点处理。通常可以这样说：如果单词 w1 在时间 t 处理，则 w2 在时间 t+1 处理，而在时间 t+2 则处理 w3，依此类推。这里时间 t 与实际时间无关，只是用于表示序列中的每个元素是顺序处理，而不是并行处理。时间 t 也与运算时间及其相关的任何事物无关。t+1 中的增量 1 没有任何别的意义，仅仅用来表示当前序列中的下一个元素。阅读论文、博客或书籍时，请注意以下术语：

- x_t：时间 t 的输入。例如，w1 可以是时间 1 即 x_1 的输入，w2 是时间 2 即 x_2 的输入，依此类推。
- s_t：表示尚未定义并在时间 t 相关的内部记忆。在前面讨论过的语句序列中，s_t 包含前面单词的累积信息。对它有个直观的理解就够了，因为数学上的定义需要太多解释说明。
- o_t 是网络在时间 t 的输出，或者说，在当前序列的所有元素（包括元素 x_t）都被送入网络之后产生的输出。

8.6.2　RNN 的基本原理

通常，RNN 在文献中表示为图 8-15 的左侧部分。表示符号是指示性的，用来表示网络的不同元素：x 表示输入，S 表示内部记忆，W 表示一组权重，U 表示另一组权重。实际上，左图只是着重于真正的网络结构的一种简单表示方式，真正的结构如图 8-15 中右侧部分所示，有时，这称为网络结构的展开版本。

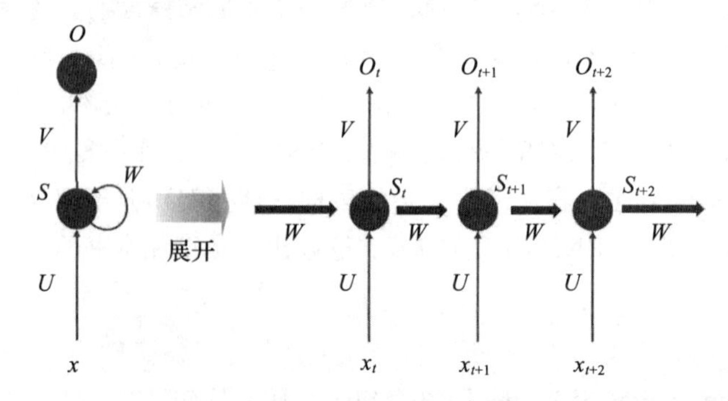

图 8-15　RNN 的示意图

图 8-15 的右侧部分需要从左到右来看。图中的第一个神经元在时间 t 进行运算，产生输出 O_t，并创建内部记忆状态 S_t。第一个神经元之后，第二个神经元在时间 t+1 处，获取序列中的下一个元素 x_{t+1} 和之前的记忆状态 S_t 作为输入。第二个神经元产生一个输出 O_{t+1} 和一个新的内部记忆状态 S_{t+1}。第三个神经元（图 8-15 中最右边的那个）随后得到序列中新的元素 x_{t+2}，以及之前的内部存储器状态 S_{t+1} 作为输入。对于有限数量的神经元，这个过程以这种方式继续进行。可以在图 8-15 中看到有两组权重：W 和 U。一组（由 W 表示）用于内部记忆状态，

一组 U 用于序列元素。通常，每个神经元都将生成新的内部记忆状态，生成公式如下所示：

$$s_t = f(Ux_t + Ws_{t-1})$$

公式中用 $f()$ 表示使用一个激活函数，我们已经了解过激活函数 ReLU 或 tanh。此外，这个公式当然是多维的。S_t 可以理解为在时间 t 的网络记忆。可供使用的神经元（或者说时间步）的数量是新的超参数，必须根据问题不同进行调整。研究表明，这个数字过大时，网络在训练过程中会遇到很大问题。

非常重要的一点是，在每个时间步，权重都不会改变。在每个时间步都执行相同的操作，每次执行运算时只需更改输入。另外，在图 8-15 中，在每个步骤中都会产生一个输出（即 O_t、O_{t+1} 和 O_{t+2}），但在一般情况下，没必要这样做。前例中，要预测句子中最后一个单词，我们只需要最终输出。

8.6.3 循环神经网络名称的由来

简单地探讨一下为什么这个神经网络叫作循环神经网络。上文中提到，在时间 t，内部记忆状态由以下公式得到：

$$s_t = f(Ux_t + Ws_{t-1})$$

时间 t 的内部记忆状态使用 $t-1$ 时的状态来计算得到，时间 $t-1$ 时使用时间 $t-2$ 的状态，以此类推。这就是循环神经网络命名的由来。

8.6.4 学会统计

为了让你了解 RNN 的功能，这里给出一个基本的示例，在此问题中标准全连接网络正如前几章中看到的那样，表现非常糟糕，而 RNN 则表现非常好。我们试着教会一个神经网络来做统计。需要解决的问题如下：给定一个向量，假定它由 15 个元素组成，元素只能是 0 或 1。我们要构建一个神经网络，统计向量中 1 的数量。对标准全连接网络，这是一个难题。为什么呢？为了直观地理解为什么，我们考虑这样一个问题：区分 MNIST 数据集中的 1 和 2。

如果对指标分析的内容还有印象，你会记得学习之所以能进行，是因为那些 1 和 2 在根本不同的位置上有黑色像素。数字 1 通常始终以相同方式区别于数字 2（至少在 MNIST 数据集中），因此检测到它们时就能立即识别这些差异，从而进行明确的识别。而在我们的例子中，这已不再可能。例如，考虑一个只有 5 个元素的向量的简单情况。考虑 1 只出现一次的情况，则有 5 种可能的情况：[1, 0, 0, 0, 0]，[0, 1, 0, 0, 0]，[0, 0, 1, 0, 0]，[0, 0, 0, 1, 0] 和 [0, 0, 0, 0, 1]。这里没有检测到固定的模式。没有简单的权重配置可以同时覆盖上述情形。在图像问题中，这个问题类似于白色图像中检测黑色方块位置的问题。我们可以在 TensorFlow 中构建一个网络，并验证这个网络是否优良。但是，本章的性质是介绍性的，这里不会花时间讨论超参数、指标分析等问题。我将简单地提出一个可以进行统计的基本网络。

我们首先创建 10^5 个向量，并划分成训练集和验证集：

```
import numpy as np
import tensorflow as tf
from random import shuffle
```

然后创建向量列表，代码有点复杂，这里稍作分析。

```
nn = 15
ll = 2**15
train_input = ['{0:015b}'.format(i) for i in range(ll)]
shuffle(train_input)
train_input = [map(int,i) for i in train_input]
temp  = []
for i in train_input:
    temp_list = []
    for j in i:
            temp_list.append([j])
    temp.append(np.array(temp_list))
train_input = temp
```

我们希望在包含 15 个元素的向量中有 1 和 0 的所有可能组合。一种简单的方法是以二进制方式计算出最多 2^{15} 个数字。为了说明原因，我们假定仅用 4 个元素组成向量：所有可能的 4 位 0 和 1 的组合，全部组合会有 2^4 个二进制数，用下面代码可以得到：

```
['{0:04b}'.format(i) for i in range(2**4)]
```

该代码简单地以二进制格式格式化用函数 range(2**4) 得到的所有数字（从 0 到 2**4），并用 {0:04b} 限定数字个数为 4 个，结果如下：

```
['0000',
 '0001',
 '0010',
 '0011',
 '0100',
 '0101',
 '0110',
 '0111',
 '1000',
 '1001',
 '1010',
 '1011',
 '1100',
 '1101',
 '1110',
 '1111']
```

容易验证，所有可能的组合都已经列出。我们得到 1 出现 1 次的所有可能的组合（[0001]、[0010]、[0100] 和 [1000]），1 出现两次的，依此类推。对于我们的例子，用 15 位数字来进行类似操作，最终将得到 2^{15} 个值。其余的代码用来将字符串（例如 '0100'）转换成列表 [0, 1, 0, 0]。然后将所有列表的所有可能组合连接起来。检查一下输出数组的维度，注意结果是 (32768, 15, 1)。每个样本都是一个维度为 (15, 1) 的数组。然后我们准备目标变量，这是一个独热编码的计数。这意味着，如果输入向量中有 4 个 1，则目标向量看起来是 [0, 0, 0, 0, 1, 0, 0, 0, 0, 0, 0, 0, 0, 0, 0, 0]。train_output 数组的维度会是 (32768, 16)。现在来构建目标变量：

```
train_output = []

for i in train_input:
    count = 0
    for j in i:
        if j[0] == 1:
            count+=1
    temp_list = ([0]*(nn+1))
    temp_list[count]=1
    train_output.append(temp_list)
```

把数据集划分成训练集和验证集，这已经做过几次了：

```
train_obs = ll-2000
dev_input = train_input[train_obs:]
dev_output = train_output[train_obs:]
train_input = train_input[:train_obs]
train_output = train_output[:train_obs]
```

记住，代码有效是因为一开始就打乱向量，从而有了一个随机分布的数据集。其中 2000 个样本用作验证集，剩下的（大约 30000）用作训练集。训练集数据维度为 (30768, 15, 1)，验证集数据的维度为 (2000, 15, 1)。

现在用下面代码构建一个网络，你应该能理解几乎所有代码。

```
tf.reset_default_graph()

data = tf.placeholder(tf.float32, [None, nn,1])
target = tf.placeholder(tf.float32, [None, (nn+1)])

num_hidden_el = 24
RNN_cell = tf.nn.rnn_cell.LSTMCell(num_hidden_el, state_is_tuple=True)

val, state = tf.nn.dynamic_rnn(RNN_cell, data, dtype=tf.float32)
val = tf.transpose(val, [1, 0, 2])
last = tf.gather(val, int(val.get_shape()[0]) - 1)
```

```
W = tf.Variable(tf.truncated_normal([num_hidden, int(target.get_shape()
[1])]))
b = tf.Variable(tf.constant(0.1, shape=[target.get_shape()[1]]))

prediction = tf.nn.softmax(tf.matmul(last, W) + b)
cross_entropy = -tf.reduce_sum(target * tf.log(tf.clip_by_
value(prediction,1e-10,1.0)))
optimizer = tf.train.AdamOptimizer()
minimize = optimizer.minimize(cross_entropy)
errors = tf.not_equal(tf.argmax(target, 1), tf.argmax(prediction, 1))
error = tf.reduce_mean(tf.cast(errors, tf.float32))
```

然后训练网络。

```
init_op = tf.global_variables_initializer()
sess = tf.Session()
sess.run(init_op)
mb_size = 1000
no_of_batches = int(len(train_input)/mb_size)
epoch = 50
for i in range(epoch):
    ptr = 0
    for j in range(no_of_batches):
        train, output = train_input[ptr:ptr+mb_size], train_
        output[ptr:ptr+mb_size]
        ptr+=mb_size
        sess.run(minimize,{data: train, target: output})
incorrect = sess.run(error,{data: test_input, target: test_output})
print('Epoch {:2d} error {:3.1f}%'.format(i + 1, 100 * incorrect))
```

你很可能不会注意到里面有一部分新的代码：

```
num_hidden_el = 24
RNN_cell = tf.nn.rnn_cell.LSTMCell(num_hidden_el,state_is_tuple=True)

val, state = tf.nn.dynamic_rnn(RNN_cell, data, dtype=tf.float32)
val = tf.transpose(val, [1, 0, 2])
last = tf.gather(val, int(val.get_shape()[0]) - 1)
```

出于性能考虑，为了说明 RNN 的效率有多高，在这里使用了一种长短期记忆（LSTM）神经元。它有一种独特的计算内部状态的方法。关于 LSTM 的讨论超出了本书范围。现在，你可以关注结果而不是代码。代码运行后会得到以下结果：

```
Epoch 0 error 80.1%
Epoch 10 error 27.5%
```

```
Epoch 20 error 8.2%
Epoch 30 error 3.8%
Epoch 40 error 3.1%
Epoch 50 error 2.0%
```

仅仅训练50个周期之后，这个网络的准确率就达到98%。如果训练更多周期，就可以达到令人难以置信的准确率。经过100个周期训练，可以实现的误差率是0.5%。一个有指导意义的练习是尝试训练一个全连接网络（像我们讨论过的那样）来做统计，你会发现这是不可能成功的。

现在，读者应该对CNN和RNN如何工作以及它们的运行原理有了基本的了解。对这些网络的研究非常多，因为它们确实非常灵活，但前面这几节的内容应该已提供足够的信息，来理解这些架构的工作原理。

CHAPTER 9

第9章

研究项目

通常，谈到深度学习时，人们就会想到图像识别、语音识别、图像检测等这些最为著名的应用，但深度神经网络的可能性是无穷无尽的。本章介绍如何将深度神经网络成功应用到一个不太传统的问题：在传感器应用中提取参数。对于这个特定的问题，我们将开发传感器的算法，用以确定介质（例如煤气）中氧气的浓度，具体内容我将在后面描述。本章的结构如下：首先讨论要解决的研究问题，然后解释解决问题所需的一些介绍性知识，最后展示这个正在进行的研究项目的第一批研究结果。

9.1 问题描述

许多传感器设备的功能原理都基于物理量，例如电压、体积或光强度等，通常很容易测量。这个量必须与另一个物理量强烈相关，而该物理量是需要确定的物理量，并且通常难以直接测量，例如温度或者气体浓度。如果知道两个量如何相关（典型情况下，通过一个数学模型），就可以通过第一个量得到真正需要的第二个量。所以，通过简化的方式，可以把传感器想象成一个黑盒子，只要给出输入（温度、气体浓度等），就会产生输出（电压、体积或光强度）。输出依赖于输入是传感类型的特征，可能非常复杂。这使得在真实硬件中实现所需的算法非常困难，甚至是不可能的。在这里，我们将使用神经网络的方法，而不是通过一系列公式，来从输入得到输出。

该研究项目涉及氧气浓度的测量，使用“发光淬火”原理：先用敏感元素（染料物质）与想要测量其含氧量的气体接触；然后用所谓的激发光（通常属于光谱的蓝色部分）照射染料，染料在吸收一部分光之后，会以光谱的不同部分（通常是红色）重新产生发射光，发射光的强度和持续时间强烈地取决于与染料接触的气体中的氧气浓度；如果气体中含有一些氧气，则来自染料的部分发射光会被抑制或“淬火”（测量原理的名称即是来自于此），气体中的氧气量越高，这种效应越强。该项目的目标是开发新的算法，以便通过检测信号，即激发光和发射光之间的所谓相移（输入），确定氧气浓度（输出）。如果你不明白这是什么意思，请不要担心。理解本章的内容，并不需要掌握这点。直观地说，这种相移可以测量激发染料的光和“淬火”效应之后发射的光之间的变化。在“淬火”效应之后，这种“变化”受到气体中所含氧气的强烈影响。

传感器实现的难点在于系统的响应（非线性地）取决于几个参数。对于大多数染料分子而言，这种依赖性是如此复杂，要写出以氧气浓度作为所有这些影响参数的函数方程式几乎不可能。因此，通常的方法是建立一个非常复杂的经验模型，并手动调整许多参数。

发光测量的典型装置如图 9-1 所示。此装置用于获取验证数据集的数据。含有发光染料物质的样品被激发光（图中左侧的蓝光）照射，激发光由发光二极管或激光发射，并用透镜聚焦。在另一个镜头的帮助下，探测器收集样品发出的发射光（图中右侧的红光）。样品容器包含染料和气体，图中用样品表示，我们要测量样品的氧气浓度。

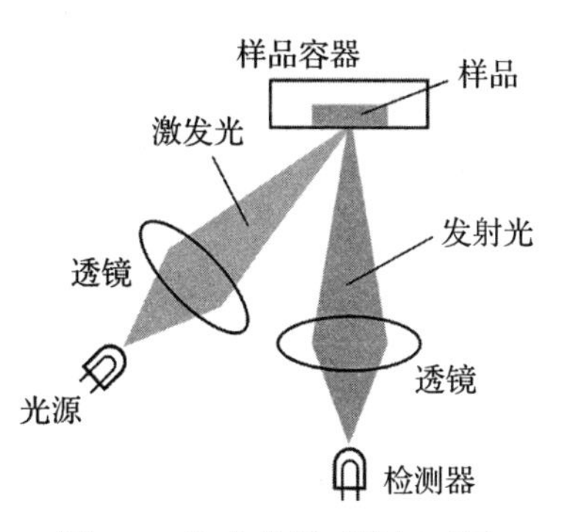

图 9-1　发光检测系统概要图

随着时间变化，检测器收集的发光强度不是恒定的，而是下降的。下降的速度取决于存在的氧气量，通常用衰减时间量化，用 τ 表示。对这种衰变的最简单描述方式是一个指数衰减函数 $e^{-t/\tau}$，其特征在于衰减时间 τ。在实践中用于确定这种衰减时间的常用技术是调制激发光的强度（或者换句话说，以周期性方式改变强度），并且频率 f=2πω，其中 ω 称为角频率。重新发射的发射光也具有被调制的强度，或者换句话说，它周期性地变化，但是以相移 θ 为特征。该相移与衰减时间 τ 相关，即 $\tan\theta=\omega\tau$。为了让你直观地了解这种相移是什么，请将要表示的光（如果你是物理学家，请原谅我）以最简单的形式，表示为一个幅度随三角函数变化的波。

$$\sin(\omega t+\theta)$$

量 θ 称为波的相位常数。现在发生的事情是激发染料的光具有相位常数 θ_{exec}，并且发出的光具有不同的相位常数 $\theta_{emitted}$。测量原理恰好测量了这个相变，即 $\theta\equiv\theta_{exec}-\theta_{emitted}$，因为这种变化受到气体中氧气含量的强烈影响。请记住，这种解释非常直观，从物理学的角度来看，不完全正确，但它应该能帮你理解我们正在测量什么。

总而言之，测量信号是这个相移 θ（在下文中简称为相位），而搜索量（我们想要预测的量）是与染料接触的气体中的氧气浓度。

很不幸，在实际情况中情况更加复杂。光相移不仅取决于调制频率 ω 和气体中的氧气浓度 $O2$，而且还非线性地取决于染料分子周围的温度和化学组成。另外，很少能够仅通过一个衰减时间来描述光强度的衰减，最常见的是，至少需要两个衰减时间，这进一步增加了描述系统所需的参数数量。给定激光调制频率 ω、温度 T（摄氏度）和氧气浓度 $O2$（以空气中含氧量百分比表示），系统返回相位 θ。在图 9-2 中，可以看到 T=45℃和 $O2$=4% 的典型测量值 $\tan\theta$。

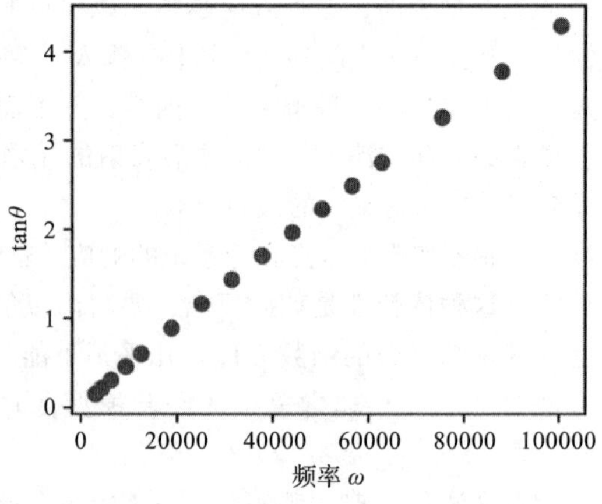

图 9-2　T=45℃和 $O2$=4% 的 $\tan\theta$ 测量值

该研究项目的思路是能够从数据中获得氧气浓度，而无须为传感器的行为开发任何理论模型。为此，我们将尝试使用深度神经网络，以便从人工创建的数据中学习在任何给定阶段气体中的氧气浓度是多少，然后将模型应用于实际的实验数据。

9.2　数学模型

看一下可用于确定氧气浓度的数学模型之一。首先，可以看出它有多复杂，另一方面，它将在本章中用于生成训练数据集。在不涉及测量技术所涉及的物理学（超出本书范围）的情况下，可以通过以下公式描述相位 θ 如何与氧气浓度 $O2$ 相关联的简单模型：

$$\frac{\tan\theta(\omega,T,O2)}{\tan\theta(\omega,T,O2=0)}=\frac{f(\omega,T)}{1+KSV_1(\omega,T)\cdot O2}+\frac{1-f(\omega,T)}{1+KSV_2(\omega,T)\cdot O2}$$

$f(\omega, T)$、$KSV_1(\omega, T)$ 和 $KSV_2(\omega, T)$ 三个量是一些参数，这些参数不具有确定的表达公式，它们受所使用的染料分子、出厂时间、传感器构建方式以及其他因素影响。我们的目标是在实验室中训练神经网络，然后将其部署在现场使用的传感器上。这里的主要问题是确定 f、KSV_1 和 KSV_2 的频率－温度依赖函数。出于这个原因，商业传感器通常靠多项式或指数近似，还有足够多的参数在拟合程序中以确保足够好的近似量。

在本章中，我们将使用刚刚描述的数学模型创建训练数据集，然后将其应用于实验数据，以了解如何预测氧气浓度。目标是进行可行性研究，以检查这种方法的工作情况。在这种情况下准备训练数据集有点棘手和复杂，所以在开始之前，来看一个类似但更容易的问题，这样就可以了解在更复杂的情况下该做什么。

9.3　回归问题

我们首先考虑以下问题：给定具有参数 A 的函数 $L(x)$，我们想要训练一个神经网络以便从函数的一组值中提取参数值 A。换句话说，对于 i=1, …, N，给定输入变量 x_i 的一组值，我们将计算 N 个值 L_i=$L(x_i)$ 的数组，并将它们用作神经网络的输入。我们将训练这个网络

来得到输出 A。作为一个具体的例子，我们考虑以下函数：

$$L(x) = \frac{A^2}{A^2 + x^2}$$

这就是所谓的洛伦兹函数，x=0 且 $L(0)$=1 为其最大值。我们要解决的问题是在给定该函数的一定数量的数据点的情况下确定 A。这很简单，因为我们可以这样做，（比如）使用经典的非线性拟合，或者甚至求解一个简单的二次方程。但是假设我们想要教一个神经网络来做到这一点，则需要神经网络学习如何对此函数执行非线性拟合。根据你在本书中学到的所有知识，这并不太困难。我们从创建训练数据集开始。首先，为 $L(x)$ 定义一个函数：

```
def L(x,A):
    y = A**2/(A**2+x**2)
    return y
```

现在，考虑 100 个点并生成我们想要使用的所有 x 点的数组：

```
number_of_x_points = 100
min_x = 0.0
max_x = 5.0
x = np.arange(min_x, max_x, (max_x-min_x)/number_of_x_points )
```

最后，生成 1000 个样本，并将其用作网络的输入。

```
number_of_samples = 1000
np.random.seed(20)
A_v = np.random.normal(1.0, 0.4, number_of_samples)

for i in range(len(A_v)):
    if A_v[i] <= 0:
        A_v[i] = np.random.random_sample([1])
data = np.zeros((number_of_samples, number_of_x_points))
targets = np.reshape(A_v, [1000,1])
for i in range(number_of_samples):
    data[i,:] = L(x, A_v[i])
```

现在，数组将包含所有样本值，每个样本一行。请注意，为了避免 A 出现负值，我们已经在代码中加入检查步骤：

```
if A_v[i] <= 0:
        A_v[i] = np.random.random_sample([1])
```

这样，如果为 A 选择的随机值为负，则新的随机值为相反值。你可能已经注意到，在 $L(x)$ 的等式中，A 总是出现平方操作，所以初看起来，负值不会成为问题。但请记住，这个负值会是我们想要预测的目标变量。当我第一次开发这个模型时，我的 A 得到一些负值，而网络无法区分正值和负值，从而得到错误的结果。如果查看数组 A_v 的形状，你会得到：

```
(1000, 100)
```

这表示有 1000 个样本，每个样本有 100 个不同的 L 值，这些值以我们生成的 x 值计算得到。当然，我们还需要一个验证数据集。

```
number_of_dev_samples = 1000

np.random.seed(42)
A_v_dev = np.random.normal(1.0, 0.4, number_of_samples)

for i in range(len(A_v_dev)):
    if A_v_dev[i] <= 0:
        A_v_dev[i] = np.random.random_sample([1])

data_dev = np.zeros((number_of_samples, number_of_x_points))
targets_dev = np.reshape(A_v_dev, [1000,1])

for i in range(number_of_samples):
    data_dev[i,:] = L(x, A_v_dev[i])
```

在图 9-3 中，可以看到我们将用作输入的函数的 4 个随机示例。

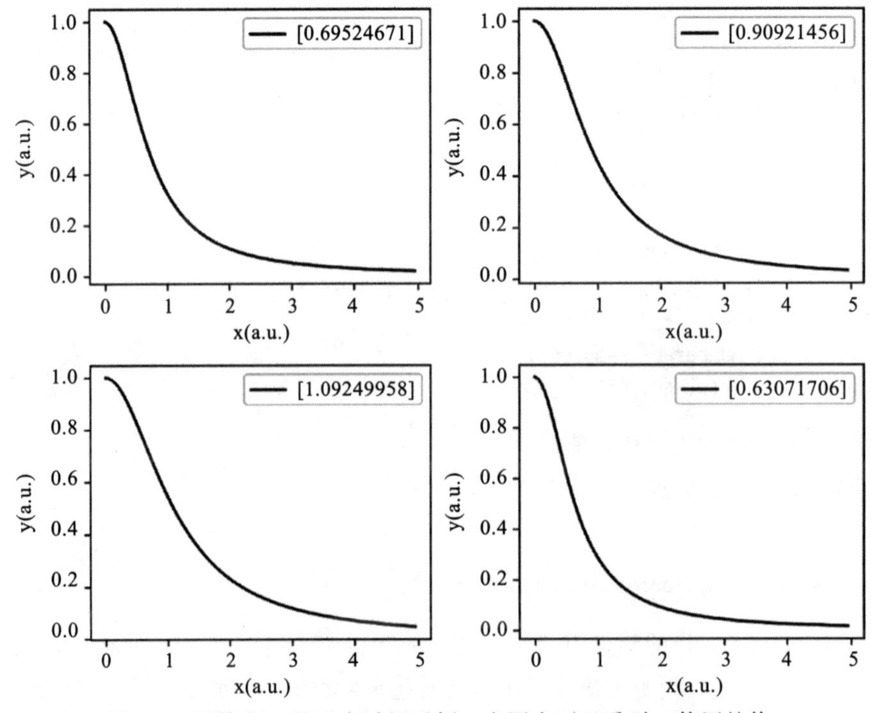

图 9-3　函数 $L(x)$ 的 4 个随机示例，在图中可以看到 A 使用的值

现在来建立一个简单的网络，由一层和 10 个神经元组成，用来提取这个值。

```
tf.reset_default_graph()

n1 = 10
nx = number_of_x_points
n2 = 1

W1 = tf.Variable(tf.random_normal([n1,nx]))/500.0
b1 = tf.Variable(tf.ones((n1,1)))/500.0
W2 = tf.Variable(tf.random_normal([n2,n1]))/500.0
b2 = tf.Variable(tf.ones((n2,1)))/500.0

X = tf.placeholder(tf.float32, [nx, None]) # Inputs
Y = tf.placeholder(tf.float32, [1, None]) # Labels

Z1 = tf.matmul(W1,X)+b1
A1 = tf.nn.sigmoid(Z1)
Z2 = tf.matmul(W2,A1)+b2
y_ = Z2
cost = tf.reduce_mean(tf.square(y_-Y))
learning_rate = 0.1
training_step = tf.train.AdamOptimizer(learning_rate).minimize(cost)

init = tf.global_variables_initializer()
```

注意，我们已经随机初始化了权重，并且不会使用小批量梯度下降。我们训练网络 20 000 个周期：

```
sess = tf.Session()
sess.run(init)

training_epochs = 20000
cost_history = np.empty(shape=[1], dtype = float)

train_x = np.transpose(data)
train_y = np.transpose(targets)

cost_history = []
for epoch in range(training_epochs+1):
    sess.run(training_step, feed_dict = {X: train_x, Y: train_y})
    cost_ = sess.run(cost, feed_dict={ X:train_x, Y: train_y})
    cost_history = np.append(cost_history, cost_)

    if (epoch % 1000 == 0):
        print("Reached epoch",epoch,"cost J =", cost_)
```

该模型收敛速度非常快。经过 10 000 个周期的训练，MSE（损失函数）从开始的 1.1 下降到 $2.5 \cdot 10^{-4}$。在 20 000 个周期训练之后，MSE 达到 10^{-6}。我们可以绘制出预测值与实际值之间的对比关系，以便直观地检查系统的工作状况。在图 9-4 中，可以看到系统的运行情况。

另外，MSE 在验证集上是 $3 \cdot 10^{-5}$，我们可能轻微过拟合了训练集。一个原因是我们使用了相对狭窄的 x 范围：仅从 0 到 5。因此，当你处理非常大的 A 值（例如，大约 2.5）时，系统往往不会这么做。如果对照图 9-4 与验证数据集（图 9-5），可以看到模型出现了大值 A 的问题。

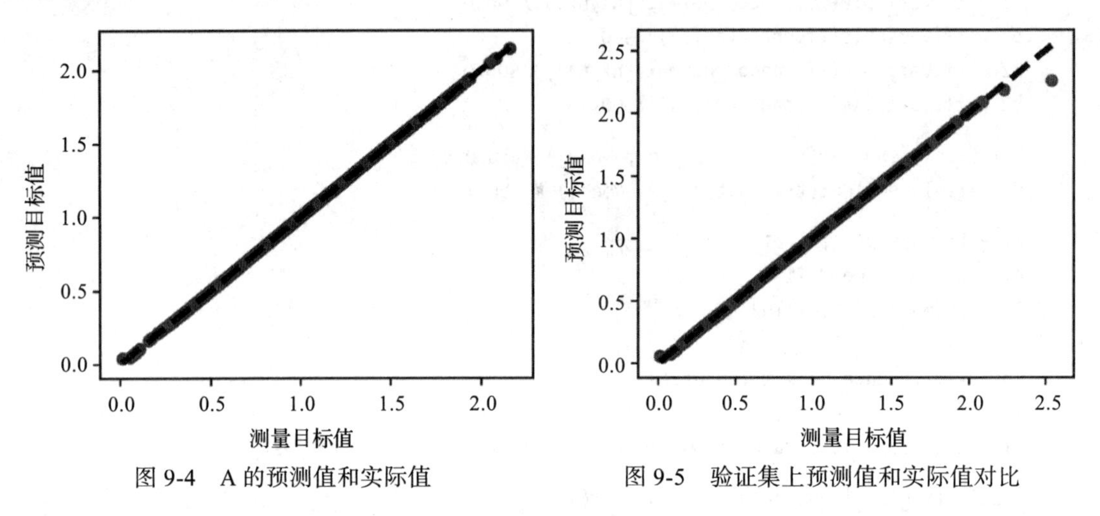

图 9-4　A 的预测值和实际值

图 9-5　验证集上预测值和实际值对比

有另外一个原因会对取值更高的 A 产生坏的预测。在生成训练数据集，对 A 的值使用下面的代码：

```
A_v = np.random.normal(1.0, 0.4, number_of_samples)
```

这就意味着 A 的备选值是服从正态分布的，其均值为 1.0，标准差为 0.4。几乎很少会有一些样本值超过 2.0。你可以重复我们做的整个训练，但这次用下面的代码，从统一分布中选择 A 的值：

```
A_v = np.random.random_sample([number_of_dev_samples])*3.0
```

这行代码产生 0 到 3.0 的随机数，在 20 000 个周期的训练后，我们得到 $MSE_{train}=3.8 \cdot 10^{-6}$ 和 $MSE_{dev}=1.7 \cdot 10^{-6}$。这次，我们在验证集上的预测效果更好，并且没有过拟合。

注释　当你手动构造一个训练数据时，应当始终注意检查极端取值。训练集数据应当包含在现实生活中会发生的所有可能情况，否则，预测可能会失败。

9.4　数据准备

现在，我们开始生成项目所需的数据集。你将会看到，这个会比较艰难。相比于构建和调整网络，我们不得不花更多的时间在训练数据上。本章的目标是让你明白如何使用神经网络来研究问题，而该问题不属于那种“经典”的用例，比如图像识别。实验数据由 θ 的 50 种测量值组成：5 种温度值 5℃、15℃、25℃、25℃，以及 10 种不同的氧气浓度 0%、4%、8%、15%、20%、30%、40%、60%、80% 和 100%。每一种测量由以下 22 个 ω 的频度测量值组成：

```
0 62.831853
1 282.743339
2 628.318531
3 1256.637061
4 3141.592654
5 4398.229715
6 6283.185307
7 9424.777961
8 12566.370614
9 18849.555922
10 25132.741229
11 31415.926536
12 37699.111843
13 43982.297150
14 50265.482457
15 56548.667765
16 62831.853072
17 75398.223686
18 87964.594301
19 100530.964915
20 113097.335529
21 125663.706144
```

对于训练数据集，我们将仅使用 3000 Hz 和 100 000 Hz 之间的频率。由于实验装置的限制，伪像和误差开始出现在 3000Hz 以下和 10 000Hz 以上。试图使用所有数据则网络表现更差。这不是一个限制。

即使你没有数据文件，我也会解释我如何准备它们，这样你就可以重用该代码。首先，文件保存在一个名为 data 的文件夹中。我创建了一个列表，其中包含要加载的所有文件的名称：

```
files = os.listdir('./data')
```

温度和氧气浓度等信息编入文件名中，因此我们必须从中提取它们。文件的名称看起来是这样的：20180515_PST3-1_45C_Mix8_00.txt。其中，45C 是温度，8_00 是氧浓度。为了提取信息，我们写一个函数：

```
def get_T_O2(filename):
    T_ = float(filename[17:19])
    O2_ = float(filename[24:-4].replace('_','.'))
    return T_, O2_
```

这将返回两个值，一个包含温度值（T_），另一个包含氧浓度值（O2_）。然后转成pandas数据帧，以便能够使用它。

```
def get_df(filename):
    frame = pd.read_csv('./data/'+filename, header = 10, sep = '\t')
    frame = frame.drop(frame.columns[6], axis=1)

    frame.columns=['f', 'ref_r', 'ref_phi', 'raw_r', 'raw_phi', 'sample_phi']

    return frame
```

当然，这个函数是按照文件结构的方式编写的。文件开始的部分是这样的：

```
StereO2

Probe: PST3-1
Medium: N2+Mix, Mix 0 %
Temperatur: 5 °C
Detektionsfilter: LP594 + SP682
HW Config Ref:
D:\Projekt\20180515_Quarzglas_Reference_00.ini
HW Config Sample: D:\Projekt\20180515_PST3_Sample_00.ini
Date, Time: 15.05.2018, 10:37
Filename: D:\Projekt\20180515_ PST3-1_05C_Mix0_00.txt
$Data$
Frequency (Hz)  Reference R (V)  Reference Phi (deg)  Sample Raw R (V)
Sample Raw Phi (deg)  Sample Phi (deg)
10.00E+0        247.3E-3         18.00E-3             371.0E-3
258.0E-3              240.0E-3
45.00E+0        247.4E-3         72.00E-3             371.0E-3
1.164E+0              1.092E+0
100.0E+0        248.4E-3         108.0E-3             370.9E-3
2.592E+0              2.484E+0
200.0E+0        247.5E-3         396.0E-3             369.8E-3
5.232E+0              4.836E+0
```

如果你想做类似的事情，当然可能需要修改这些函数。现在我们遍历所有文件并用 T、O2 和数据帧创建列表。在文件夹数据中有 50 个文件。

```
frame = pd.DataFrame()
df_list = []
```

```
T_list = []
O2_list = []

for file_ in files:
    df = get_df(file_)
    T_, O2_ = get_T_O2(file_)

    df_list.append(df)
    T_list.append(T_)
    O2_list.append(O2_)
```

你可以检查其中某个文件的内容，例如：

```
get_df(files[2]).head()
```

图 9-6 列出了索引为 2 的文件的前面 5 条记录。

文件还包括更多的信息。

对于频率 f，必须将其转换为角频率 ω（两者之间存在 2π 因子），并且必须计算 θ 的正切。这里的代码是：

	f	ref_r	ref_phi	raw_r	raw_phi	sample_phi
0	10.0	0.2473	0.018	0.2501	0.192	0.174
1	45.0	0.2474	0.072	0.2502	0.846	0.774
2	100.0	0.2484	0.108	0.2501	1.902	1.794
3	200.0	0.2475	0.396	0.2498	3.798	3.402
4	500.0	0.2474	1.008	0.2471	9.456	8.448

图 9-6　索引为 2 的文件的前面 5 条记录

```
for df_ in df_list:
    df_['w'] = df_['f']*2*np.pi
    df_['tantheta'] = np.tan(df_['sample_phi']*np.pi/180.0)
```

以这种方式，为每个数据帧添加两个新列。此时，必须找到 f、KSV_1 和 KSV_2 的良好逼近值，以便能够创建数据集。为了给出一个例子并使本章更简洁，我们只考虑一个温度：T=45℃。我们从所有数据中过滤出在此温度下测量的数据。为此，可以使用以下代码：

```
T = 45

Tdf = pd.DataFrame(T_list, columns = ['T'])
Odf = pd.DataFrame(O2_list, columns = ['O2'])
filesdf = pd.DataFrame(files, columns = ['filename'])

files45 = filesdf[Tdf['T'] == T]
filesref = filesdf[(Tdf['T']==T) & (Odf['O2']==0)]
fileref_idx = filesref.index[0]
O5 = Odf[Tdf['T'] == T]
dfref = df_list[fileref_idx]
```

首先，将列表 T_list 和 O2_list 转换为 pandas 数据帧，因为更容易在这种格式中选择正确的数据。然后你可能会注意到，我们把所有 T=45℃的所有文件选出来汇入数据帧 files45。而且，我们还选择数据帧 T=45℃，O2=0%，我们称之为 dfref。原因是，在开始时给出了

θ的公式，其中涉及tan$\theta(\omega, T, O2=0)$。dfref将精确包含tan$\theta(\omega, T, O2=0)$的测量数据。请记住，我们必须使用模型：

$$\frac{\tan\theta(\omega, T=45℃)}{\tan\theta(\omega, T=45℃, O2=0)}$$

这有点复杂，但是坚持住，即将要完成了。从数据帧列表中选择正确的数据帧有点复杂，但是可以这样：

```
from itertools import compress
A = Tdf['T'] == T
data = list(compress(df_list, A))

B = (Tdf['T']==T) & (Odf['O2']==0)
dataref_ = list(compress(df_list, B))
```

压缩很容易理解。你可以在官方文档页面上找到更多信息。基本上，这个思路是给定两个列表 d 和 s，compress(d, s) 的输出是一个新的列表 [(d[0] if s[0]), (d[1] if s[1]), …]。在我们的例子中，A 和 B 是由布尔值组成的列表，因此代码仅返回列表 A 中具有 True 的位置所对应的 df_list 的值。

对于可以使用的每个 ω 值，使用非线性拟合将找到 f、KSV_1 和 KSV_2 的值。我们必须遍历 ω 的所有值，以对于变量 $O2$ 拟合函数：

$$\frac{\tan\theta(\omega, T=45℃, O2)}{\tan\theta(\omega, T=45℃, O2=0)}$$

所使用的代码如下：

```
def fitfunc(x,  f, KSV, KSV2):
    return (f/(1.0+KSV*x)+ (1.0-f)/(1+KSV2*x))
```

为了计算每一个 $O2$ 对应的 f、KSV_1 和 KSV_2，使用如下代码：

```
f = []
KSV = []
KSV2 = []

for w_ in wred:

    # Let's prepare the file

    O2x = []
    tantheta = []

#tantheta0 = float(dfref[dfref['w']==w_]['tantheta'])
tantheta0 = float(dataref_[0][dataref_[0]['w']==w_]['tantheta'])
```

```
# Loop over the files
for idx, df_ in enumerate(data_train):
    O2xvalue = float(Odf.loc[idx])
    O2x.append(O2xvalue)

    tanthetavalue = float(df_[df_['w'] == w_]['tantheta'])
    tantheta.append(tanthetavalue)

popt, pcov = curve_fit(fitfunc_2, O2x, np.array(tantheta)/tantheta0,
p0 = [0.4,0.06, 0.003])

f.append(popt[0])
KSV.append(popt[1])
KSV2.append(popt[2])
```

请花一些时间研究这段代码。代码是如此复杂，因为每个文件包含固定 $O2$ 值的数据。我们希望为每个频率值构建一个包含我们想要作为 $O2$ 函数拟合的值的数组，这就是我们必须做一些数据整理的原因。在 f、KSV_1 和 KSV_2 列表中，现在得到了对应于不同频率的值。我们首先只选择 3000～100 000 之间的角频率对应的值。

```
w_  = w[4:20]
f_  = f[4:20]
KSV_  = KSV[4:20]
```

在图 9-7 中，可以看到 f、KSV_1 和 KSV_2 与角频率的对应关系。

我们必须克服另一个小问题，即必须能够为任何 ω 值计算 f、KSV_1 和 KSV_2，而不仅仅是所获得的值。要做到这一点，必须使用插值。为了节省时间，我们不会从头开始开发插值函数，而是将使用 SciPy 包中的 interp1d 函数：

```
from scipy.interpolate import interp1d
```

然后：

```
finter = interp1d(wred, f, kind='cubic')
KSVinter = interp1d(wred, KSV, kind = 'cubic')
KSV2inter = interp1d(wred, KSV2, kind = 'cubic')
```

注意，finter、KSVinter 和 KSV2inter 是接受 ω 值作为输入的函数，作为 NumPy 数组并分别返回 f、KSV_1 和 KSV_2 的值。图 9-8 中的实线表示通过图 9-7 中的点获得的插值函数。

到此为止，我们已经获得了所有需要的梯度，最后，可以使用下面的公式来创建训练集：

$$\frac{\tan\theta(\omega,T,O2)}{\tan\theta(\omega,T,O2=0)}=\frac{f(\omega,T)}{1+\mathrm{KSV}_1(\omega,T)\cdot O2}+\frac{1-f(\omega,T)}{1+\mathrm{KSV}_2(\omega,T)\cdot O2}$$

现在，我们为 $O2$ 的随机值创建 5000 个样本：

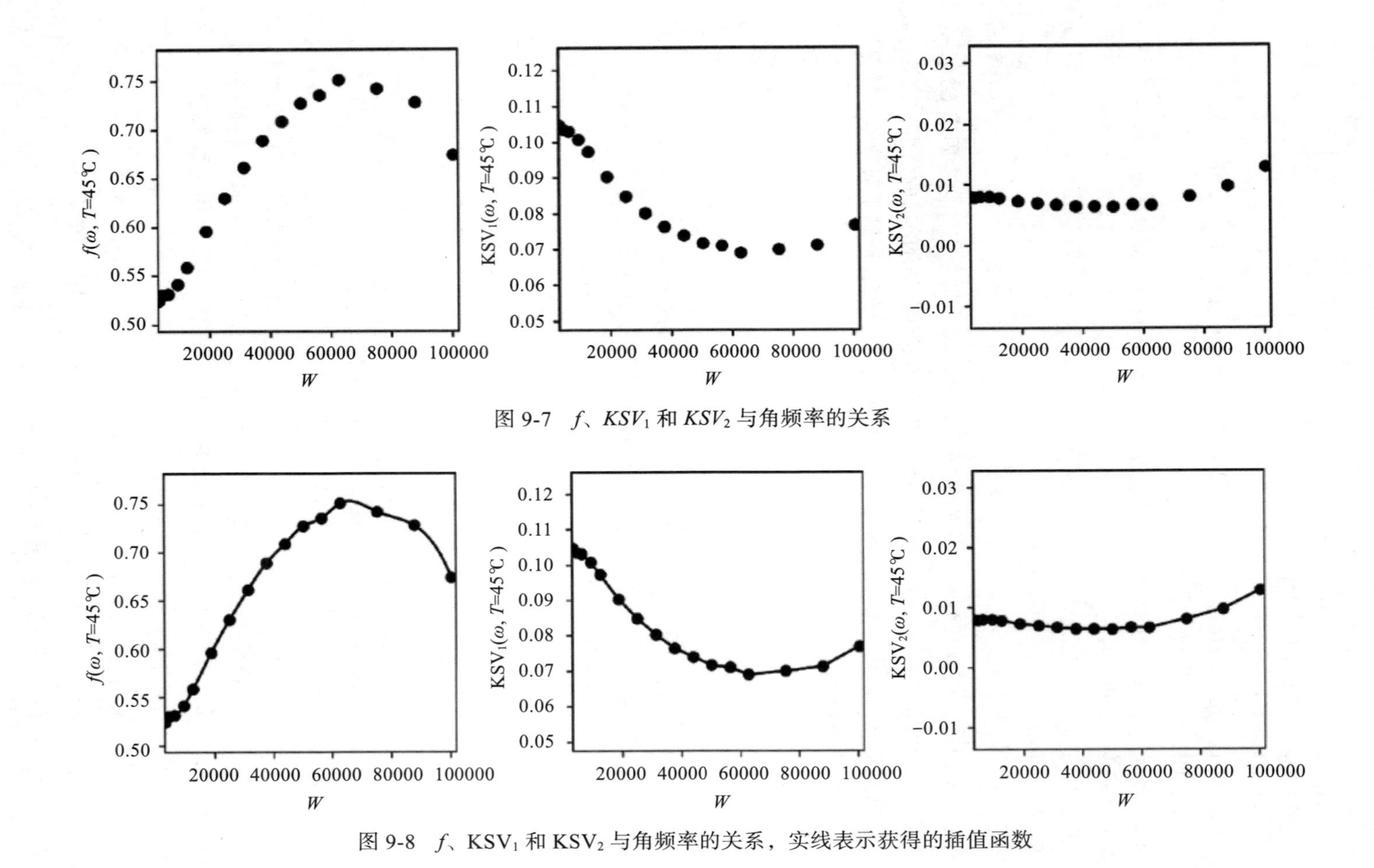

图 9-7 f、KSV_1 和 KSV_2 与角频率的关系

图 9-8 f、KSV_1 和 KSV_2 与角频率的关系，实线表示获得的插值函数

```
number_of_samples = 5000
number_of_x_points = len(w_)
np.random.seed(20)
O2_v = np.random.random_sample([number_of_samples])*100.0
```

需要的数学函数：

```
def fitfunc2(x, O2, ffunc, KSVfunc, KSV2func):
    output = []
    for x_ in x:
        KSV_ = KSVfunc(x_)
        KSV2_ = KSV2func(x_)
        f_ = ffunc(x_)
        output_ = f_/(1.0+KSV_*O2)+(1.0-f_)/(1.0+KSV2_*O2)
        output.append(output_)
    return output
```

并用它来计算角频率和 $O2$ 的值：

$$\frac{\tan\theta(\omega, T, O2)}{\tan\theta(\omega, T, O2=0)}$$

可以用以下代码生成数据：

```
data = np.zeros((number_of_samples, number_of_x_points))
targets = np.reshape(O2_v, [number_of_samples,1])

for i in range(number_of_samples):
    data[i,:] = fitfunc2(w_, float(targets[i]), finter, KSVinter,
KSV2inter)
```

图 9-9 随机列出一些生成的数据实例。

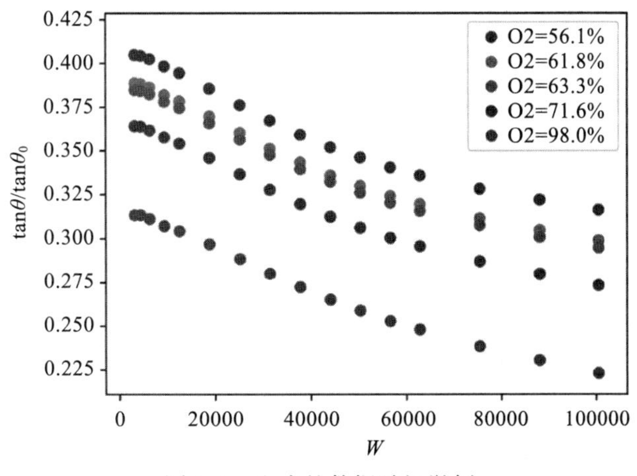

图 9-9　生成的数据随机举例

9.5 模型训练

下面开始构建网络。限于篇幅，我们构建一个 3 层的网络，每层有 5 个神经元。

```
tf.reset_default_graph()

n1 = 5 # Number of neurons in layer 1
n2 = 5 # Number of neurons in layer 2
n3 = 5 # Number of neurons in layer 3
nx = number_of_x_points
n_dim = nx
n4 = 1

stddev_f = 2.0

tf.set_random_seed(5)

X = tf.placeholder(tf.float32, [n_dim, None])
Y = tf.placeholder(tf.float32, [10, None])
W1 = tf.Variable(tf.random_normal([n1, n_dim], stddev=stddev_f))
b1 = tf.Variable(tf.constant(0.0, shape = [n1,1]) )
W2 = tf.Variable(tf.random_normal([n2, n1], stddev=stddev_f))
b2 = tf.Variable(tf.constant(0.0, shape = [n2,1]))
W3 = tf.Variable(tf.random_normal([n3,n2], stddev = stddev_f))
b3 = tf.Variable(tf.constant(0.0, shape = [n3,1]))
W4 = tf.Variable(tf.random_normal([n4,n3], stddev = stddev_f))
b4 = tf.Variable(tf.constant(0.0, shape = [n4,1]))

X = tf.placeholder(tf.float32, [nx, None]) # Inputs
Y = tf.placeholder(tf.float32, [1, None]) # Labels

# Let's build our network

Z1 = tf.nn.sigmoid(tf.matmul(W1, X) + b1) # n1 x n_dim * n_dim x n_obs = n1
x n_obs
Z2 = tf.nn.sigmoid(tf.matmul(W2, Z1) + b2) # n2 x n1 * n1 * n_obs = n2 x
n_obs
Z3 = tf.nn.sigmoid(tf.matmul(W3, Z2) + b3)
Z4 = tf.matmul(W4, Z3) + b4
y_ = Z2
```

至少，我开始时是这样的方式。我选择了具有恒等激活函数 y_=Z2 的神经元作为网络的输出。不幸的是，训练不起作用且非常不稳定。因为必须预测百分比，所以需要 0～100 之间的输出。因此，我决定尝试使用 sigmoid 激活函数乘以 100。

```
y_ = tf.sigmoid(Z2)*100.0
```

这样，训练一下子就变得很顺利了。我使用了 Adam 优化器：

```
cost = tf.reduce_mean(tf.square(y_-Y))
learning_rate = 1e-3
training_step = tf.train.AdamOptimizer(learning_rate).minimize(cost)
init = tf.global_variables_initializer()
```

这一次我使用小批量梯度下降，大小为 100：

```
batch_size = 100
sess = tf.Session()
sess.run(init)
training_epochs = 25000
cost_history = np.empty(shape=[1], dtype = float)
train_x = np.transpose(data)
train_y = np.transpose(targets)
cost_history = []
for epoch in range(training_epochs+1):

    for i in range(0, train_x.shape[0], batch_size):
        x_batch = train_x[i:i + batch_size,:]
        y_batch = train_y[i:i + batch_size,:]

        sess.run(training_step, feed_dict = {X: x_batch, Y: y_batch})

    cost_ = sess.run(cost, feed_dict={ X:train_x, Y: train_y})
    cost_history = np.append(cost_history, cost_)

    if (epoch % 1000 == 0):
        print("Reached epoch",epoch,"cost J =", cost_)
```

你现在应该理解这段代码而不需要太多解释，基本上，我们之前多次使用过它。你可能已经注意到我已经随机初始化权重。我尝试了几种策略，但似乎这是最有效的策略。检查训练的进展情况非常有益。在图 9-10 中，可以看到在训练数据集和验证数据集上计算的损失函数。可以看到它是如何振荡的，这主要有两个原因：

首先，我们正在使用小批量梯度下降，因此，损失函数会发生振荡。

第二，实验数据有噪声，因为测量仪器并不完美。例如，气体混合器的绝对误差约为 1%～2%，这意味着如果我们对 *O2*=60% 进行实验观察，它可能低至 58% 或 59%，高达 61% 或 62%。

鉴于此，我们的预测中预计会有平均绝对误差 1%。

注释 粗略地说，训练良好的网络的输出永远不会超过所用目标变量的准确率。请记住始终检查目标变量的误差，以估计它们的准确率。在前面的示例中，因为我们的 *O2* 目标值具有 ±1% 的最大绝对误差（即实验误差），所以网络结果的预期误差将是这个数量级。

在给定特定输入的情况下，网络将学习产生特定输出的功能。如果输出错误，学习的功能也会出错。

最后，来看一下网络的表现。

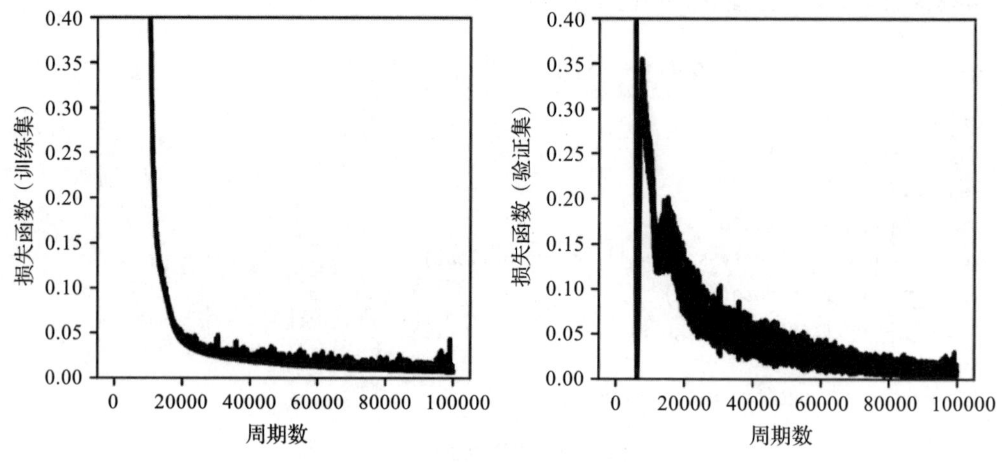

图 9-10 在训练集和验证集上的周期数与损失函数

你应该记住，我们的验证数据集很小，使得振荡更加明显。在图 9-11 中，可以看到 *O2* 的预测值和测量值。正如你所看到的，它们美妙地躺在对角线上。

在图 9-12 中，可以看到在开发数据集上的绝对误差计算，其中 $O2 \in [0, 100]$。

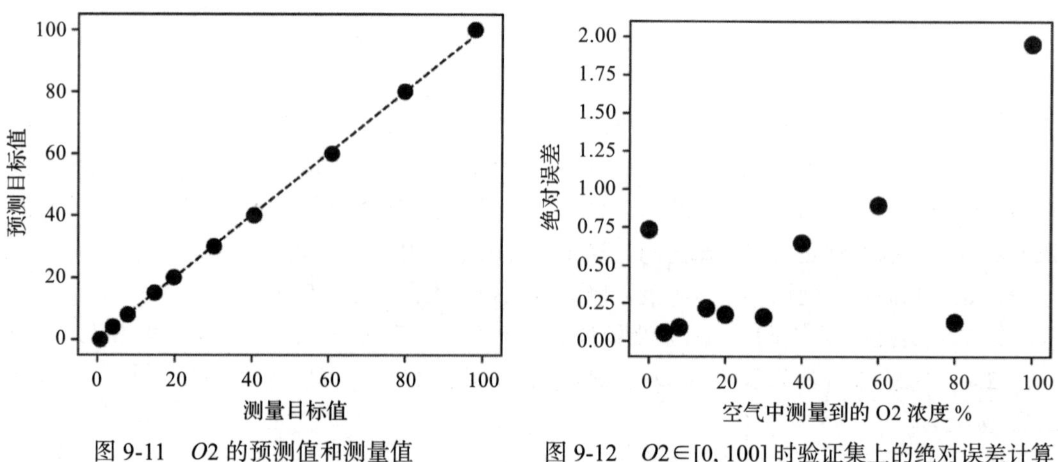

图 9-11 *O2* 的预测值和测量值

图 9-12 $O2 \in [0, 100]$ 时验证集上的绝对误差计算

结果非常好。对于 *O2* 的所有值，除 100% 外，误差低于 1%。请记住，我们的网络是从人工创建的数据集中学习的。该网络现在可以用于这种类型的传感器，而不需要实现用于估计 *O2* 的复杂数学方程。该项目的下一阶段将是自动获得在温度 *T* 和氧气浓度 *O2* 的各种值下进行的 10 000 次测量值，并将这些测量值用作训练集以同时预测 *T* 和 *O2*。

CHAPTER 10

第 10 章

从零开始进行逻辑回归

在第 2 章中，我们开发了一个逻辑回归模型，用一个神经元来进行二元分类，并将其应用到 MNIST 数据集的两个数字上。这个计算图搭建的实际 Python 代码只有数十行（不包括那进行模型训练部分，如果没有印象的话，请回顾第 2 章）。

```
tf.reset_default_graph()

X = tf.placeholder(tf.float32, [n_dim, None])
Y = tf.placeholder(tf.float32, [1, None])
learning_rate = tf.placeholder(tf.float32, shape=())

W = tf.Variable(tf.zeros([1, n_dim]))
b = tf.Variable(tf.zeros(1))

init = tf.global_variables_initializer()
y_ = tf.matmul(tf.transpose(W),X)+b
cost = tf.reduce_mean(tf.square(y_-Y))
training_step = tf.train.GradientDescentOptimizer(learning_rate).
minimize(cost)
```

这段代码非常精练，很快就能完成。在这段 Python 代码背后，事实上还有大量工作你没有看到，TensorFlow 在后台做了大量你可能不知道的工作。不使用 TensorFlow，试着完全从头开始在数学上和在 Python 中开发这个模型，并通过它观察真实的过程，这将是非常有意义的。接下来的部分将介绍所需的所有数学公式，以及在 Python 中的实现（只用 NumPy）。目标是建立一个我们可以训练二元分类的模型。我不会花太多时间在数学公式背后的证明或思路上，因为前几章已经多次介绍过。准备数据集的说明也将非常简短，因为已在第 2 章中讨论过。

我不会逐行讲解所有 Python 代码，因为通过阅读前面的章节应该就可以很好地掌握这里的技术和思路，而且没有真正的新概念，你基本上已经见过所有内容。请考虑将本章作为参考来学习如何从头开始实现逻辑模型。我强烈建议你尝试理解所有数学推导，并在 Python 中实现一次。它非常有启发性，可以教你很多关于调试、编写好代码的重要性以及使用 TensorFlow 等库是何等轻松的知识。

10.1 逻辑回归的数学背景

我们从一些表达式开始，同时考虑将要做什么。我们的预测将是一个变量 $\hat{y}$，它只能取值 0 或 1。(我们用 0 和 1 表示试图预测的两个类。)

$$\text{Prediction} \to \hat{y} \in \{0,1\}$$

对于给定的输入 x，我们的方法将要输出，或者说预测得到 1 的概率是多少，写成数学表达式为：

$$\hat{y} = P(y=1|x)$$

如果 $\hat{y} \geqslant 0.5$ 则判定一个输入样本值属于类 1，如果 $\hat{y}<0.5$，则判定为类 2。在第 2 章（参看图 2-2），给定输入值 n_x 和一个用 sigmoid（记作 σ）作为激活函数的神经元。对于样本 i，我们的神经元输出可以 $\hat{y}$ 写作：

$$\hat{y}^{[i]} = \sigma(z^{[i]}) = \sigma(\boldsymbol{w}^T \boldsymbol{x}^{[i]} + b) = \sigma(w_1 x_1^{[i]} + w_2 x_2^{[i]} + \cdots + w_{n_x} x_{n_x}^{[i]} + b)$$

为找到最优的权重和偏差值，我们最小化一个样本值的损失函数，得到：

$$\mathcal{L}(\hat{y}^{[i]}, y^{[i]}) = -(y^{[i]} \log \hat{y}^{[i]} + (1-y^{[i]}) \log(1-\hat{y}^{[i]}))$$

这里，通过 y 已经标明标签。我们将使用第 2 章讲述的梯度下降算法，因此需要得到损失函数分别对于权重和偏差的偏导数。你会记得在迭代 n+1（在这里用方括号中的索引作为下标来表示迭代），我们将通过下面等式更新迭代 n 的权重：

$$w_{j,[n+1]} = w_{j,[n]} - \gamma \frac{\partial \mathcal{L}(\hat{y}^{[i]}, y^{[i]})}{\partial w_j}$$

和偏差 b：

$$b_{[n+1]} = b_{j,[n]} - \gamma \frac{\partial \mathcal{L}(\hat{y}^{[i]}, y^{[i]})}{\partial b}$$

其中 γ 是学习率。偏导数不是太复杂，可以用链式规则轻松计算出：

$$\frac{\partial \mathcal{L}(\hat{y}^{[i]}, y^{[i]})}{\partial w_j} = \frac{\partial \mathcal{L}(\hat{y}^{[i]}, y^{[i]})}{\partial \hat{y}^{[i]}} \frac{\mathrm{d}\hat{y}^{[i]}}{\mathrm{d}z^{[i]}} \frac{\partial z^{[i]}}{\partial w_j}$$

对于 b 同样：

$$\frac{\partial \mathcal{L}(\hat{y}^{[i]}, y^{[i]})}{\partial b} = \frac{\partial \mathcal{L}(\hat{y}^{[i]}, y^{[i]})}{\partial \hat{y}^{[i]}} \frac{\mathrm{d}\hat{y}^{[i]}}{\mathrm{d}z^{[i]}} \frac{\partial z^{[i]}}{\partial b}$$

现在，计算偏导数，可以验证：

$$\frac{\partial \mathcal{L}(\hat{y}^{[i]}, y^{[i]})}{\partial \hat{y}^{[i]}} = -\frac{y^{[i]}}{\hat{y}^{[i]}} + \frac{1-y^{[i]}}{1-\hat{y}^{[i]}}$$

$$\frac{\mathrm{d}\hat{y}^{[i]}}{\mathrm{d}z^{[i]}} = \hat{y}^{[i]}(1-\hat{y}^{[i]})$$

$$\frac{\partial z^{[i]}}{\partial w_j} = x_j^{[i]}$$

$$\frac{\partial z^{[i]}}{\partial b} = 1$$

全部合并后，得到：

$$w_{j,[n+1]} = w_{j,[n]} - \gamma \frac{\partial \mathcal{L}(\hat{y}^{[i]}, y^{[i]})}{\partial w_j} = w_{j,[n]} - \gamma(1-\hat{y}^{[i]})x_j^{[i]}$$

$$b_{[n+1]} = b_{[n]} - \gamma \frac{\partial \mathcal{L}(\hat{y}^{[i]}, y^{[i]})}{\partial b} = b_{j,[n]} - \gamma(1-\hat{y}^{[i]})$$

这些方程仅适用于一个训练用例，因此，正如我们已经做过的那样，我们将它们推广到许多训练用例，此前，我们对多个样本值定义其损失函数为 J：

$$J(\boldsymbol{w}, b) = \frac{1}{m}\sum_{i=1}^{m} \mathcal{L}(\hat{y}^{[i]} - y^{[i]})$$

这里，我们通常用 m 表示样本值的数量。这里粗体表示的 $\boldsymbol{w}$ 是一个所有权重的向量 $\boldsymbol{w}=(w_1, w_2, \cdots, w_n)$。我们还需要用我们喜欢的矩阵形式来表示（前面章节已经见过多次）：

$$Z = W^{\mathrm{T}}X + B$$

这里，我们用 B 表示维度的矩阵（1，n_x）（使其与我们现在使用的符号表示一致）并且 B 的所有元素都等于 b（在 Python 中，我们不需要定义它，因为 Python 的广播机制会起作用）。X 将包含我们的样本值和特征，并且具有维度（n_k，m）（样本值在列上，特征在行上），W^{T} 将是包含所有权重的矩阵的转置，在我们的例子中，具有维度（1，n_k），因为它是转置的。我们的神经元矩阵形式的输出将是：

$$\hat{Y} = \sigma(Z)$$

这里，神经元 sigmoid 函数逐元素起作用。现在，偏导数的方程变为：

$$\frac{\partial J(\boldsymbol{w}, b)}{\partial w_j} = \frac{1}{m}\sum_{i=1}^{m} \frac{\partial \mathcal{L}(\hat{y}^{[i]}, y^{[i]})}{\partial w_j} = \frac{1}{m}\sum_{i=1}^{m} \frac{\partial \mathcal{L}(\hat{y}^{[i]}, y^{[i]})}{\partial \hat{y}^{[i]}} \frac{\mathrm{d}\hat{y}^{[i]}}{\mathrm{d}z^{[i]}} \frac{\partial z^{[i]}}{\partial w_j} = \frac{1}{m}\sum_{i=1}^{m}(1-\hat{y}^{[i]})x_j^{[i]}$$

对于 b：

$$\frac{\partial J(\boldsymbol{w}, b)}{\partial b} = \frac{1}{m}\sum_{i=1}^{m} \frac{\partial \mathcal{L}(\hat{y}^{[i]}, y^{[i]})}{\partial b} = \frac{1}{m}\sum_{i=1}^{m} \frac{\partial \mathcal{L}(\hat{y}^{[i]}, y^{[i]})}{\partial \hat{y}^{[i]}} \frac{\mathrm{d}\hat{y}^{[i]}}{\mathrm{d}z^{[i]}} \frac{\partial z^{[i]}}{\partial b} = \frac{1}{m}\sum_{i=1}^{m}(1-\hat{y}^{[i]})$$

这些等式可以写成矩阵的形式（这里用 ∇_w 表示对于 $\boldsymbol{w}$ 的梯度）

$$\nabla_w J(\boldsymbol{w}, b) = \frac{1}{m} X(\hat{Y} - Y)^{\mathrm{T}}$$

对于 b：

$$\frac{\partial J(\boldsymbol{w}, b)}{\partial b} = \frac{1}{m} \sum_{i=1}^{m} (\hat{Y}_i - Y_i)$$

最后，用来实现梯度下降算法的方程式是：

$$\boldsymbol{w}_{[n+1]} = \boldsymbol{w}_{[n]} - \gamma \frac{1}{m} X(\hat{Y} - Y)^{\mathrm{T}}$$

对于 b：

$$b_{[n+1]} = b_{[n]} - \gamma \frac{1}{m} \sum_{i=1}^{m} (\hat{Y}_i - Y_i)$$

到目前为止，你应该已经对 TensorFlow 有了全新的认识。TensorFlow 库在后台为你完成了所有这些工作，更重要的是，是全部自动完成的。记住，我们在这里仅仅是处理一个神经元。不难理解，当你想要为具有许多层和许多神经元的网络计算相同的方程时，或者说使用卷积或循环神经网络来完成一些工作时，这些过程将会变得多么复杂。

我们现在拥有完全从头开始实现逻辑回归所需的所有数学知识，下面转向 Python 实现。

10.2　Python 实现

先导入所需要的包：

```
import numpy as np
%matplotlib inline
import matplotlib.pyplot as plt
```

注意，我们没有导入 TensorFlow，因为这里不需要 TensorFlow。下面编写一个 sigmoid 激活函数 sigmoid(z)：

```
def sigmoid(z):
    s = 1.0 / (1.0 + np.exp(-z))
    return s
```

我们还需要一个函数来初始化权重。在这个基本示例中，我们可以简单地把所有值初始化为 0，逻辑回归还是可以正常运行。

```
def initialize(dim):
    w = np.zeros((dim,1))
    b = 0
    return w,b
```

接下来，我们实现下面的等式，这个等式已经在前面计算过了。

$$\nabla_w J(\boldsymbol{w}, b) = \frac{1}{m} X(\hat{Y} - Y)^{\mathrm{T}}$$

和

$$\frac{\partial J(\boldsymbol{w}, b)}{\partial b} = \frac{1}{m}\sum_{i=1}^{m}(\hat{Y}_i - Y_i)$$

```
def derivatives_calculation(w, b, X, Y):
    m = X.shape[1]
    z = np.dot(w.T,X)+b
    y_ = sigmoid(z)

    cost = -1.0/m*np.sum(Y*np.log(y_)+(1.0-Y)*np.log(1.0-y_))

    dw = 1.0/m*np.dot(X, (y_-Y).T)
    db = 1.0/m*np.sum(y_-Y)

    derivatives = {"dw": dw, "db":db}
    return derivatives, cost
```

现在，需要用于更新权重的函数：

```
def optimize(w, b, X, Y, num_iterations, learning_rate, print_cost = False):

    costs = [] for i in range(num_iterations):
        derivatives, cost = derivatives_calculation(w, b, X, Y)
        dw = derivatives ["dw"]
        db = derivatives ["db"]

        w = w - learning_rate*dw
        b = b - learning_rate*db

        if i % 100 == 0:
            costs.append(cost)

        if print_cost and i % 100 == 0:
            print ("Cost (iteration %i) = %f" %(i, cost))

    derivatives = {"dw": dw, "db": db}
    params = {"w": w, "b": b}

    return params, derivatives, costs
```

接下来的函数 predict() 创建一个维度为 (1, m) 的矩阵，用来实现在给定 w 和 b 的情况下对模型的预测。

```
def predict (w, b, X):
    m = X.shape[1]

    Y_prediction = np.zeros((1,m))
    w = w.reshape(X.shape[0],1)
    A = sigmoid (np.dot(w.T, X)+b)

    for i in range(A.shape[1]):

        if (A[:,i] > 0.5):
            Y_prediction[:, i] = 1
        elif (A[:,i] <= 0.5):
            Y_prediction[:, i] = 0
    return Y_prediction
```

最后，把所有一切放到 model() 函数中：

```
def model (X_train, Y_train, X_test, Y_test, num_iterations = 1000,
learning_rate = 0.5, print_cost = False):

    w, b = initialize(X_train.shape[0])
    parameters, derivatives, costs = optimize(w, b, X_train, Y_train,
    num_iterations, learning_rate, print_cost)

    w = parameters["w"]
    b = parameters["b"]

    Y_prediction_test = predict (w, b, X_test)
    Y_prediction_train = predict (w, b, X_train)

    train_accuracy = 100.0 - np.mean(np.abs(Y_prediction_train-Y_train)*100.0)
    test_accuracy = 100.0 - np.mean(np.abs(Y_prediction_test-Y_test)*100.0)

    d = {"costs": costs, "Y_prediction_test": Y_prediction_test, "Y_
    prediction_train": Y_prediction_train, "w": w, "b": b, "learning_rate":
    learning_rate, "num_iterations": num_iterations}

    print ("Accuracy Test: ", test_accuracy)
    print ("Accuracy Train: ", train_accuracy)

    return d
```

10.3　模型测试

在构建模型之后，我们需要看到它可以通过处理一些数据实现什么结果。在下一节中，我将首先准备已经在第 2 章中使用过的数据集，即 MNIST 数据集中的两个数字 1 和 2，然后在该数据集上训练神经元并检查得到的结果。

10.3.1 数据集准备

我们选择了准确率作为优化指标，来看模型可以取得什么样的结果。我们将使用与第 2 章中相同的数据集：MNIST 数据集的一个子集，由数字 1 和 2 组成。在这里，你可以找到获取数据的代码，无须解释，因为代码已在第 2 章中详细解释过了。我们需要的代码如下：

```
from sklearn.datasets import fetch_mldata
mnist = fetch_mldata('MNIST original')
X,y = mnist["data"], mnist["target"]
X_12 = X[np.any([y == 1,y == 2], axis = 0)]
y_12 = y[np.any([y == 1,y == 2], axis = 0)]
```

因为将所有图片载入一个内存块中，所以必须创建一个验证数据集和一个训练数据集（按 80% 训练，20% 验证来划分），代码如下：

```
shuffle_index = np.random.permutation(X_12.shape[0])
X_12_shuffled, y_12_shuffled = X_12[shuffle_index], y_12[shuffle_index]

train_proportion = 0.8
train_dev_cut = int(len(X_12)*train_proportion)
X_train, X_dev, y_train, y_dev = \
    X_12_shuffled[:train_dev_cut], \
    X_12_shuffled[train_dev_cut:], \
    y_12_shuffled[:train_dev_cut], \
    y_12_shuffled[train_dev_cut:]
```

照常对输入进行归一化处理：

```
X_train_normalised = X_train/255.0
X_dev_normalised = X_test/255.0
```

将矩阵转换为正确的形式：

```
X_train_tr = X_train_normalised.transpose()
y_train_tr = y_train.reshape(1,y_train.shape[0])
X_dev_tr = X_dev_normalised.transpose()
y_dev_tr = y_dev.reshape(1,y_dev.shape[0])
```

然后，定义几个常量：

```
dim_train = X_train_tr.shape[1]
dim_dev = X_dev_tr.shape[1]
```

现在修改标签（第 2 章中有相关内容），我们已有 1 和 2，需要 0 和 1。

```
y_train_shifted = y_train_tr - 1
y_test_shifted = y_test_tr - 1
```

10.3.2 运行测试

最后，测试这个模型：

```
d = model (Xtrain, ytrain, Xtest, ytest, num_iterations = 4000, learning_
rate = 0.05, print_cost = True)
```

尽管你的数据可能不同，应该会得到接近下面的输出。因为页面的原因，我略去其中某些周期的数据。

```
Cost (iteration 0) = 0.693147
Cost (iteration 100) = 0.109078
Cost (iteration 200) = 0.079466
Cost (iteration 300) = 0.067267
Cost (iteration 400) = 0.060286

.........

Cost (iteration 3600) = 0.031350
Cost (iteration 3700) = 0.031148
Cost (iteration 3800) = 0.030955
Cost (iteration 3900) = 0.030769
Accuracy Test: 99.092131809
Accuracy Train: 99.1003111074
```

不是太差的结果！[⊖]

10.4 结论

请尝试理解本章提到的所有步骤，了解库为你做了多少工作。记住，我们在这里使用了一个非常简单的模型，它只有一个神经元。理论上，你可以为更复杂的网络体系结构编写所有公式，但这是非常困难的，而且极易出错。TensorFlow 为你计算所有的导数，不管网络的复杂性如何。如果你有兴趣了解 TensorFlow，建议你阅读官方文档。

⊖ 如果你想知道我们为什么得到与第 2 章中不同的结果，请记住是因为使用的训练集略有不同，从而产生了这种差异。